新潮文庫

数字の国のミステリー

マーカス・デュ・ソートイ
冨永星訳

新潮社版

10426

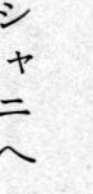
シャニへ

目次

数字の国のミステリー

はじめに

地球の気候はほんとうに変ろうとしているんだろうか。太陽系が突如ばらばらになったりする可能性があるのか。クレジットカードの番号をインターネットで送っても、まったく問題はないのだろうか。どうすればカジノを出し抜くことができるのか。わたしたち人間は、感じたり考えたりしたことを互いに伝えられるようになるとすぐに、この先なにが起きるのかを推しはかって周囲の状況に対処するために、さまざまな問いを発するようになった。そして、この複雑で荒々しい世界をなんとかこぎ渡り前へと進んでゆくために、最強のツールを作り出した。その名は数学。

数学が生み出す秘密の言葉を使うと、自然の謎を解くことができる。サッカーボールが描く曲線を予測することが、レミングの数を図で表すことが、暗号を解読することが、モノポリーで勝負に出ることが可能になるのだ。そうはいっても、数学者がすべての答えを知っているわけではなく、今も多くの深遠で基本的な謎を解こうと、日々苦闘が続けられている。

『数字の国のミステリー』と題するこの本では、みなさんをいくつかの旅にお連れする。各章で数学における大きなテーマをひとつ取り上げ、最後に、数学史上かつてない難問とされているもののなかから、未解決の謎をひとつ紹介しよう。

実はこれらの難問をひとつでも解いたなら、数学界にその名がとどろくだけでなく、莫大（ばくだい）な富が手に入る。なぜならアメリカの実業家ランドン・クレイが、これらの謎を解いた人物に一〇〇万ドルを進呈しよう、と申し出ているからだ。世慣れた実業家が、数学のパズルを解いた人にこんな高額の賞金を提供しようというなんて実に妙な話だと思われるかもしれない。しかしクレイは、科学や技術や経済が丸ごと——さらにはこの地球という惑星の将来までが——数学にかかっていることを知っていた。

これから五つの章で、一〇〇万ドルの謎をひとつずつ紹介していく。

「果てしない素数の奇妙な出来事」と題する第一章では、数学のもっとも基本的な対象である数そのものを取り上げて、数学にとってもっとも重要でありながらもっとも謎の多い素数を紹介する。素数の謎を解明した者は、一〇〇万ドルを手中に収めることができる。

「とらえどころのない形の物語」と題する第二章では、サイコロ、泡、ティーバッグ、雪の結晶といった自然が作るすばらしくも奇妙な形を巡る旅に出よう。そして最後に形に関する最大の謎——わたしたちのこの宇宙はどのような形をしているのか、という問題を取り上げる。

「連勝の秘訣」と題する第三章では、論理や確率に関する数学を知っていると、ゲームをするときにいかに有利になるかを説明する。モノポリー用のおもちゃの金にせよほんものの金にせよ、金を賭ける際には、数学が成功の鍵になることが多い。ところがその一方で、いくつかのごく単純なゲームが未だに当代一の頭脳の持ち主たちを悩ませている。

「解けない暗号事件」と題する第四章では、暗号学を取り上げる。昔から、秘密のメッセージを判読する際には数学が鍵となることが多かったが、ここでは数学を利用した新たな暗号の作成法を紹介する。この暗号を使うと、インターネット上でこっそり情報をやりとりしたり、はるかかなたに伝言を送ったり、友人の頭の中を読んだりすることができる。

さらに第五章では、誰もができればいいのにと心から望んでいること——未来予測を取り上げる。ここでは、なぜ数学の方程式が優れた占いの道具になるのかを説明する。方程式を使えば、日食や月食を予測することができ、ブーメランが戻ってくるわけを説明でき、そのうえこの地球の未来がわかる。とはいえ、なかにはまだ解けていない方程式もある。そこでこの章の最後では、未解決の方程式のなかから乱流の問題を紹介しよう。乱流は、デイヴィッド・ベッカムのフリーキックや飛行機の飛行をはじめとする実にさまざまなものに影響を及ぼしながら、あいかわらず数学最大の謎であり続けている。

この本では、簡単なものから難しいものまでじつに広範な数学を紹介していて、各章の最後にある未解決の問題などは、難しすぎて誰にも解き方がわからない。それでもわたしは、数学者ではない人たちに数学における偉大なアイデアを紹介することには大きな意義があると思っている。シェイクスピアやスタインベックの作品を読んだ人は文学に心を躍らせ、モーツァルトの作品やマイルス・デイヴィスの演奏に出会った人は音楽が生き生きと立ち上がるのを感じる。モーツァルトの作品を自分で演奏するのは難しく、たとえ読書経験が豊富な人であっても、シェイクスピアの作品を原文で読むのは骨が折れる。しかしだからといって、こういった偉大な人々の作品をその道に通じた人々に独占させておく手はない。数学だって同じこと。こいつはずいぶん手強(てごわ)いなあと感じたら、はじめてシェイクスピアの作品を読んだときの感触を思い出して、できる範囲で楽しめばよい。

わたしたちは学校で、自分たちが行うことすべての基礎に数学がある、と教わる。そこで、これら五つの章を通してすべての基礎である数学に命を吹きこみ、これまでに発見された偉大な数学の一端を紹介したいと思う。しかもそれだけでなく未解決の問題を紹介することで、皆さんに人類の歴史に残る優秀な頭脳の持ち主たちに伍して力試しをする機会を提供したい。そしてみなさんがこの本を読み終えたときに、ほんとうに数学が自分たちの見ているものや行動すべての核にあるのだということを理解していただけたなら、と心から願っている。

参考になるウェブサイト（すべて英語）

本文では、参考になるウェブサイトのアドレスをいくつか紹介しておいたので、ブラウザにアドレスを入力してアクセスしてみていただきたい。さらにここでは、皆さんの興味を引きそうなそれ以外のサイトを紹介しておく。

University of Oxford, Department for Continuing Education（www.conted.ox.ac.uk）

この本で取り上げたテーマや考えをさらに深く掘り下げたいのなら、オクスフォード大学の成人向け教育部門が開発した五週間の講座に参加するとよい。この講座は、さらに数の謎を探求したい人にとってたいへん有益である。

Ri Christmas Lectures 2006（www.rigb.org/christmaslectures06）

ロイヤル・インスティテューションの主催で二〇〇六年にわたしが行ったクリスマス・レクチャーのサイト。旅するセールスマン問題や暗号などに関係があるさまざまなフラッシュ・ゲームが紹介されている。

Marcus Du Sautoy（www.maths.ox.ac.uk/~dusautoy）

わたしのホームページ。数学雑誌や主流メディアの資料から厳選したコレクションを紹介している。

The Simonyi Professorship（www.simonyi.ox.ac.uk）

オクスフォード大学の「一般への科学啓蒙（けいもう）のためのシモニー教授職」の公式サイト。わたしの今後の活動リストが載っている。

http://twitter.com/MarcusduSautoy

わたしのツイッター。

Mangahigh（www.mangahigh.com）

数学を楽しんだり学んだりするのに役立つオンラインの数学学校。このサイトの開発にはわたしも携わった。無料のオンラインゲームや資料が埋めこまれている。

Clay Mathematics Institute（www.claymath.org）

クレイ数学研究所のウェブサイト。一〇〇万ドル問題が数学的に説明してある。

MacTutor History of Mathematics archive（www-groups.dcs.st-and.ac.uk/~history/）

数学者の伝記に関するすばらしいサイトで、セント・アンドリュース大学が管理している。

Wolfram Math World (http://mathworld.wolfram.com)

数学の対象となっているものの、さらに専門的な定義や説明が載っている良質のサイト。

University of Oxford, Mathematical Institute, Marcus' Marvellous Mathemagicians (http://bit.ly/Mathemagicians)

マーカスのすばらしい数の魔術師（マーカス・マーベラス・マスマジシャン）、略してM3（エム・スリー）は、数学のメッセージを広める助けをするオクスフォードの学生チームで、さまざまな人を対象とする数学についてのワークショップなどの活動や講演を行っている。

（出版社は、ここで紹介した外部サイトの内容にはいっさい関知していない。〔インターネットのサイトは変動が激しいので検索用にサイトのタイトル、キーワードを付記した〕）

第一章　果てしない素数の奇妙な出来事

1、2、3、4、5……なあんだ、実に簡単な話じゃないか。1を足せば次の数ができる。でも、もしもこの世に数がなかったら、これはまさにお手上げだ。イングランド・プレミアリーグのアーセナル対マンチェスター・ユナイテッドのあの試合、どっちが勝ったんだっけ？　どっちだったかなあ、なにしろ両方ともたくさん点を取ったからな……。そうそう、この本でちょっと調べたいことがあったんだ。たしか真ん中あたりに、国営宝くじ（ナショナル・ロタリー）の話が出ていたと思ったんだけどなあ……。もしも数がなかったなら、くじの話が載っているページを特定することもできず、そもそもくじ自体が成り立たなくなる。人が身の回りの世界に対処しようとすると決まって必要になる基本的な言葉、それが数なのだ。

動物界でも事情は同じで、やはり数が基本になる。動物の群れは、ライバルと自分たちの頭数を見比べて、戦うか逃げるかを決める。相手が少なければ戦い、そうでなければ逃げる。動物にとって数学の能力は、生き延びるための本能の一部なのだ。しかしこの一見単純そうな数の一覧の裏に、実は数学最大の謎が潜んでいる。2、3、5、7、11、13……、素数と呼ばれるこれらの数は、あらゆる数を構成する基本要素である。いってみれば、数学界の水素や酸素なのだ。数の物語の中心人物ともいうべきこれらの数は、無限に広がる数のそこここに宝石のように埋めこまれている。

素数はきわめて重要な数であると同時に、人類が知を探求するなかで行き合った最大の謎でもある。ひとつの素数から次の素数を作り出す魔法の式はどうやらこの世に存在しないらしく、未だに素数を見つける方法はわかっていない。誰も地中に埋められた素数という名の宝物を掘り当てるのに必要な宝の地図を持っていないのだ。

これから、この特別な数についてなにがわかっているのかを見ていこう。そしてその旅の道すがら、さまざまな文化で素数がどのように表され調べられてきたかを明らかにし、音楽家たちがリズムの強弱に素数をどう生かしたのかを紹介する。さらに、素数が地球外生物との意思疎通に使われてきた理由や、なぜ素数を使うとインターネット上で秘密を守れるのかを明らかにしよう。そして最後に、一〇〇万ドルの賞金がかかった素数の謎を紹介する。だが、数学における最大の難問に取りかかる前に、まずは数を巡る二一世紀の謎をひとつ見ておく。

ベッカムが23番のシャツを選んだわけ

デイヴィッド・ベッカムは二〇〇三年にレアル・マドリードに移籍したときに、なぜ背番号23番を選んだのか。その理由についてあれこれ憶測が飛んだ。マンチェスター・ユナイテッドで活躍したときも英国代表だったときもベッカムの背番号は7番だったから、ずいぶん妙な数を選んだもんだと思った人が多かったのだ。しかしレアル・マドリードではすでにラウルが7番を背負っており、このスペイン人にすれば、英国から来た色男に自分の番号を譲る気など毛頭なかった。

ベッカムが23という数を選んだ理由を巡ってさまざまな説が取りざたされたが、なかでも人気だったのがマイケル・ジョーダン理論だった。この説によると、レアル・マドリードはアメリカの巨大な市場に参入して、選手のシャツのレプリカをたくさん売りさばきたいと考えた。ところがフットボール（アメリカ人は「サッカー」と呼ぶ）は、あの国ではあまり人気がない。アメリカ人にすれば、野球やバスケットボールのように点がたくさん入って、一〇〇対九八というふうにちゃんと勝敗が決まるスポーツが好みで、九〇分も続いたあげくにどちらも点を入れられず、〇対〇の引き分けに終わるスポーツのどこがよいのかわからない。

レアル・マドリードがスポーツ選手について調査を行ったところ、バスケットボールのマイケル・ジョーダンが断然一番人気だということがわかった。シカゴ・ブルズで最高得点をたたき出したこの選手は、デビュー以来ずっと23番という番号を背負っていた。そこでレアル・マドリードはサッカー・シャツの背中にジョーダンを連想させる23という番号をつけて、あとはこの数字の魔力が働いてアメリカの市場にうまく参入できますようにと祈ることにした、というのである。

かと思うと、なにをバカな、23といえば暗殺されたユリウス・カエサルが背中を刺された回数だろうが、とさらに不吉な説を唱える人もいた。はたしてベッカムはわざと悪い予兆を選択したのか。それとも「スター・ウォーズ」に入れ込むあまり23番を選んだのか（レイア姫は、スター・ウォーズの第一作で拘留ブロック23番に閉じこめられる）。それとも、カオスをあがめて23という数にこだわる近代の神秘主義カルト集団「ディスコルディアニズム〔一九五八年頃に作られた宗教ないしパロディー宗教〕」の隠れ信者なのだろうか。

だがわたしは、ベッカムの背番号を知るとすぐに、もっと数学的な説明を思いついた。23は素数である。素数とはそれ自体と1でしか割れない数のことで、17や23はそれより小さな数の積にすることができないから素数だが、15は15＝3×5と書けるから素数ではない。素数を掛けあわせれば、どんな整数でも作ることができる。だから素数は数学でいちばん重要な数なのだ。

たとえば105の場合。この数は明らかに5で割り切れて、105＝5×21となる。5はそれ自体と1でしか割れないから素数だが、21は素数ではなく3×7と分解できる。よって105は3×5×7となるが、これ以上細かく分けることはできないから、これで105を構成する素数がすべて見つかったことになる。どんな数を持ってきても、素数であればそれ以上細かくできず、そうでなければもっと小さな数の積にできるから、これと同じようにしてあらゆる数を素数の積に分解することができる。

つまり素数はあらゆる数を構成する基本要素なのだ。物質の分子が水素や酸素やナトリウムや塩素などの原子から構成されているように、数は素数で構成されている。2、3、5といった数は数の世界の水素でありヘリウムでありリチウムであって、数学のなかでももっとも重要な数とされている。しかも素数はどうやら、レアル・マドリードというサッカー・チームにとっても大きな意味を持っていた。

レアル・マドリードの状況をさらに細かく調べてみたところ、このチームのベンチには数学者がいるようだった。ちょっとした分析の結果、ベッカムの移籍当時、レアル・マドリードの主要選手が全員素数の番号を背負っていたことがわかったのだ。銀河系（ギャラクティコ）というあだ名の通りスターがきら星のごとくひしめいていたこのチームでは、デフェンスのカルロスは3番、ミッドフィルダーの中心であるジダンは5番、ストライカーの基盤たるラウルとロナウドは7番と11番だった。これではベッカムも素数をつけるしかない。しかしベッカムはやがて23という数に強い絆（きずな）を感じるようになり、アメリカの大衆をすばらしいパフォーマンスで魅了すべくLAギャラクシーに移籍したときも、素数を背負うことにこだわった。

こんな話をすると、元来論理的に分析を行うはずの数学者がなんとたわけたことを……といわれそうだが、実はわたしも、レクレアティーボ・ハックニーというサッカー・チームで素数の背番号をつけている。だから、23番の選手に強い絆を感じるのだ。わが草サッカー・チームはレアル・マドリードほど大きくないから、23番は存在せず、わたしの背番号は17番になった。17というのもなかなかけっこうな素数なのだが、その話はまた後ほど。ちなみに、初シーズンの我がチームの成績はあまりぱっとせず、ロンドン・スーパー・サンデー・リーグの二部に参加はしたものの、シーズンの終わりには最下位だった。幸いなことに、このリーグはロンドンでは一番下だから、あとは上にあがるしかない。

ではいったいどうすればチームの成績をあげられるのだろう。レアル・マドリードにはきっと秘策があるはずだ。ひょっとして、素数の番号を背負うと精神的に強くなるんだろうか？　わがチームには8だの10だの15だのと、素数でない背番号が多すぎるのかもしれない。というわけで、わたしは次のシーズンに、メンバーを説得してシャツを作り直し、全員が素数を背負うようにした。2、3、5、7ときて……43までのすべての素数が勢揃い（せいぞろい）したとたんにチームはがらりと変わり、わたしたちは一部に昇格した。だがじきに、素数の効果は一シーズンかぎりであることが明らかになった。次のシーズンにふたたび二部に降格したわがチームは、現在なんとか勝つ可能性を増やそうと、新たな数学理論を模索している。

レアル・マドリードのキーパーは背番号1をつけるべきか

レアル・マドリードの主立った選手が素数をつけているとしたら、キーパーは何番を背負えばよいのだろう。数学的に言い換えると、1は素数なのか。答えは、「素数でもあり、素数でもなし」（数学は数学でも、こういう問いならみな大歓迎だろう。

——どう答えようと正解なのだから）二〇〇年前に作られた素数の表では、1は1でしか割れず、それより小さな数では割れないという理由で、最初の素数は1とされていた。ところが今では、1は素数ではないとされている。なぜなら、あまたある素数の性質のなかでも、さまざまな数を構成する要素になっているという点がもっとも重要視されるようになったからだ。ある数に素数をかけると新たな数ができるが、1をかけても新たな数はできない。したがって素数の表には1は含まれず、2からはじまる。

むろんレアル・マドリードが最初に素数の威力を発見したというわけではない。では、どの文化が先頭を切ったのか。古代ギリシャ人か、中国人か、はたまたエジプト人だったのか。素数の持つ力に最初に気がついたのは、実は数学者ではなく小さい奇妙な虫だった。

アメリカに棲むある種の蟬はなぜ17という素数を好むのか

北米大陸の森には、たいへん奇妙な一生を送る蟬がいる。この蟬は、一七年のあいだ地下に隠れて木の根の樹液を吸い続け、一七年目の五月に大挙して地上に現れ、森を占拠する。その数は、実に一エーカー当たり一〇〇万匹〔一平方メートル当たり約二四七匹〕にのぼるという。

そして、雄は雌を引きつけようと懸命に鳴きはじめるわけだが、近所の人々はそのあまりの騒々しさに、一七年に一度のこの侵略をやりすごすべく、よくどこかに逃げ出すという。一九七〇年に名誉博士号を受けるためにプリンストン大学を訪れたボブ・ディランは、大学のまわりの森に現れた蟬のすさまじい鳴き声を聞いて、「セミの鳴く日」という歌を作った。

雄と雌がつがい終わると、雌は樹上に六〇〇個ほどの卵を産みつける。そして六週間にわたるどんちゃん騒ぎの後に、蟬はすべて死に絶え、森はふたたび一七年間の静寂に戻る。やがて真夏になると、産みつけられた卵が孵(かえ)り、幼虫は森の地上に落ちて地面に穴を掘る。そして栄養のありそうな根っこを見つけると、そのまま次回の偉大なる蟬パーティーまでの一七年間を過ごすのだ。

この種の蟬が一七年の時の流れを勘定できるなんて、じつに見事な生物工学の妙技といえよう。実際、一年早く、あるいは遅く地上に現れる蟬ですら稀(まれ)なのだ。ふつう動物や植物は、温度の変化や季節の移り変わりを通して一年の時の流れを把握する。だが、地球が太陽のまわりを全部で一七回まわったことを記録する装置があるわけもなく、この種の蟬が姿を現すきっかけはどこにも見あたらない。

数学者にとってなにより興味深いのは、ここで17という素数が登場することだ。このタイプの蟬が地下で過ごす年月が素数になっているのは、単なる偶然なのだろうか？ いいや、どうもそうではないらしい。このほかにも、一三年周期で現れる蟬や七年周期で現れる蟬がいるが、これらの周期はすべて素数になっている。しかも、この一七年蟬が先走って姿を現す場合は、一年ではなくたいてい四年前倒しされて一三年周期になるというのだから、これはもうあきれるほかない。どう考えても、これらの蟬にとって周期を素数にしたほうが有利な理由があるとしか思えない。それにしても、いったいどこがどう有利なのだろう。

自然科学者たちはあまり確信を持てないようだが、これらの蟬が素数にこだわるわけを説明するある数学的な理論がある。その理論を紹介する前に、二、三の事実を押さえておこう。まず、森にいる蟬はせいぜい一種類なので、異なる種の蟬がえさを取り合うことはない。つぎに、合衆国では毎年のようにどこかに素数ゼミの大群が姿を現す。二〇〇九年と二〇一〇年は蟬が出現しなかったが、二〇一一年には東南部にすさまじい数の一三年蟬が出現した（二〇一一も素数だが、これはおそらく偶然だろう。蟬がそこまで賢いとは思えない）。

図 1-01　7 年サイクルの蝉と 6 年サイクルの捕食者が 100 年間にどう影響しあうか。

今のところ、蟬のライフサイクルが素数になっているのは、同じ森に蟬のように周期的に姿を現す捕食者がいて、蟬の登場にタイミングを合わせて姿を現しては生まれたばかりの蟬をむさぼり食うからだ、と考えるのがいちばんしっくり来る。こうなると自然淘汰（とうた）が働くわけだが、ライフサイクルが素数の蟬のほうが、そうでない蟬よりも捕食者にでくわす可能性がはるかに低くなる。

たとえば、捕食者が六年ごとに出現するとしよう。このとき、七年ごとに現れる蟬は捕食者と四二年に一度だけ鉢合わせする（図1-01）。ところが八年ごとに現れる蟬は二四年ごとに捕食者と鉢合わせし、九年ごとに現れる蟬に至ってはなんと一八年ごとに鉢合わせすることになる（次ページ図1-02）。

北米大陸の森では、どうやら真剣に最大の素数探しが行われてきたらしい。そして蟬がこの戦いに見事勝利を収めたために、捕食者たちはあるいは飢え、あるいはほかの森に移って、素数のライフサイクルを持つ奇妙な蟬だけが後に残ったのだ。しかしこれから紹介するように、素数の持つ強弱のリズムを巧みに使っているのは蟬だけではない。

図 1-02　100 年間の 9 年サイクルの蟬と 6 年サイクルの捕食者の出現の様子。

蟬　対　捕食者

図 1-01、1-02 のように、100 までのマスと蟬と捕食者に見立てたコマを作って、「蟬ゲーム」をしてみよう。捕食者を 6 倍のマス目に置いてゆき、プレイヤーは各自何匹かの蟬（蟬の一族）を手元に置く。ふつうのサイコロを 3 つ用意して、出た目の数を参考に、一族がどれくらいの頻度で登場するかを決める。たとえば目の合計が 8 なら、蟬を 8 の倍数のマス目に置いていく。ただし、すでに捕食者がいるマスは飛ばすので、捕食者がすでに占領している 24 のマスには蟬を置くことができない。こうしていちばん多く蟬を置いたプレイヤーが勝つ。捕食者の周期を 6 以外の数にすると、また別のゲームができる。

17や29といった素数がこの世の終わりの鍵（かぎ）となるわけ

フランスの作曲家オリヴィエ・メシアンは、第二次大戦中にドイツ軍に捕まって、下士官兵用捕虜収容所Ⅷ-Aに収容された。そして同じ収容所にクラリネット奏者とチェロ奏者とバイオリン奏者が収容されていることを知ると、三人の演奏家と自分のためにピアノ四重奏曲を作りはじめた。こうしてできたのが、二〇世紀における音楽のすばらしい結実ともいうべき「世の終わりのための四重奏曲（クアトゥオール・プル・ラ・ファン・デュ・タン）」である。この曲はまず捕虜収容所Ⅷ-Aの関係者と収容者に披露されたが、このとき作曲家自身は収容所にあったおんぼろなアップライト・ピアノを弾いたという。

メシアンは冒頭の「水晶の典礼」と呼ばれる楽章で、17と29という素数を使って、聴衆に決して終わることのない時を感じさせようと試みた。この楽章では、バイオリンとクラリネットが交互に鳥の歌を表す主題を奏（かな）で、チェロとピアノがリズムの構造を作る。ピアノ・パートでは、17拍のリズム進行が土台となり、そこに29の和音からなるハーモニーが重なる。このためハーモニーがちょうど全体の三分の二くらいにさしかかったところで、17音からなるリズムがふたたびくり返される。しかも17も29も素数であるため、17×29音までいったところではじめてリズムの進行とハーモニーの

図 1-03　メシアンの「世の終わりのための四重奏曲」のなかの「水晶の典礼」。1 本目の太い縦線は 17 音のリズム進行が終わるところで、2 本目の太い縦線は 29 音のハーモニー進行が終わるところ。

進行の組み合わせが元に戻る。

こうして絶えず音を変化させることにより、メシアンは狙(ねら)い通り、時を超越した感じを作り出すことに成功した。ここで使われているのは、実は蟬が捕食者に対して用いたのと同じ技で、リズムを蟬、ハーモニーを捕食者とすると、17と29が両方とも素数なのでふたつの調子ははずれっぱなしとなり、ふたたび繰り返しがはじまる前に曲が終わるのだ。

素数を音楽に取り入れたのは、メシアンだけではなかった。アルバン・ベルクも、自分の作品にサインの代わりに素数を組みこんだ。デイヴィッド・ベッカムばりに23という数をひけらかした——というよりも、むしろ23にとりつかれていたというべきか……。たとえば「抒情組曲(じょじょうくみきょく)」は、曲そのものが二三小節単位で構成されている。しかもこの作品には、一〇小節の進行で表された愛人に二三小節の進行で表された自分を絡(から)めて、その当時進行中だった裕福な人妻との情事を表した箇所がある。ベルクは数学と音楽を組み合わせて、己の情事に命を吹きこんだのである。

メシアンは「世の終わりのための四重奏曲」で素数を使って果てしない時を表現したが、近年、数学を用いた、時を超えはしないまでも一〇〇〇年は繰り返しの起きない作品が発表された。ロック・バンド「ザ・ポーグス」の結成当初のメンバー、ジェム・ファイナーが新たな千年紀を記念して、ロンドンのイーストエンドに次の千年紀のはじまり——すなわち西暦三〇〇〇年にはじめて繰り返しが起きる音楽のインスタレーションを作ったのだ。この装置はそのものずばり、「ロングプレイヤー（長く演奏する人）」と命名された。

ファイナーは、まずいろいろなサイズのチベットの鈴（りん）と銅鑼（どら）を使って二〇分二〇秒の曲を作り、さらにメシアンの手法によく似た数学的技法を使って元となる曲を一〇〇〇年の長さに拡張した。原曲の六つのコピーを速度を変えて同時に演奏し、しかも二〇秒ごとに各パートが元の演奏とは異なる間を置いて改めて演奏されるのだが、その間の置き方もパートごとに変える。このような装置を作るには、どのパートをどれだけずらせば一〇〇〇年間に一度も繰り返しが起きないのかを割り出す必要があり、かくして数学の出番となったのである。

素数にとりつかれているのは音楽家だけではない。どうやら素数は芸術のさまざまな分野で活躍している人々の琴線に触れるらしく、たとえば作家のマーク・ハッドンは、ベストセラーになった『夜中に犬に起こった奇妙な事件』の各章の番号をすべて素数にした。この物語の語り手はクリストファーというアスペルガー症候群の少年で、この少年は数学的な世界が大好きだった。なぜなら、数学的な世界の論理には意外性がまったくなく、常に相手の振る舞いを理解できるからだ。ところが人間同士のやりとりでは、不確かなことや論理を超えたひねりがいろいろと加わるため、クリストファーはお手上げになる。主人公曰く、「ぼくは素数が好きだ……素数は人生に似ていると思う。とても論理的なのに、決して法則をあぶり出すことができない。たとえ死ぬまで考え続けたとしても、法則を見つけることはできないんだ」。

素数は映画にも登場する。未来を描いたスリラー映画「キューブ」では、七人の登場人物が入り組んだルービック・キューブのような迷路に閉じこめられる〔うち一人は残りの六人と出会う前に死ぬ〕。迷路の部屋はどれも立方体で、六つの扉はそれぞれ別の部屋に続いている。物語の冒頭で目をさました七人は、いつのまにかこの迷路のなかにいることに気づく。なぜそんなところにいるのか皆目見当もつかないが、とにかく出口を見つけなくてはならない。ところがやっかいなことに、いろいろと仕掛けが施された部屋が混じっていて、目の前の部屋が安全かどうかを前もって確認しなくてはならない、ということがひとりの命とひきかえに明らかになった。うっかり部屋に足を踏み入れたが最後、焼き殺されたり、酸を浴びせられてからワイヤーナイフで切り刻まれてサイコロにされたりと、さまざまな恐ろしい死が待っている可能性があったのだ。

残る六人のうちのひとりである数学の達人レヴンは、部屋の入り口に書かれた数によってその部屋に罠があるかどうかを判別できることに気づいた。どうやら素数番号の部屋には、罠が仕掛けられているらしい。数学を使ったこの推論を聞いて、グループのリーダーは、「なんてすばらしい頭脳なんだ」といった。やがて、素数だけでなく素数の冪も要注意であることが明らかになるが、こうなるとさすがのレヴンもお手上げだった。かくして特異な才能を持つ自閉症の人物に頼るほかなくなり、その人物抜きでは素数の迷路を生きて出られないということが判明する。

蝉も気づいているように、数学を知らずしてこの世を生き抜くことはできない。数学の授業で生徒のやる気を起こさせようと四苦八苦している教師のみなさんも、映画「キューブ」に描かれたむごたらしい死をうまく使えば、素数の知識を習得しようという気を起こさせられるかもしれない。

SF作家が素数を好むわけ

SF作家が作中で異星人と地球との交信を描こうとすると、ひとつ問題が生じる。SFを書く人々は、問題の異星人がひじょうに賢くて地球の言葉を知っているとでも思っているのだろうか。あるいは「バベルフィッシュ」〔「銀河ヒッチハイク・ガイド」に登場する魚で、耳につっこむと即座に万能翻訳が可能になる」ばりの翻訳者がいて、通訳を買ってでると思っているのか。はたまた、宇宙のどこにいっても英語が通じると思い込んでいるのだろうか。

多くの作家が、数学を使ってこの問題を解決している。彼らに言わせると、数学こそが真に普遍的な言語であって、この言語ではまず構成要素である素数が言葉として発せられる。カール・セーガンの『コンタクト』という小説では、地球外知的生命体探査協会（SETI）に勤めるエリー・アロウェーがある信号に気づき、それが宇宙から届くただの雑音ではなく、連続するパルスであることを突きとめる。さらに、ひょっとするとこれは2進法で表した数ではないかと考えて、それらのパルスを10進法に直してみると、突然パターンが見えてきた。59、61、67、71、……という具合にいずれも素数なのだ。そして思った通り、その信号は907までのすべての素数をさらうと、再び元に戻った。これは断じてでたらめではない、とエリーは結論した。誰かがわたしたち人類に、こんにちは、といっているのだ。

数学者の多くは、たとえ宇宙のむこう側の生物学や化学や物理学が地球のそれとはまるで違っていたとしても、数学だけは地球と同じはずだと考えている。地球から二五光年のかなたにあること座α星、ベガのまわりを回る系外惑星で腰を下ろして素数に関する数学の本を読んでいる誰かにとっても、59や61は素数であるはずなのだ。なぜならケンブリッジの高名な数学者G・H・ハーディーがいうように、これらの数は「我々がそう考えるからでもなければ、我々の頭脳が今あるような形にできあがっているからでもなく、数学の現実ゆえに素数でしかあり得ない」のだから。

素数は宇宙のどこに行っても素数でありつづけるとして、今述べたような話がほかの天体でもされているかどうかを考えてみるのもなかなかおもしろい。人類は、独自のやり方で一〇〇〇年にわたってこれらの数を研究した結果、いくつかの重大な真実を発見した。しかもその発見へと至る足跡には、各文化に固有のものの見方やその時代に特有の数学の特徴が刻みこまれている。だとすれば、宇宙の果ての地球のそれとは異なる文化でも、地球とは別の物の見方が展開されていて、地球ではまだ発見されていない定理がすでに見つかっていると考えてよいのだろうか。

素数をコミュニケーションの手段にするというアイデアは、別にカール・セーガンの専売特許ではない。事実NASAは、一九七四年にプエルトリコのアレシボ電波望遠鏡からヘラクレス座の球状星団M13に向けてメッセージを送る際に、素数を使って地球外の知的生命体との接触を試みた。なぜM13にしたかというと、この星団には無数の星が含まれていて、知的な生物がメッセージをキャッチする確率が高いと考えられたからだ。

問題のメッセージは0と1からなる列で、うまく並べると白黒のドットで構成された画像が現れ、2進数の1から10までの数と、DNAの構造のスケッチと、わたしたちの太陽系を表した図と、アレシボ電波望遠鏡そのものの外見が読み取れるはずだった。画素数が1,679しかないのでかなり粗い絵にはなるが、この1,679という数にはちゃんと意味があって、画素を組み立てるための鍵になっていた。1,679＝23×73なので、画素の並べ方が二通りしかなく、23行×73列にするとでたらめな点にしかならないが、73行×23列にすれば正しい結果が得られるのだ。もっとも球状星団M13は二万五〇〇〇光年のかなたにあるので、返事が届くとしてもまだまだ先——五万年も先

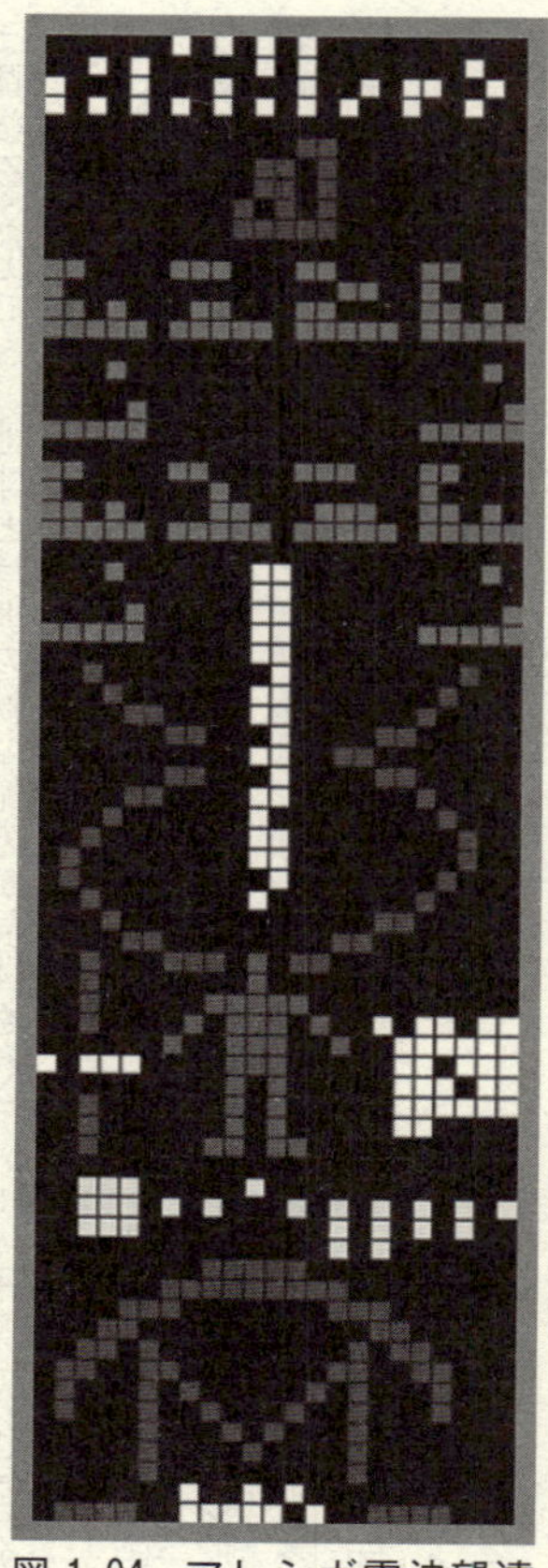

図 1-04　アレシボ電波望遠鏡から M13 星団に向けて発せられたメッセージ。

の話となる。

素数そのものは宇宙のどこでも変らない普遍的な性質を持つ数だが、それらの数を表す記数法は各文化の特徴を色濃く反映していて、数学の歴史とともに大きく変わってきた。ではここで一息入れて、地球上で素数がどのように表されてきたのかを、順を追って見ていくことにしよう。

この素数は何でしょう

図1-05

人類史上もっとも早くから数学が行われていた場所のひとつに、古代エジプトがある。200,201を古代エジプトの表記法で書くと、図1-05のようになる。エジプトの人々は、紀元前六〇〇〇年にはすでに遊牧生活をやめて、ナイル川流域に定住していた。そしてさらに社会が洗練されていくと、ピラミッドを造ったり、税金を計算したり、土地を測量するために、数が必要になった。古代エジプトの人々は、言葉だけでなく数も象形文字を使って表した。しかもすでに、今日わたしたちが使っている10進

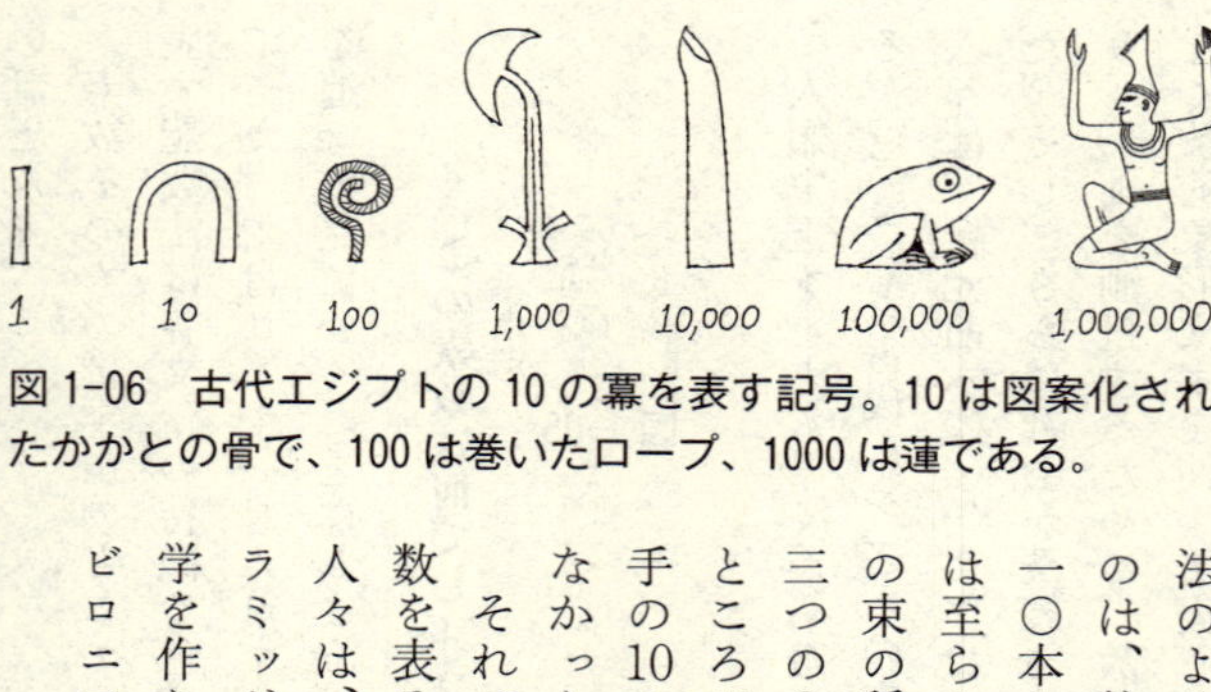

図 1-06　古代エジプトの 10 の冪を表す記号。10 は図案化されたかかとの骨で、100 は巻いたロープ、1000 は蓮である。

法のような10の冪に基づく数の体系（10という数が選ばれたのは、数学的に特別な意味があるからではなく、人間の指が一〇本あるからだ）を作っていたが、位取り法を発明するには至らなかった。数字の位置によってその数字が表す10の冪の束の種類が変わる記数法を位取り法といい、たとえば222の三つの2はすべて位置が違うから、表す値もすべて異なる。ところがエジプトの人々は位取り法を知らなかったから、新手の10の冪が登場するたびに新しい記号を作らなければならなかった（図1-06）。

それでも200,201を表すのは簡単だが、9,999,991という素数を表そうとすると記号が計五五個必要になる。エジプトの人々は、素数が重要だということには気づかなかったが、ピラミッドの体積を求める式や分数の概念などの洗練された数学を作り出した。とはいえ数の表記法に関しては、お隣のバビロニア人のほうが洗練されていたといえそうだ。

この素数は何でしょう

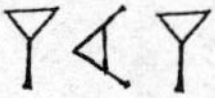

図1-07

　これは、古代バビロニアの表記法で書いた71である。バビロニアの王もエジプトの王のように、大河（この場合はユーフラテス川）の周りに帝国を造った。バビロニア人は、紀元前一八〇〇年ごろから現在のイラク、イラン、シリアの大部分を支配するようになり、帝国を拡大して運営するなかで、数をたくみに操作するようになった。記録はすべて粘土板に残され、書記たちは湿った粘土板に木の棒や尖筆（せんぴつ）で印をつけて、その板を乾かした。尖筆がくさびの形をしていたことから、バビロニアの文字はくさび形文字と呼ばれている。

　バビロニアの人々は、紀元前二〇〇〇年頃には位取り記数法を使っていた。しかし、世界でもっとも早く位取り記数法を使いはじめたこの民族は、エジプト人のような10の冪ではなく、60の冪を元にした。1から59までの数をすべて異なる記号で表し、60になると左側に「60の位」を作って60の塊が一つというふうに記す。ちょうど現在の

10進法で、1の位の値が9を超えたところで、「10の位」に1を置くのと同じだ〔バビロニアの人々の数の勘定のし方については48ページのコラムを参照〕。前ページ図1-07の素数は、60の束が一つと11を表す記号だから71ということになる。ちなみに、1から9までの数を縦棒で表し、10を左のような記号(図1-08)で表すあたりは、どことなく10進法を思わせる。

図1-08

元になる数を10ではなく60にしたことは、数学の観点からいうとしごく理にかなっていた。60はいろいろな数で割りきれて、計算が楽なのだ。たとえば、豆が60粒あるとすると、60＝30×2＝20×3＝15×4＝12×5＝10×6で、いろいろな分け方ができる(図1-09)。

バビロニアの人々はもう少しで、数学におけるきわめて重要な数――ゼロを発見するところだった。今かりに、くさび形文字で3,607という素数を表そうとすると、一つ問題が起きる。3,607は60の2乗――すなわち3,600の束が一つと7になるが、これをくさび形文字で書くと、60の束一つと7――つまり67とひじょうによく似ているのだ。むろん67も素数ではあるが、記録したいのは3,607であって67ではない。バビ

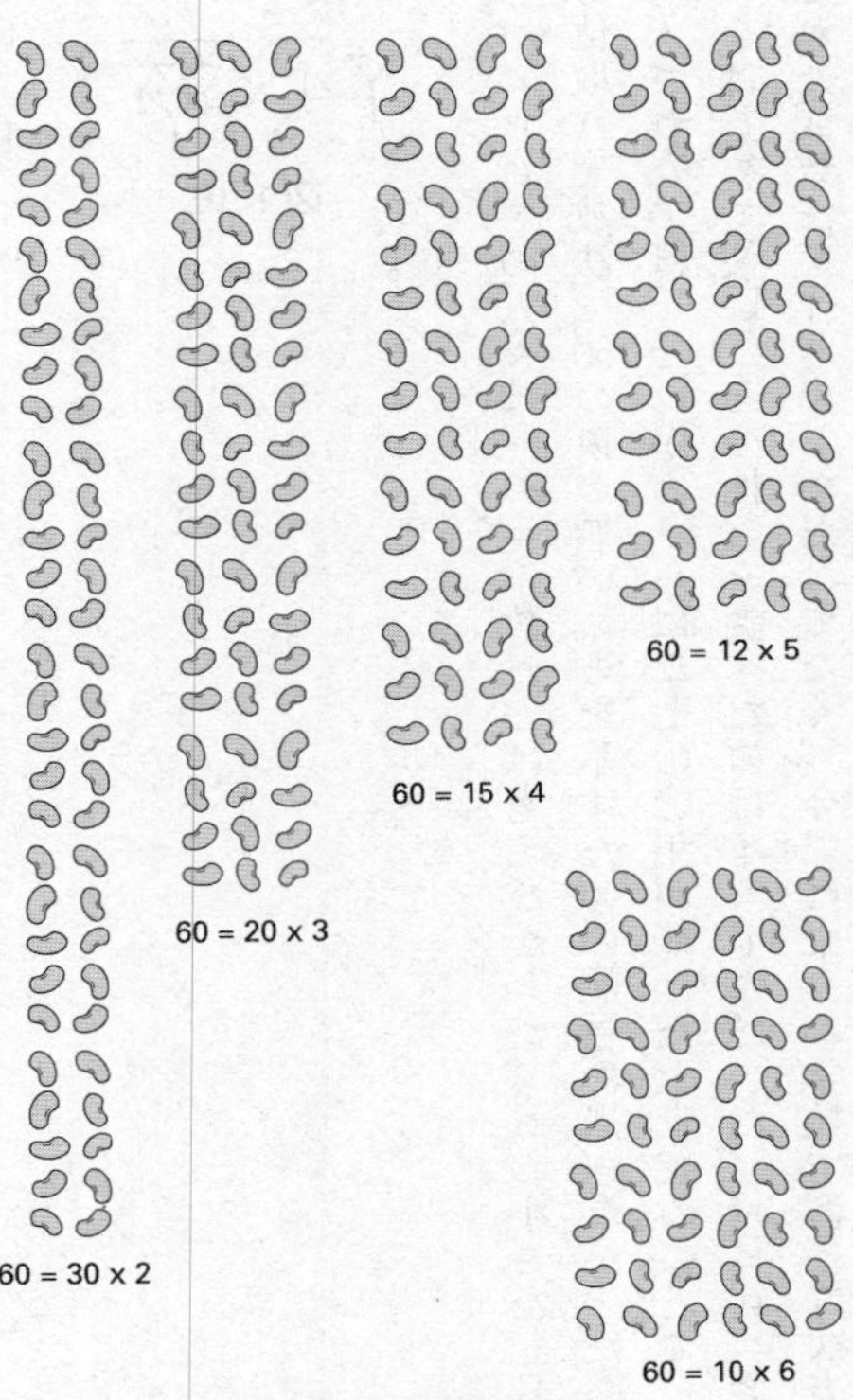

図 1-09　60 粒の豆の分け方。

ロニアの人々はこのような混乱を避けるために、小さな記号を使って、60の束が一つもないことをはっきりさせた。このため、3,607をくさび形文字で書くと、次のようになる（図1-10）。

図1-10
[Yが1、∢が0、▽が7]

　しかしバビロニアの人々は、ゼロが数だとは考えなかった。この小さな記号は、あくまでも位取り記数法で60の束が無いことを示すための記号に過ぎなかったのである。ゼロが導入されたのは、それからさらに二七〇〇年が経った七世紀のことで、数としてのゼロをはじめて使い、その性質を調べたのはインド人だった。バビロニアの人々は洗練された記数法を作り出しただけでなく、今では誰もが学校で習う二次方程式の解法を最初に発見した。しかも、直角三角形に関するピタゴラスの定理の存在にもうすうす気づいていた。だが、彼らが素数の美しさに気づいていたという証拠はどこにもない。

この素数は何でしょう

図 1-11

メソアメリカ文明のひとつであるマヤ文明は、西暦二〇〇年から九〇〇年にかけて南メキシコからグアテマラ、エルサルバドルへと版図を広げ、全盛を誇った。そして、複雑な天文計算をなるべく楽に行うために、精巧な数の体系を作り出した。マヤの記数法を使うと、17は右の図のようになる。マヤの人々は、エジプト人ともバビロニア人とも違って、20を元にする数の体系を作った。点が一つで1、二つで2、三つで3。そして5になると、点を五つ書くのではなく、牢獄(ろうごく)の壁にチョークで日にちを記す囚人のように、四つの点を通る線を一本引く。つまり、一本の線で5を表すのだ。

この記数法の基になっているのは、人間は小さい量ならすぐに判別できるが——一つのものと二つのものと三つのものを区別するのは簡単である——数が増えると急速に判別が難しくなるという事実だ。そのため、三本線のうえに点が四つ乗った19まで

自分の手を使って60まで数える

60秒が1分で、60分が1時間、全円が6×60=360度といった具合に、60を元にしたバビロニア式の記数法の名残は、今でもあちこちに見られるが、これとは別に、バビロニアの人々が指を使って、きわめて洗練されたやり方で60までの数を数えていたという証拠が残っている。

人間の手の指は1本1本が計3本の骨からなっている。さらに、片手には親指以外に4本の指があるから、親指を使えば計12本の骨を指さすことができる。そこでまず、左手で12まで数え、続いて右手の4本の指を使って、12の束がいくつあるかを表す。これによって、12の束が5個分(右の手で12の束を4つと左の手で12の束を1つ)——すなわち60までの数が数えられる。

たとえば、右手の12の束2つのところを指さしてから、左手の5つ目の骨を指させば、29という素数になる。

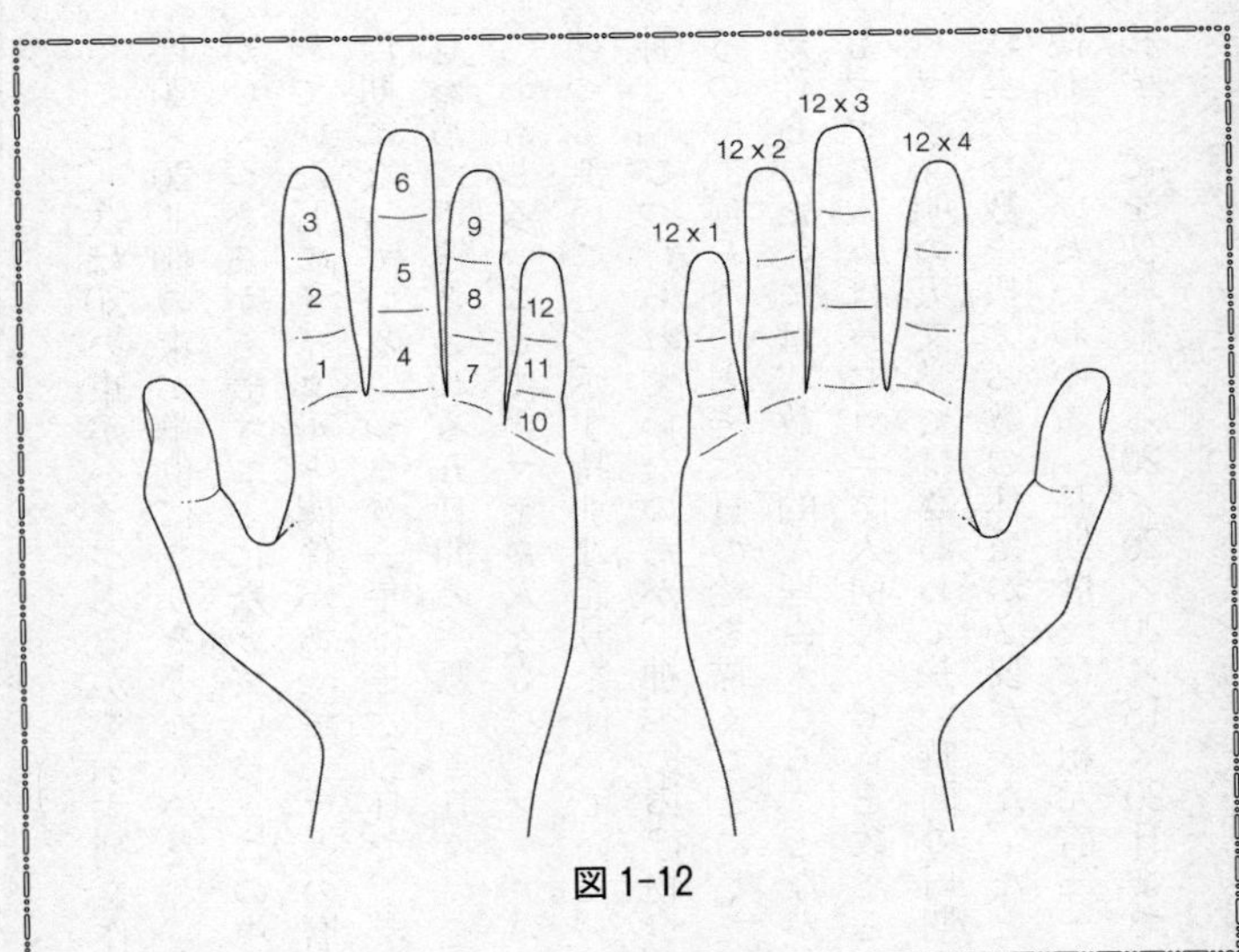

図 1-12

くると、次は20の束がいくつあるかを示す列を作る。この調子でいくと、その次の列は20×20＝400の束が単位になりそうなものだが、なぜか三番目の列は20×18＝360の束がいくつあるかを表すことになっている。この中途半端な数は、実はマヤの人々が使っていた暦のサイクルと関係があって、マヤの暦では二〇日で一ヶ月、一八ヶ月で一周期になっている（つまり一年は三六〇日で、マヤの人々はこれに余りの月として、きわめて不運とされる五日間の「悪しき日々」をつけ加えていた）。

おもしろいことに、マヤの人々もバビロニアの人々と同じように、20の冪の束がひとつも無いことを示す特別な記号を使っていた。マヤの記数法では、それぞれの位が神と結びつけられていたのだが、神への捧げ物がまったくないのは失礼にあたるというので、何もないときは貝の絵を描くことにした。つまり、何もないことを示す記号が作られたのには、数学的な理由もさることながら、迷信の影響があったのだ。しかもマヤの人々はバビロニア人同様、ゼロを数だとは考えていなかった。

マヤ文明の天文学ではきわめて長い時間の周期を計算しなければならず、そのために莫大な数を扱える数の体系が必要だった。たとえば、ある時間の周期を測るときに使われていたいわゆる「長期暦」は、紀元前三一一四年八月一一日にはじまって、五桁すべてを使い終わる20×20×20×18×20日まで続くが、これを年に直すとなんと七八九〇年という長さになる。このマヤの暦では、日付の表示が13.0.0.0となる二〇一二年一二月二一日が重要な日とされていて、グアテマラの人々は、車の後部座席で距離計がカチリと元に戻るのを心待ちにする子どものように、この日が来るのを楽しみにしている。だが、その一方でこの日にこの世が終わるという破滅論者もいるのである〔原著の刊行はこの日より前だった。ちなみにマヤ暦は循環暦なので、実は終りにはならない〕。

この素数は何でしょう

יג

図1-13

ここに書かれているのは数字ではなく文字だが、ヘブライ語の記数法では13はこのように表される。ユダヤにはヘブライ語のアルファベットの文字を数に対応させるゲマトリアという伝統があり、この場合は、アルファベットの三番目の文字であるギメルと一〇番目のユッドが組み合わさっているので13なのだ。次ページの表1-01にあるのは、アルファベットの各文字が意味する数である。

ユダヤ神秘思想のカバラにくわしい人々は、さまざまな単語の値を調べて、それらの間にどのような関係が成り立つかを考えて楽しむ。たとえばわたしの名前マーカス

ヘブライ文字		英語のアルファベットでは	数値でいうと
א	アレフ	A	1
ב	ベート	B	2
ג	ギメル	G	3
ד	ダレット	D	4
ה	ヘー	H, E	5
ו	ヴァヴ	V, U, O	6
ז	ザイン	Z	7
ח	ヘット	Ch	8
ט	テット	T	9
י	ユッド	I, Y, J	10
כ	カフ	K	20
ל	ラメド	L	30
מ	メム	M	40
נ	ヌン	N	50
ס	サメフ	S	60
ע	アイン	O, Ng	70
פ	ペー	P	80
צ	ツァディー	Tz	90
ק	コフ	Q	100
ר	レーシュ	R	200
ש	シン	Sh	300
ת	タヴ	Th	400

表 1-01

をヘブライの綴(つづ)りに直すと מרכוס となり、数値を計算すると、

M(メム) + R(レーシュ) + K(カフ) + U(ヴァヴ) + S(サメフ) ＝
40 + 200 + 20 + 6 + 60 ＝ 326

となって、「有名人」という単語――あるいは「最低のやつ」という単語――の数値と等しくなる。666という値が獣を意味するのは、一説には、もっとも邪悪なローマ皇帝ネロの名前の値が666〔ネロ・カエサル（Nero Caesar）のギリシャ名をヘブライ文字に直すと נרון קסר ＝ヌン（50）＋レーシュ（200）＋ヴァヴ（6）＋ヌン（50）＋コフ（100）＋サメフ（60）＋レーシュ（200）〕だからだともいわれている。

ヘブライ文化では素数はあまり重視されなかったが、素数とも関係するある種の数が重んじられた。今、ひとつの数に対してそれを割り切るすべての数（ただし、その数自体は除く）を考え、それらの合計が元の数と一致するとき、その数を完全数と呼ぶ。6を割りきる数は、6をのぞけば1、2、3で、その合計は1＋2＋3＝6となって元の6と一致するから、6はいちばん小さな完全数になる。その次の完全数は28で、実際28を割りきる数は、28のほかには、1、2、4、7、14だから、合計が28になる。ユダヤ教では、世界は六日間で造られたとされ、暦の太陰月は二十八日からなっ

ている。そのためユダヤ文化では完全数に特別な意味があると考えられているのだ。

キリスト教の注釈者たちもまた、完全数の数学的宗教的な性質に注目した。聖アウグスティヌス（三五四—四三〇）はかの有名な『神の国』という著書で、「6は完全数である。しかしそれは、神があらゆるものを六日間で造ったからではなく、むしろ逆にこの数が完全だからこそ、神はあらゆるものを六日間でお造りになったのだ」と述べている。

おもしろいことに、これらの完全数の後には素数が潜んでいる。さらに細かくいうと、ひとつひとつの完全数がメルセンヌ素数と呼ばれる特殊な素数（後でもっと詳しく述べる）に対応しているのだ。ちなみに確認されている完全数は、今のところ四七個しかない。もっとも大きな数は二五九五万六三七七桁あって、偶数の完全数はすべて$2^{n-1}×(2^n-1)$の形をしている。しかも、この形をした数が完全数になっていれば2^n-1は必ず素数になり、その逆も成り立つ。しかし、奇数の完全数が存在するかどうかはまだわかっていない。

この素数は何でしょう

二十三

図1-14

これを見て、5だと思われた方もおいでだろう。確かに2＋3のようにも見えるが、この十は足し算の記号ではなく10を意味する漢字である。この三つの漢字は、10の束が二つと1が三つあること、つまり23を表している。

中国の伝統的な記数法では、位取り法の代わりに、10の冪を表すさまざまな記号が使われてきたが、これとは別に竹の棒を使った記数法（算木、算籌（さんちゅう）と呼ばれるもの）があって、その場合はそろばんと同じように位取り法を用いる。そろばんでは、10に達すると左側の新たな列に繰り上がるのだ。

竹の棒（＝算木）を使って表わした1から9までの数は次の通り（次ページ図1-15）。

算木を使うときは、混乱しないように、一桁おきに（つまり、一〇の位や一〇〇〇の位や一〇〇〇〇〇の位では）竹の棒を90度回して横に置く（次ページ図1-16）。

古代中国には負の数の概念もあって、負の数を表すときには色の異なる棒を使った。

𝍠	𝍡	𝍢	𝍣	𝍤	𝍥	𝍦	𝍧	𝍨
1	2	3	4	5	6	7	8	9

図 1-15

𝍩	𝍪	𝍫	𝍬	𝍭	𝍮	𝍯	𝍰	𝍱
1	2	3	4	5	6	7	8	9

図 1-16

西洋の会計で赤と黒のインクが使われているのは、中国で赤や黒の棒が使われていたからだと考えられている。もっとも、中国では西洋とは逆に、負の数を黒い棒で表していたのだが……。

　中国は、おそらく素数が重要な数であることにもっとも早く気づいた文明のひとつだったのだろう。彼の地では、偶数は女で奇数が男というように、数に性別があるとされていた。しかも中国の人々は、奇数のなかにかなり特殊な数があることに気づいていた。たとえば、石が一五個あれば、五行三列に並べて見栄えのよい長方形を作ることができる。ところが一七個の石で長方形を作ろうとすると、ずらりと一列に並べるしかない。このため素数はじつにマッチョな男らしい数だとされた。素数でない奇数もたしかに男ではあるのだが、いささか女々しいところがある。

　石の個数が素数だということは、それらの石で格好のよい長方形を作れないということだから、その意味で、古代中国のこのような見方は素数の本質的な性質そのものを指しているといえそうだ。

かくして、エジプト人は蛙（かえる）を使い、マヤ人は点と線を使って数を表し、バビロニア人は粘土板にくさび形を刻み、中国人は棒を並べて数を表し、ヘブライ人はアルファベットの文字を使って数を表していたことがわかった。そしてどうやら、最初に素数を特別扱いしたのは中国人だった。ところが素数の謎（なぞ）を解明すべく最初の一歩を踏み出したのは、これとは別の文化に属する古代ギリシャの人々だった。

素数のふるいを用いた古代ギリシャ風料理法

ここで、古代ギリシャ人たちが発見した素数の見分け方を紹介しよう。小さな素数をきわめて手際よく整然とあぶり出す方法だ。素数を手早く見つけたいのなら、素数でない数を手早く除去すればよい。そこでまず、1から100までの数を書きだす。そうしておいて最初に1を消す（すでに述べたように、古代ギリシャ人は1を素数に含めていたが、二一世紀のわたしたちは1を素数に含めない）。お次は2で、これが最初の素数になる。そこで2からはじめて一つおきに数を消していく。すると、なにかの

~~1~~ 2 3 ~~4~~ 5 ~~6~~ 7 ~~8~~ 9 ~~10~~ 11 ~~12~~ 13 ~~14~~ 15 ~~16~~ 17
~~18~~ 19 ~~20~~ 21 ~~22~~ 23 ~~24~~ 25 ~~26~~ 27 ~~28~~ 29 ~~30~~ 31 ~~32~~
33 ~~34~~ 35 ~~36~~ 37 ~~38~~ 39 ~~40~~ 41 ~~42~~ 43 ~~44~~ 45 ~~46~~ 47
~~48~~ 49 ~~50~~ 51 ~~52~~ 53 ~~54~~ 55 ~~56~~ 57 ~~58~~ 59 ~~60~~ 61 ~~62~~
63 ~~64~~ 65 ~~66~~ 67 ~~68~~ 69 ~~70~~ 71 ~~72~~ 73 ~~74~~ 75 ~~76~~ 77
~~78~~ 79 ~~80~~ 81 ~~82~~ 83 ~~84~~ 85 ~~86~~ 87 ~~88~~ 89 ~~90~~ 91 ~~92~~
93 ~~94~~ 95 ~~96~~ 97 ~~98~~ 99 ~~100~~

図1-17　2から出発して1つおきに数を消していく。

二倍になっている数はすべてはじかれ、2以外のあらゆる偶数が消える。数学者はよく、2ってのは奇妙（オッド）な素数だなあ、なにしろ偶数（イーブン）の素数はこれしかないんだから、と冗談を飛ばすが〔オッドには、「奇妙な」と「奇数の」のふたつの意味がある〕……数学者はあまり冗談が上手でない（図1-17）。

次に、まだ消していないもっとも小さな数、つまり3に移って、今度はなにかの3倍になっている数を順繰りに消していく（図1-18）。

4はすでに消えているから、お次は5だ。ここから四つおきにすべての数を消していって、最後まで消し終えたら、まだ消していないいちばん小さな数nに戻って、そこから$n-1$個おきにすべての数を消していく（次ページ図1-19）。

これはじつに優れた手順で、ほとんど考える

1 2 3 4 5 6 7 8 9 10 11 12 13 14 15 16 17
18 19 20 21 22 23 24 25 26 27 28 29 30 31 32
33 34 35 36 37 38 39 40 41 42 43 44 45 46 47
48 49 50 51 52 53 54 55 56 57 58 59 60 61 62
63 64 65 66 67 68 69 70 71 72 73 74 75 76 77
78 79 80 81 82 83 84 85 86 87 88 89 90 91 92
93 94 95 96 97 98 99 100

図 1-18　次に 3 から出発して、2 つおきに数を消していく。

こともなく、ごく機械的に事を運べる。はて、この91という数は素数なのだろうか、といった具合にいちいち思い悩まなくても、7から六つおきに数を消していくと7×13＝91で自動的に除外されるのだ。7の段の九九を×13まで知っている人はめったにおらず、たいていの人は、91が素数でないと聞くと意外そうな顔をする。

この整然とした手順は、アルゴリズムのすばらしい例になっている。アルゴリズムとは、一連の具体的な指示を実行して問題を解決する手法のことで、コンピュータ・プログラムは基本的にアルゴリズムである。素数をあぶり出すこのアルゴリズムは、二〇〇〇年以上前に偉大なる古代ギリシャ文明の前衛地だったアレクサンドリアで発見された。アレクサンドリアは今ではエジプトの都市となっているが、当時は数学

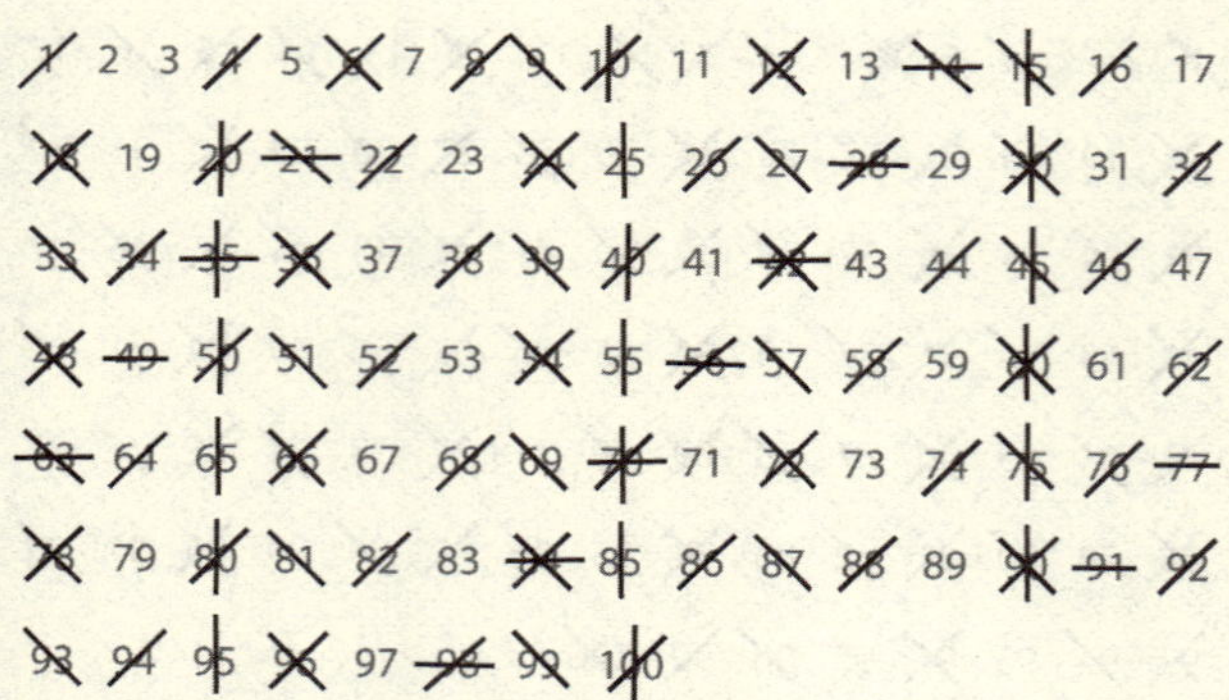

図 1-19　ふるいの目をどんどん大きくしていくと、最後に 1 から 100 までのすべての素数が残る。

をはぐくむ苗床として世界最良の図書館を誇りにしていた。その図書館の司書エラトステネスが紀元前三世紀に思いついたのが、素数を発見するための古代版コンピュータ・プログラムともいうべきこの手法だったのだ。

この手法は、着目する素数を次々に変えて、粗さの異なるふるいにかけるようにして素数でない数を除去することから、エラトステネスのふるいと呼ばれている。まず粗さが2のふるいにかけ、次に3のふるい、5のふるいというように、ふるいの目をどんどん大きくしていくのだ。とはいえひとつだけやっかいなことがあって、このふるいで大きな素数を探そうとすると、ガクンと効率が悪くなる。

エラトステネスは、図書館に所蔵された何十万ものパピルスや羊皮紙の巻物を維持管理し、数をふるいにかけて素数を見つけ出しただけでなく、地球の周を測ったり、地球から太陽や月までの距離を測ったりした。エラトステネスの計算によると、太陽は地球から八億四〇〇〇万スタディアの距離にあるという。ただし、この値の精度はスタディアという単位長さをいくらとするかによって変わってくる。スタディアというのは元来競技場（スタディアム）の広さを基準にした単位だが、同じスタディアムでも、ウェンブリー・スタディアム〔イギリス最大のスタジアム〕の寸法を基準にしたときと、〔プレミア・リーグのなかでも〕もっと小さいロフタス・ロード・スタディアムの寸法を基準にしたときでは長さが違ってくるのだ。

エラトステネスはさらに、地図にナイルの流れを描きこみ、ナイル川が毎年決まった時期に氾濫（はんらん）するのは、実ははるか上流にあるエチオピアで大雨が降るからだということを突きとめた。しかもそのうえ詩まで書いたが、このような多彩な活動にもかかわらず、何においてもほんとうの意味ではぬきんでることがなかったという。そこで友人達はエラトステネスに、一番、つまりα（アルファ）になれなかったというので、β（ベータ）というあだ名をつけた。ちなみに、老いて目が見えなくなったエラトステネスは、食を断って自ら餓死したという。

素数の一覧を作るには、どれくらい時間がかかるのか

あらゆる素数を書き出してその一覧を作ろうとすると、永遠に作業を続けることになる。なぜなら素数は無限にあるからだ。それにしてもどうしてそう断言できるのだろう。いつまでたっても最後の素数にはたどり着けず、常に一覧に付け加えるべき素数が残っていると、なぜ言えるのか。それは人間が、有限の論理を重ねることでみごと無限を捉(とら)えるという偉業を成し遂げたからだ。

素数がどこまでも続くことをはじめて証明したのは、アレクサンドリアに住むギリシャ人数学者、エウクレイデス〔英語ではユークリッドとも〕だった。エウクレイデスはプラトンの弟子で、エラトステネスと同じ紀元前三世紀の人だったが、どうやらエラトステネスより五〇歳ほど年上だったらしい。

エウクレイデスは、素数に果てがないということを証明するために、まずこの事実を否定してかかった。つまり、実は素数は有限個なのかもしれないとしたのだ。かりにそうだとすると、素数の表には終わりがあって、有限の素数表に載っている素数をかけ合わせれば、ほかのすべての数を作れるはずだ。たとえば、素数の一覧に2と3

と5の三つの数だけが載っていたとすれば、2と3と5をあれこれかけ合わせるだけでどんな数でも作れる。ところまで準備しておいて、エウクレイデスはこの三つの素数をどうかけ合わせても決して作ることができない数を作ってみせた。まず、問題の表に載っている素数をすべてかけ合わせて30という数を作る。さらに——ここがエウクレイデスの天才たるゆえんなのだが——この数に1を加えて31にする。するとこの数は、最初の表に載っていた2でも3でも5でも割り切れず、必ず1が余る。

エウクレイデスは、どんな数でもいくつかの素数の積の形に分解できることを知っていた。それなら31の場合はどうだろう。この数は2でも3でも5でも割りきれないから、実はこの表には載っていない素数が存在して、その数の倍数になっているはずだ。この場合には実は31そのものが素数なので、エウクレイデスは「新たな」素数を作ったことになる。だったらこの新たな素数を表に加えればいいじゃないか、とおっしゃる方もおいでだろうが、そうなったらエウクレイデスはもう一度同じことをくり返せばよい。素数の表がどんなに長くなったとしても、その表に載っている素数すべてをかけ合わせて1を加えれば、素数の表にあるどの数で割っても1余る数ができて、その数はまだ表に載っていない素数で割りきれるはずだという話になる。こうしてエウクレイデスは、あらゆる素数を網羅した有限の表が存在し得ないことを証明した。

だから、素数は果てしなく存在すると言い切れるのである。

エウクレイデスは素数が無限にあることをみごとに証明してみせたが、この証明にはひとつ難があった。これだけでは、まるで素数のありかがわからない。さきほどの手順にしたがうと、新たな素数ができそうにも思える。なにしろさっきは2と3と5をかけて1を加えたら、31という新たな素数が得られたのだから。しかし、こうして作られた数が必ず素数になるという保証はどこにもない。ここで、2、3、5、7、11、13からなる素数の表を考えてみよう。この六つの数を全部かけ合わせると30,030になるから、そこに1を加えると、30,031になる。この数は、2から13までのどの素数でも割りきれず、必ず1が余るが、実は素数ではなく、元の表にはなかった二つの素数、59と509で割りきれる。実のところ数学者たちは、有限個の素数をすべてかけ合わせて1を加えた結果、新たな素数ができる場合が無限に存在するのかどうかすら突き止められずにいるのだ。

わが娘たちのミドルネームが41と43であるわけ

あらゆる素数を網羅した一枚の表を作るのは無理だとしても、素数を作るときに役に立つパターンくらいはあってよさそうなものだ。素数だということがすでに確認されている数を元にして次の素数がどのあたりにあるのかを推察する、なにかよい方法はないものなのか。

2、3、5、7、11、13、17、19、23、29、31、37、41、
43、47、53、59、61、67、71、73、79、83、89、97

これは、1から100までの数をエラトステネスのふるいにかけて残った素数の一覧である。

素数の場合、そのありかを突きとめる手がかりとなるパターンは皆無で、次の素数がどこにあるのかを知るのはきわめて難しい。素数の列を眺めていると、正直いって数学の研究対象どころか、宝くじのくじ番号を集めてきたようにも見えてくる。素数は、停留所でバスを待っているときのように、いつまでたっても出てこないかと思うと、突然とんとんと連続して現れるが、これはまさに、第三章に登場する「ランダムな過程」の大きな特徴だ。

2と3は別にして、素数と素数の間隔は、17と19、41と43というように最低でも2になる。なぜなら、隣りあう二つの奇数のあいだには必ず偶数があるが、2以外の偶

数は素数でないからだ。そこで、このような一つおきに並んだ素数の組を双子の素数と呼ぶ。わが双子の娘は、わたしが素数に執着しているせいで、危うく41と43という名前をつけられるところだった。クリス・マーティンとグウィネス・パルトローの赤ん坊がアップル〔りんご〕で、フランク・ザッパの娘たちがムーン・ユニット〔月のユニット〕、ディーヴァ・シン・マフィン〔歌姫・薄いマフィン〕なのだから、わが娘たちもフォーティワン〔41〕とフォーティスリー〔43〕でいいだろう。しかし、妻があまり気乗りしない様子だったので、このふたつの数はけっきょくわたしだけが知っている娘たちの「秘密の」ミドルネームになった。

数の宇宙を進んでいくと、素数そのものがしだいにまばらになる。それなのに双子の素数がこれだけあるというのはじつに不思議な話だ。たとえば、1,129という素数から次の素数までは21も間が開いているのに、突然1,151と1,153の双子の素数が登場する。あるいは、102,701という素数のあとには素数でない数が59個も続くのに、これまた唐突に、102,761と102,763が姿を現す。二〇一二年現在、確認されている最大の双子の素数はなんと二〇万七〇〇〇桁もある。観察可能な宇宙に存在する原子の総数ですら八〇桁に収まるというのだから、これは途方もなく膨大な数といえよう。

ところで、このような双子の素数はまだまだたくさんあるのだろうか。素数が無限にあることはすでにエウクレイデスが証明している。だったらこの先どこまで行っても、双子の素数が完全に姿を消すことはないのか。今のところ、双子の素数が無限にあることをエウクレイデス並にスマートに証明した人はひとりもいない。

かつて、双子の素数が素数の秘密を解く鍵になるのではないかと考えられた時期があった。オリバー・サックスは『妻を帽子とまちがえた男』という著書で、実在した特殊な才能を持つ自閉症の双子の逸話を紹介している。ふたりは素数を自分たちの秘密の言葉とし、診察室の椅子に腰掛けて、互いに大きな数を投げかけていた。はじめのうち、サックスにはふたりが何をしているのかまるでわからなかったが、ある日、双子の暗号を解くことに成功した。そして、いくつかの素数を覚えこみ、自説を検証することにした。その翌日、ふたりが腰を下ろして六桁の数字をやりとりしはじめると、サックスもその輪に加わり、やがてふたりのやりとりの合間をぬって七桁の素数を紹介して双子をびっくりさせた。サックスの素数はそれまでに登場したどの素数よりも大きかったので、ふたりはしばし考えこみ、それから、ここにも仲間がいた！とでもいうように、そろってにっこりした。

やがてふたりはサックスの目の前で九桁の素数をやりとりするようになった。これが奇数や平方数なら誰も感心などしないのだが、ひどくでたらめに散らばっている素数を次々に見つけるというのは、そう簡単に出来ることではない。どうやらこの能力には、双子のもうひとつの才能が関係していたらしい。このふたりはしばしばテレビ番組に出演し、たとえば一九〇一年一〇月二三日は水曜日だったと即答して聴衆を驚かせていた。特定の日付を指定されたときにその曜日を調べるには、合同計算とか時計の算術と呼ばれる計算をしなくてはならない。この双子はおそらくある数が素数かどうかを判定するときにもこの時計の算術が役に立つことを知っていたのだろう。

今、2の冪(べき)、たとえば2の17乗を計算して得られた答を17で割った余りが2であれば、17が素数である可能性は非常に高くなる。この素数判定法は中国で生み出されたともいわれているが、実はこの判定法を発見したのは一七世紀のフランス人数学者ピエール・ド・フェルマーだった。フェルマーは、余りが2にならなければ17は素数でないということを証明した。一般に、pが素数でないことを確認するには、2のp乗を計算してその答えをpで割ればよく、その余りが2にならなければ、pは素数でないといえる。件(くだん)の双子は、日付を指定されたときにその曜日を巧みに割り出すことができたが、それには素数判別法のように、7で割ったときの余りを求める必要があった。したがって、ふたりはある数が素数かどうかをこの方法を使って判別していたと考えられるのだ。

はじめのうち数学者たちは、2のp乗をpで割ったときに2が余ればpは素数にちがいないと考えていた。ところが、この検査に合格したからといって、素数だという保証はないことが明らかになった。341＝31×11は素数でないのに、2の341乗を341で割ると余りが2になるのだ。この例が見つかったのは一八一九年のことだが、ひょっとするとサックスの双子は341を素数として拾わずにすむさらに巧妙な判別法を知っていたのかもしれない。一方フェルマーは、この判定法の2の冪という部分をさらに押し広げて、一般にpが素数なら、pより小さな数nに対して、nのp乗をpで割った余りが常にnになることを証明した。つまり、pより小さなnに対して、nのp乗をpで割った余りがnにならない場合が見つかれば、pを素数候補からはずせるのだ。先ほどの341の場合でいうと、3の341乗を341で割った余りは3にならず168になる。それにしても、素数かもしれないと思われる数より小さな数すべてについてこの検査を行うとなると膨大な作業が必要だ。よって、双子がこの検査を行ったとは考えにくい。

しかしハンガリーの偉大なる素数の魔術師ポール・エルデシュによると、厳密な証明こそまだついていないが、10の150乗以下の数が素数かどうかを確認する場合には、フェルマーの判定法を一度通っただけで、素数でない確率が約10の43乗分の1まで下がるという。したがってサックスの双子にすれば、件の検査を一度行っただけで、素数を見つけたという興奮に身を任せることができたのだろう。

素数の石蹴り遊び

ここで、双子の素数を知っているほうが有利な二人遊びを紹介しよう。

まず、1から100までの数を書き出す。そして先攻側が、1のマスから最大で五つ目までのマスにある素数の上に自分のコマを置く。次に後攻側が、先攻側のコマから最大で五つ目までのマスにある素数の上に自分のコマを置く。そこで今度は先攻側が、後攻側のマスから最大でも五つ目までのマスにある素数の上にコマを置く。ただしコマを進めるときには以下の三つの規則を守らなければならない。すなわち、(1) 最後のコマから五つ以上離れてはならず、(2) 素数の上にしか置けず、(3) 後戻りしたり、そのまま居続けたりはできないのだ。こうしてコマを置いていって、先にコマを置けなくなった方が負ける。

次ページの図1-20は、典型的なゲームの流れを示したものだ。23のマスにはプレイヤーその二のコマがあって、五つ先までのマスにはひとつも素数がないので、プレイヤーその一は規則通りにコマを置けなくなって負けた。もしもプレイヤーその一が最初に別の手を打っていれば、ここで負けずにすんだのだろうか。この盤面をよく見てみると、5のマスから先では、コマの置き場所をあまり選べなくなることがわかる。ようするに、5のマスにコマを置いたほうが勝つのだ。なぜなら、5のマスにコマを置いた側は23にコマを置くことができて、こうなると、相手はそれ以上コマを動かせなくなるからだ。したがって、最初の一手が決め手となる。

では、このゲームの規則を少しいじるとどうなるだろう。たとえば、最大で七マス先までの素数にコマを置けるとすると、もうすこし先まで飛べるようになる。23の六マス先に29があって、そこにコマを進められるから、ここではまだ勝負がつかない。では、この場合も最初の一手が決め手になるのか。さらにいえば、勝負はいったいどこでつくのか。実際にこの規則にしたがってゲームを行ってみると、選択肢がぐんと増えることがわかる。特に、双子の素数があるところで選択の幅が広がるのだ。

そんなにたくさん選択肢があるのなら、最初の一手はどうでもよさそうに思えるが、改めて盤面を見ると、89のマスにコマを置かれると、次の素数は八マス先の97なので負けになる。そこからさかのぼって素数をたどってみると、相手のコマが67のマスに載らないと勝てないことがわかる。相手のコマがここにあれば、次の一手でこちらのコマを71と73の双子の素数のどちらかに動かせる。ところがその先の動きはすべて決

プレイヤー 1　プレイヤー 2

1	2	3	4	5	6	7	8	9	10
11	12	13	14	15	16	17	18	19	20
21	22	23	24	25	26	27	28	29	30
31	32	33	34	35	36	37	38	39	40
41	42	43	44	45	46	47	48	49	50
51	52	53	54	55	56	57	58	59	60
61	62	63	64	65	66	67	68	69	70
71	72	73	74	75	76	77	78	79	80
81	82	83	84	85	86	87	88	89	90
91	92	93	94	95	96	97	98	99	100

図 1-20　最大で 5 マス先まで動けるとした素数の石蹴り遊びの対戦例。

まっていて、この双子の片方は必勝のマス、もう片方は負けのマスになる。つまり、相手のコマを67のマスに置かせた側がゲームに勝つわけで、89のマスはさして重要ではない。ではどうすればその状態に持ちこめるのか。

そこでこのゲームをさらに巻き戻していくと、37という素数のマスにコマが置かれた時点で、対戦相手はきわめて重要な決断を迫られることがわかる。次の一手ではわが娘のミドルネームである41にいってもいいし43にいってもよく、しかも41にコマを動かせば必ず勝つのだ。よって、相手を37のマスに押し込められるか否かが勝敗を決める。こうやってどんどんゲームを巻き戻していくと、やがて必勝の第一手が明らかになる。自分のコマを5に置けさえすれば、さまざまな決定の機会がすべて保証されて、89のマスにコマを置くことができる。そしてそうなれば、敵はそれ以上動けなくなってこちらが勝つ。

では、最大の飛び幅をさらに大きくしたらどうだろう。それでもゲームは必ず終わるといいきれるのか。最大で九九マス先まで飛んでよいとしたらどうだろう。それでもゲームはいずれ終わると断言できるのか。最後の素数から九九マス先までのあいだに必ず素数が現れて常にそこに飛べる、といったことにならないという保証はあるのか。素数が無数にあることはわかっているから、飛び幅をうんと大きくしさえすれば、素数から素数へと永遠に飛んでいけそうな気もするのだが……。

実は、このゲームがいずれ終わることを証明することができる。どんなに遠くに飛んでよいとしても、許された飛び幅よりも長く、しかも素数をいっさい含まない列が必ずあって、ゲームはそこで終わる。たとえば素数でない数が九九個連続する列を見つけるには次のようにすればよい。まず、100×99×98×97×……×3×2×1を作る。これは100の階乗と呼ばれる数で、100!で表される。この数には、1から100までのどの数でも割りきれるという性質があるので、これを利用する。

今、

100!+2, 100!+3, 100!+4, ……100!+98, 100!+99, 100!+100

という数の列を考えてみよう。

100!+2は2で割り切れるから素数でなく、100!+3は3で割り切れるから素数でない（100!は3で割り切れるから、3を加えてもあいかわらず3で割り切れる）。実はこの列には素数が一つも含まれていない。100!+53も、100!が53で割り切れるから、53を加えてもやはり53で割り切れて素数にならないといった具合で、ここに素数をまったく含まない連続した九九個の数の列ができたことになる。ちなみになぜ

100!＋1ではなく100!＋2からはじめたのかというと、今の論法では、100!＋1は1で割れるとしかいえず、素数か否かを判断できないからだ（実際には素数ではない）。

したがってこの素数石蹴りゲームは、最大の飛び幅を九九にしても必ず終わると断言できる。もっとも実際には、100!というとほうもなく大きな数までいかなくても、はるか手前の396,733で終わる。なぜならこの数からはじまる九九個の数には素数が一つも含まれていないからだ。

このゲームをやってみると、数の宇宙に素数がいかに気まぐれに散らばっているかがよくわかる。これでは、どこで次の素数にでくわすか、まるで見当がつきそうにない。それにしても、一つの素数から次の素数を割り出す気の利いた仕掛けまでは望めないとしても、せめてじょうずに素数を作り出す公式くらいはあってもよさそうなものだが……。

ウサギやひまわりを使って素数を探す？

ためしにひまわりのらせん状に並んだ筒状花〔周囲の舌状花ではなく、やがて実になる中央の部分の花で、よく見るとらせん状に並んでいる〕のらせんの本数を数えてみると、八九個という素数になっている場合が多い。はじめ一つがいだったウサギは、一一世代後には八九つがいになる。ひょっとして、ウサギや花は素数を作り出す秘密の公式を知っているのだろうか。いや、そうではない。89があちこちに出現するのは素数だからではなく、もう一つの自然のお気に入り、フィボナッチ数だからなのだ。イタリアの数学者ピサのフィボナッチは、ウサギが増える様子を（数学的な観点からではなく、むしろ生物学的な観点から）明らかにしようと試みるなかで、一二〇二年にこの重要な数列を発見した。

フィボナッチは、雌雄一つがいの子ウサギからはじめた。一月からスタートしたとして、二月にはこの二羽が成獣になって交尾し、三月には新たに一つがいの子ウサギが生まれる（この思考実験では、子ウサギはどれも雌雄一羽ずつの対で生まれるとする）。四月には、元々のつがいが子ウサギをもう一つがい生み、最初に生まれた子ウサギが成獣になる。つまりこの時点で、成獣二つがいと子ウサギ一つがいがいることになる。五月になると、二つがいの成獣がそれぞれ一つがいずつ子ウサギを生み、四月に生まれた子ウサギが成獣になるから、この時点では、成獣三つがいと子ウサギ二つがいで、計五つがいになる（78ページ図1-21）。こうして月を追ってウサギのつがい数を記録していくと、次のような数列ができる。

1、1、2、3、5、8、13、21、34、55、89……

どんどん増えていくウサギのつがい数を追跡するのはかなり面倒だったが、やがてフィボナッチは、じつに簡単な計算方法を思いついた。前の二つの数を足せば次の数が得られるのだ。二つある数のうちの大きいほうがその時点でのウサギの総つがい数で、それがそっくりそのまま次の月まで生き延びる。一方小さいほうの数は成獣のつがい数で、それぞれのつがいが新たに一つがいの子ウサギを生むから、翌月のウサギのつがい数は、直前の二世代分を加えたものになる。

この数列がダン・ブラウンの『ダ・ヴィンチ・コード』に出てきたのをご記憶の方もおいでだろう。主人公は聖杯を見つけるためにこの数列の謎(なぞ)を解かねばならなかった。

この数を好むのはウサギやダン・ブラウンばかりでなく、花びらの枚数もフィボナッチ数になっていることが多い。エンレイソウの花弁は三枚、パンジーは五枚、アカネグサ〔北米産の薬草、シラユキゲシの近縁〕は八枚、マリーゴールドは一三枚、チコリーは二一枚、野生のデイジーは三四枚、そしてひまわりの筒状花の列はたいてい五五本か八九本である。さらに、ある種の百合(ゆり)などでは、花びらが二組重なったような形になっていて、枚数

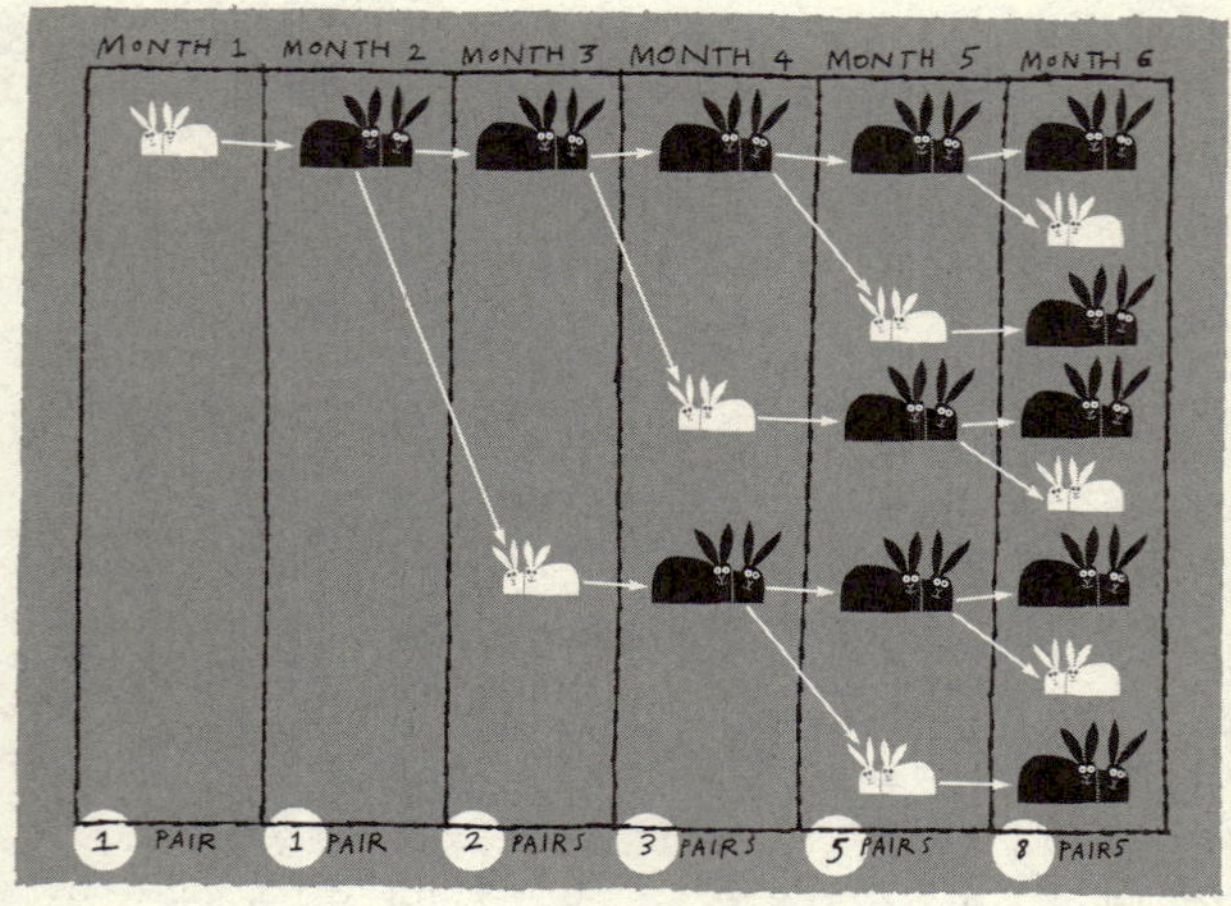

図 1-21　増え続けるウサギのつがいの数を計算する際には、フィボナッチ数が鍵となる。

もフィボナッチ数の二倍になっている。ちなみに、花びらの枚数がフィボナッチ数になっていなければ、それは花びらが散ったからで……というぐあいに数学者たちは例外をはじいていく（かんかんになった園芸家から手紙が殺到すると困るので、散りかけた花のほかにも例外があることを認めておこう。たとえばツマトリソウの花弁は七枚であることが多い。生物学は、数学ほど完璧でないのだ）。

花だけでなく、松ぼっくりやパイナップルのでこぼこにもフィボナッチ数が潜んでいる。バナナを輪切りにすると、中は三つの部分に分かれている。りんごを輪切りにすると五つ星が現れ、柿を輪切りにすると八つ星が現れる。どうやらウサギの数にしろひまわりや果物の構造にしろ、成長に関係する場面ならどこにでもフィボナッチ数が顔を出すらしい。

フィボナッチ数は、貝殻の成長とも深い関係がある。カタツムリの赤ちゃんは、ほぼ一対一の正方形に近い小さな殻を背負っている。やがて赤ちゃんが大きくなって殻に収まりきらなくなると、そのたびに新たな部屋を一つつけ加えて成長を続ける。とはいってもあまり複雑なことはできず、すでにある二つの部屋の寸法を元にして新たな部屋を作ることになるのだが、これがまさに直前の二つの数を加えて次の数を得るというフィボナッチ数の作り方になっている。そしてこのような成長の結果、自然に単純で美しいらせんが生まれるのだ（次ページ図1-22）。

これらの数をフィボナッチ数と呼ぶのは、実はまちがいだ。この数列を最初に見つけたのはフィボナッチではなく、もっといえば数学者でもなかった。最初にこの数列に気づいたのは、中世インドの詩人や音楽家だったのだ。かれらは、短いリズムと長いリズムを組み合わせてできるリズム構造を徹底的に調べた。長音が短音の二倍の長さだとすると、与えられた拍数に対していったい何種類のパターンが作れるか。たとえば八拍は、長音四つにもできるし、短音八つにもできて、そのほかにも、この中間

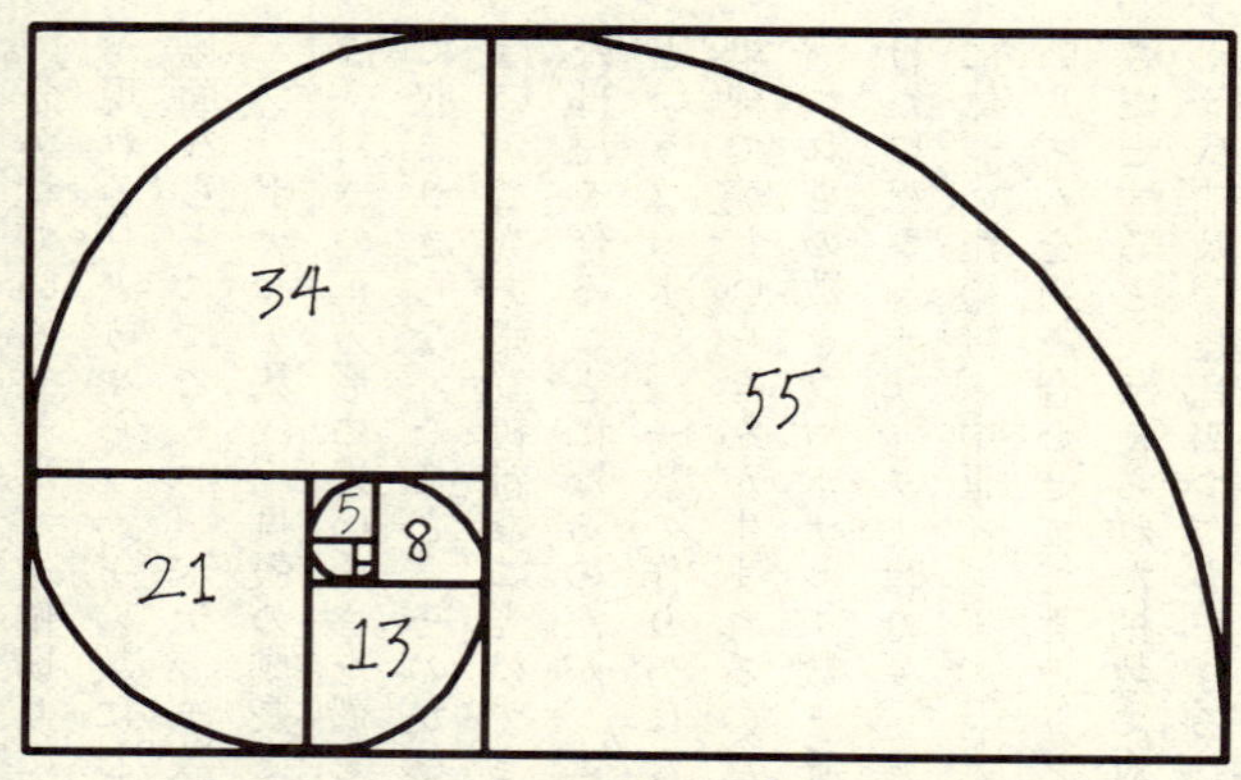

図1-22　フィボナッチ数を使って貝殻を作る方法。

のさまざまな長短の組み合わせが考えられる。

八世紀インドの著作家ヴィラハンカは、与えられた拍数に対して何種類のリズムが作れるのかを確定しようとした。そして、拍数が増えるにつれて、作れるリズムのパターン数が、1、2、3、5、8、13、21……というふうに増えていくことを発見し、フィボナッチと同じように、この列の直前の二項を足せば次の項を得られることに気づいた。したがって、八拍のなかに収まるリズムを計何種類作れるのかが知りたければこの数列の八番目の数を求めればよく、13＋21で34種類のリズムパターンがあることがわかる。

ひょっとすると、増えていくウサギのつがいの数についてのフィボナッチの議論を追うよりも、これらのリズムの裏に潜む数学を理解するほうが楽かもしれない。たとえば、八拍に収まるリズムパターンが、六拍に収まるリズムパターンに長音をひとつ付け足した形のものと、七拍に収まるリズムパターンに短音をひとつ付け足した形のものの和になることは、すぐに納得できる。

ところで、この章の主人公である素数とフィボナッチ数列には奇妙なつながりがある。フィボナッチ数列の最初のほうを見てみると、

1、1、2、3、5、8、13、21、34、55、89、144……

となっていて、pを素数とすると、p番目のフィボナッチ数はすべて素数になっているのだ。実際、素数である11に対して、一一番目のフィボナッチ数は89でやはり素数になっている。この法則が常に成り立っているとすれば、大きな素数を作るすばらしい方法が見つかったことになる。ところがどっこい、そうは問屋が卸さない。19は素数だが、一九番目のフィボナッチ数である4,181は4,181＝37×113と分解できるから、素数でない。実は、フィボナッチ数に無数の素数が含まれているかどうかも未だに証明できていないのだ。つまりこの問いも、数学の世界にまだたくさん残っている素数についての未解決の謎のひとつなのである。

米とチェス盤を使って素数を見つける方法

古くからの言い伝えによると、チェスを発明したのはインドのある数学者だったという。王様は大いに喜んで、この数学者に好きなものを褒美に取らそうといった。するとチェス盤を発明した人物はちょっと考えてから、チェス盤の最初のマス目に米を一粒、第二のマス目に二粒、第三のマス目に四粒、第四のマス目に八粒置いてほしいといった。そうやって、前のマス目の倍の数の粒を置いていっていただけないでしょうか。

王様は、なんとつつましい望みであることよ、とあきれながらも、快くこの願いを聞き届けた。そしてすぐに仰天することとなった。なぜなら、数学者のいうとおりにチェス盤に米を置いていくと、はじめの数粒は見えないほどだったのが、一六番目のマス目に米を置くころには追加で一キロもの米が必要になったからだ。二〇番目のマス目にたどり着くころには、召使いにいって手押し車に山盛りの米を持ってこさせなければならず、最後にあたる六四番目のマス目にはついにたどりつかなかったという。かりにすべてのマス目に米を置いたとすると、米粒の数は全部で、

図 1-23　倍々を繰り返すと、数は急激に大きくなる。

18,446,744,073,709,551,615粒という途方もない数になっていたはずだ。

ロンドンの中心部にチェス盤を置いて同じように米を置いていくと、最後のマス目に載せる米の山は、郊外を走る環状線高速道路M25〔ロンドンの周囲を走る全長一八八キロメートルの環状線で、大ロンドンとも呼ばれるロンドン市がほぼすっぽりと中に入っている〕のあたりまで広がって、すべてのビルを覆うほどの高さになる。しかもこの山に含まれる米粒の数は、過去一〇〇〇年間に地球上で実った米粒の総数を上回ることになるのだ。

案の定、インドの王様は約束の褒美を渡すことができず、代わりに自分の財産を半分差し出したという。数学をうまく使うと大金持ちになれる、というわけだ。

それにしても、この米と大きな素数探しにどんな関係があるのだろう。古代ギリシャ人が素数が無限にあることを証明してからというもの、数学者たちは、大きな素数を作り出す優れた公式を探し続けてきた。そして一七世紀にフランスの僧マラン・メルセンヌが、もっとも優れているとされるある式を発見した。メルセンヌは、ピエール・ド・フェルマーやルネ・デカルトの親友で、ヨーロッパじゅうの科学者から手紙を受け取っては、その内容をそこに書かれている着想を展開できそうな人々に伝えていた。つまり、今でいえばインターネットのハブのような役割を担(にな)っていたのだ。

フェルマーとの文通がきっかけで、メルセンヌは巨大な素数を見つける強力な公式を発見することとなった。実はこの公式の秘密は、先ほどの米とチェス盤の物語に関係がある。あのチェス盤に載せた米粒を最初のマスから順繰りに数え上げていくと、その総数が素数になる場合が多いのだ。たとえば第三のマス目までの米粒の総計は1＋2＋4＝7粒で素数になるし、五番目まで数え上げても1＋2＋4＋8＋16＝31粒でやはり素数になる。

メルセンヌは考えた。チェス盤の素数番目のマス目までに載っている米粒の総数は、必ず素数になるといえるのだろうか。もしそうであれば、素数番目までのマス目に載っている米の総数は素数なのだから、今度は素数であるその総数分のマス目まで数え上げれば、さらに大きな素数が見つかるといったぐあいに、いくらでも大きな素数を作れるはずだ。

メルセンヌにとっても数学にとっても残念なことに、この思惑ははずれた。11は素数で、チェス盤の一一番目のマス目までの米粒の総数は二〇四七粒となるが、惜しいことに2,047は23×89と分解できるから素数ではない。ただし、必ずしもメルセンヌの考えた通りではないにしても、実際にこの着想に基づいてきわめて大きな素数が発見されているのも事実だ。

素数のギネスブック

エリザベス一世の治世〔一五五八年～一六〇三年〕には、チェス盤の一九番目のマス目までに載る米粒の総数＝五二万四二八七が素数だということが確認されていた。そして、ネルソン提督がトラファルガーで戦っていた一八〇五年には、三一番目のマス目までに載る米粒の総数＝二一億四七四八万三六四七が素数であることが確認されていた。スイスの数学者レオンハルト・オイラーがこの一〇桁（けた）の数が素数であることを証明したのは一七七二年のことで、この記録は一八六七年まで更新されることがなかった。

そして二〇〇六年九月四日には、巨大素数の記録は架空の巨大なチェス盤の三二五八万二六五七番目のマス目までに載る米粒の総数へとふくれあがっていた。この日新たに確認された素数の桁数は九八〇万を超えており、音読するだけでも一ヶ月半かかる。この素数を見つけたのは巨大なスーパーコンピュータではなくアマチュアの数学愛好家で、使われたのはインターネットからダウンロードしたあるソフトウェアだった。

それはコンピュータの空き時間に計算をさせるためのソフトウェアで、そのプログラムには、メルセンヌ数が素数かどうかを判別するために開発された巧みな戦略が組み込まれていた。この戦略をもってしても、九八〇万桁のメルセンヌ数が素数かどうかをデスクトップ・コンピュータでチェックするには数ヶ月かかる。しかしそれでも、これと同程度の大きさの数をランダムに選んでそれが素数かどうかを判別するよりは、はるかに速い。二〇〇九年現在、メルセンヌ素数探索プロジェクト（GIMPS）と呼ばれるこの計画への参加者は一万人を超えている。

とはいえこの探索も危険と無縁ではないので、どうかくれぐれもご注意を。以前、アメリカのある人物がGIMPSに参加することを決めて、勤務先の電話会社の二五八五台のコンピュータをメルセンヌ素数の探索作業に使いはじめた。ところがそのせいで、五秒ですんでいた電話番号検索に五分もかかるようになり、会社側もなにかが変だと気がついた。ＦＢＩはコンピュータがスローダウンした原因を突きとめ、この社員も自分がしたことを白状した。「膨大な計算力を目の前にして、ついついその気に……」。その電話会社は科学の探究という目的を斟酌(しんしゃく)することなく、件の職員をクビにしたという。

二〇〇六年九月以降、数学者たちは、素数の桁数が一〇〇〇万桁の大台に乗る日を今やおそしと待っていた。別に学問上の理由があって期待がふくらんだわけではなく、最初に大台に乗ったものに一〇万ドルを贈呈しようという話が持ちあがっていたからだ。この賞金を提供したのは、カリフォルニアを拠点にサイバースペースでの協力や協調を支援しているエレクトロニック・フロンティア・ファウンデーションという団体だった。

しかし桁数が一〇〇〇万を超えるには、二年の歳月が必要だった。しかも運命の無慈悲ないたずらによって、数日のあいだに二つの素数が見つかった。二〇〇八年九月六日にコンピュータが一一八万五二七二桁の新たなメルセンヌ素数を見つけたと告げた瞬間、ドイツのアマチュア素数探偵ハンス・ミハエル・エルヴェニッヒは、一〇万ドルが手に入った！　と思ったにちがいない。ところがこの発見を権威筋に報告したとたんに、興奮は失望に変わった――すでにその一四日前にもっと大きな素数が見つかっていたのだ。八月二三日にカリフォルニア大学数学科のエドソン・スミスのコンピュータが、さらに大きな一二九七万八一八九桁の素数を見つけていたのである。カリフォルニア大学ロサンゼルス校で素数の記録が打ち破られるのは別に珍しいことではなく、一九五〇年代には同大学の数学者ラファエル・ロビンソンが五つのメルセンヌ素数を発見し、一九六〇年代初頭にはアレックス・ハーウィッツがさらに二つのメルセンヌ素数を発見していた。

GIMPSで使われているプログラムを開発した人々は、問題のメルセンヌ数をチェックするという課題を偶然割りふられた人物だけが賞金を独り占めするのはよろしくないと考えた。そこで、一〇万ドルのうちの五〇〇〇ドルはソフトウェアの開発者にいき、二万ドルは一九九九年以降そのソフトウェアを使って記録を破ってきた人々の間でわけ、二万五〇〇〇ドルは慈善事業に寄付されて、残りがカリフォルニアのエドソン・スミスのものとなった。

大きな素数を見つけて賞金を手にしたいとお考えの方も、どうかご心配なく。一〇〇〇万桁のハードルこそすでにクリアされたが、今でも新たなメルセンヌ素数が見つかるたびに、三〇〇〇ドルの賞金が与えられることになっている。大物狙いがしたければ、一億桁突破にかけられた一五万ドルか、一〇億桁突破にかけられた二〇万ドルを狙ってみてはどうだろう。古代ギリシャ人の証明のおかげで、これらの数が発見されるその日を待っていることは間違いない。よって残る問題は、次の素数が見つかるまでに賞金がインフレでどれくらい目減りするかということだけだ。

ラーメンを使って宇宙を横断するには

倍々の威力で大きな数を生み出すことと関係がある食べ物は、なにも米だけとは限らない。古来ラーメンの麺（めん）は、生地を両手でのばしては二つ折りにして作られてきた。生地をのばすたびに麺は細く長くなるが、もたもたしていると、生地が乾いて粉々になる。

二〇〇一年にアジア圏の料理人たちが集って、麺を何回のばせるかを競い合ったところ、台湾の料理人チャン・フンュが二分間で生地を一四回のばしてみせた。こうしてできあがった麺はひじょうに細く、針の穴を通ったといわれている。ちなみに長さのほうは、台北（タイペイ）の中心部にあるこの料理人の店から郊外まで届くほどで、普通の麺でいうと一万六三八四本分に相当した。

$$2R = 2+4+8+16+\cdots\cdots+2^{N-1}+2^N$$

となったところで、ここからRを引く。すると、$2R$の右辺の項は、最後の1つをのぞいてすべて消え、

$$\begin{aligned}R &= 2R-R \\ &= (2+4+8+16+\cdots\cdots+2^{N-1}+2^N) \\ &\quad -(1+2+4+8+\cdots\cdots+2^{N-2}+2^{N-1}) \\ &= (2+4+8+16+\cdots\cdots+2^{N-1})+2^N-1 \\ &\quad -(2+4+8+\cdots\cdots+2^{N-2}+2^{N-1}) \\ &= 2^N-1\end{aligned}$$

となる。つまり、チェス盤のN番目のマス目までに載っている米粒の総数は2^N-1個なのだ。素数の最大記録が今なお破られ続けているのは実はこの式のおかげで、この計画に参加している人々は、延々と2をかけておいて最後に1を引き、あとはただただ答えがメルセンヌ素数（この式を使って見つけた素数は、こう呼ばれている）になっていますようにと祈る。ちなみにこの式のNを43,112,609にすると、エドソン・スミスが見つけた1297万8189桁の素数になる。

1297万8189桁の数を書く方法

エドソン・スミスが素数であることを確認した数はきわめて大きな数で、数字を書き連ねるだけでペーパーバックにして3000ページにのぼる。とはいえ幸運なことに、数学をすこし使うだけで、この数をうんと簡潔に表すことができる。

今、チェス盤の N 番目のマスまでの米粒の総数は、

$$R = 1+2+4+8+\cdots\cdots+2^{N-2}+2^{N-1}$$

になる。ここで、この数を簡潔に書くためのヒントを差し上げよう。$R=2R-R$。一見まったく当たり前で、むしろ役立たずにも見えるこの式が、R を計算するときにどう役立つというのだろう。数学では、ちょっと視点を変えただけですべての様相ががらりと変わり、ぐんと見通しがよくなることが多い。

そこでまず、$2R$ を計算しよう。ようするに、この大きな和のすべての項を2倍にするわけだが、ここで、あるマス目の米粒の数を倍にしたものが次のマス目の米粒の数と等しくなることに注意しておこう。

これぞ倍々の威力というもので、数を倍々で増やしていくと、じきにとほうもない大きさになる。件の料理人がさらに麵をのばし続け、全部で四六回折りのばしたとすると、麵の太さは原子並み、長さは台北から太陽系の外側に届くくらいになる。さらに九〇回二つ折りにしてのばすと、できあがった麵は観測可能な宇宙の片方の端から逆の端まで届く。ちなみに、二〇〇八年に発見された素数を作るには、中華麵の生地を四三一一万二六〇九回二つ折りにしてのばし、そこから一本分を抜き取ればよい。こうしてみると、現在確認されている最大の素数がいかに大きな数なのかがよくわかる。

自宅の電話番号が素数になる確率は

数学者につきものの奇行の一つに、電話番号が素数かどうかをチェックするという行為がある。わたしは最近引っ越して、電話番号が変わった。前の番号は素数でなかったので（番地は53という素数だった）、今度こそかつて素数とされていた一番地にある新居の電話番号が素数になりますように、と祈った。

電話会社に割りふられた最初の番号は一見素数のようだったが、コンピュータで調べたところ、7で割れることがわかった。「こんな番号じゃあ、覚えられるかどうかあやしいなあ……ほかにはありませんか？」次の番号も素数ではなく、3の倍数だった（3で割れるかどうかをチェックするのは簡単だ。電話番号の数字をすべて加えて、その和が3で割れれば、元の数も3で割れる）。電話会社の窓口係は、さらに三つほど番号を示した末に、すっかりいらだってぴしゃりと言った。「お客さん、申し訳ないんですがね。次に出てきた番号でがまんしてもらわないと」そしてなんとまあ、よりにもよって、このわたしに偶数の電話番号を割りふったのだった！

ところで、自分の家の電話番号が素数になる確率は、いったいどれくらいなのだろう。英国の電話番号は八桁で、八桁の数字が素数になる確率は約一七分の一である。では、桁数が増えたとき、この確率はどう変わるのか。たとえば、100以下の素数は二五個あるから、二桁以下の数で素数がでる確率は四分の一になる。つまり、1から100まで数えていくと、平均して四つごとに素数が出るわけだ。しかし、さらに数えていくと、素数はどんどん減っていく。

次ページの表1-02は、素数に行き当たる確率がどう変わるかを示したものだ。

この表を見ると、素数はどんどん少なくなるが、その変化の様子はどうやらきわめて規則的であるらしく、桁が一つ増えるごとに素数に行き当たる確率の分母は2.3ずつ

1桁か2桁	4つに1つ
3桁	6つに1つ
4桁	8.1に1つ
5桁	10.4に1つ
6桁	12.7に1つ
7桁	15.0に1つ
8桁	17.4に1つ
9桁	19.7に1つ
10桁	22.0に1つ

表1-02　桁数ごとの素数に行き当たる確率。

増えている。このことに最初に気づいたのは、十五歳の少年だった。のちに数学史上もっとも偉大な人物となるカール・フリードリッヒ・ガウス（一七七七―一八五五）その人である。

ガウスは誕生日に数表の本をもらい、その裏表紙に載っていた素数の表を見ていて、この事実を発見した。そしてすっかり素数の虜となり、生涯暇を見つけては、その表に一つまた一つと素数を書き加えていった。ガウスは数をいじり回すのが大好きな実験的数学者で、数の宇宙をどこまで進んでも、素数の減り具合は変ることなく一様だと考えていた。

それにしてもなぜ、一〇〇桁になったり一〇〇万桁になったときに、突然妙なことが起きないといいきれるのだろう。桁がどんなに大きくなっても、確率の分母は常に一桁ごとに約2.3ずつ増えていくのか。それとも、急にまるで違う動きを見せはじめるのか。ガウス自身は、ずっと同じパターンで減っていくと考えていたが、この予測が証明によって裏付けられたのは、ようやく一八九六年のことだった。ふたりの数学者

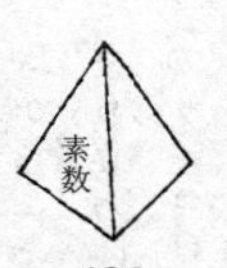

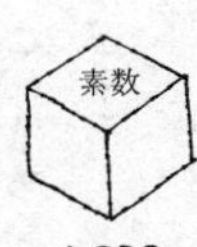

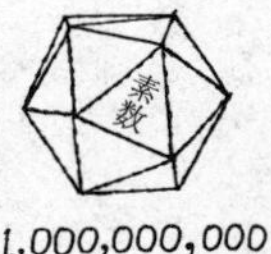

図 1-24　自然の素数サイコロ。

ジャック・アダマールとシャルル・ド・ラ・ヴァレ・プッサンがそれぞれ別個に、現在素数定理と呼ばれているものを証明したのである。その定理によると、素数は常にこのような一定のペースで減っていく。

ガウスのこの発見から、やがて素数のさまざまな振る舞いを予測する際にきわめて役に立つ強力なモデルが生まれた。そのモデルによると、自然はまるでただ一つの面にだけ「素数」と書かれたまっさらな素数サイコロを使って素数を選んでいるかのようだという（図1-24）。

一つ一つの数が素数になるかどうかはこのサイコロで決まり、素数と書かれた面が上になればその数を素数とし、ほかの面が出たら素数ではないとする。とはいえ、これはあくまで経験的な知識に基づいたモデルであって、サイコロを振って素数の面が出たからといって、100を素数にするわけにはいかない。しかし実際にこうやってサイコロを振ってみると、素数ときわめてよく似た形で分布する数の組を作ることができる。さらに、ガウスの素数定理からこの素数サイコロの面の数がわかるのだ。たとえば三桁の数には六面体――つまり立方体の一つの面に素数と書かれたサイコロを使えばよく、四桁の数には八面体のサイコロを、五桁の数には一〇・四面体のサイコロを使えばよい……といっても、これはあくまでも理屈の上での話であって、この世に一〇・四面体は存在しないのだが……。

一〇〇万ドルの素数問題

この章の一〇〇万ドルの懸賞課題は、はたしてこの素数サイコロが公正か否(いな)かという問題だ。これらのサイコロは、素数を数の宇宙にまんべんなく分布させているのか。それともどこかに、素数が多すぎたり少なすぎたりする偏(かたよ)った領域があるのか。この問題は、リーマン予想と呼ばれている。

ベルンハルト・リーマンは、ドイツはゲッチンゲンの町でガウスに師事し、きわめて高等な数学を展開した。リーマンが作り出した数学のおかげで、素数サイコロが素数をどのようにばらまいているのかがわかるようになった。リーマンは、ゼータ関数なるものと虚数と呼ばれる特別な数ととほうもない量の解析を駆使して、これらの素数サイコロの目の出方を決める数学がどのようなものなのかを探り出した。そしてこれらの解析の結果、このサイコロは公正だと確信したが、証明を完成するところまではいかなかった。このリーマン予想を証明すれば、一〇〇万ドルはあなたのものだ。

リーマン予想を別の角度から解釈するために、素数を部屋の中の気体の分子になぞらえてみよう。ある瞬間に一つ一つの分子がどこにあるのかはまったくわからないが、物理学によると、分子は部屋中にかなり均等に分布しているという。どこかの隅にぎゅっと詰まっていたり、どこかの隅がすっからかんだったりはしないのだ。リーマン予想は、素数でも状況は同じだと主張している。この予想が証明されたからといって、すぐに一つ一つの素数のありかがわかるわけではないが、素数が数の宇宙全体に公正かつランダムに分布していることは保証される。そして数学者にすれば、この程度の保証がありさえすればほぼ安心して数の宇宙を前進することができる。とはいえこの一〇〇万ドルの行き先が決まるまでは、果てしない数学の宇宙を前進してみたら、素数が突然とんでもない振る舞いをはじめた！　ということにならないとも限らないのだ。

第二章　とらえどころのない形の物語

一七世紀の偉大な科学者ガリレオ・ガリレイは、次のように記している。

宇宙を読み解くには、まずそこで使われている言葉を学び、文字に慣れ親しまなくてはならない。宇宙は数学の言葉で書かれており、三角形や円といった幾何学図形が文字として使われている。こういったものの仲立ちなしには、人は宇宙をまったく理解することができず、ただ暗い迷宮をさまようばかりである。

この章では、六角形の雪の結晶やらせん形のＤＮＡ、いくつもの対称面を持つダイヤモンドや複雑な形をした木の葉など、自然界に存在する奇妙ですばらしい形を紹介する。

泡はなぜ完全な球形なのか。人体は肺のようなきわめて複雑な形をどうやって作り出しているのか。この宇宙はどのような形をしているのか……。これほど多種多様な形を、自然がなぜどのようにして作り出しているのかを理解しようとすると、どうしても数学が必要になる。しかも数学を使うと新たな形を作り出すことができ、その一方でこれ以上未発見の形は存在しないと言い切れる。

形に興味を持っているのは数学者だけではない。建築家も工学者も科学者も芸術家も、自然界のさまざまな形にどのような機能があるのかを知りたがっている。そのときに頼りになるのが、幾何学と呼ばれる数学だ。古代ギリシャの哲学者プラトンはその学園の扉の上に「幾何学を知らぬ者は、これより先に入るべからず」という標語を掲げたという。この章では皆さんに、プラトンの家――すなわち形が織り成す数学の世界への通行証を差し上げよう。そしてこの旅の締めくくりとして、一〇〇万ドルの懸賞問題をもうひとつ紹介する。

泡はなぜまん丸なのか

針金を一本、四角に曲げて石けん水に浸し、ふうっと吹いてみる。このとき反対側にできるシャボン玉は、なぜサイコロの形にならないのか。三角に曲げた針金を使えばピラミッド形の泡ができそうなものなのに、泡はどうして枠の形とは関係なくまん丸になるのだろう。なぜなら自然は怠け者で、球を作るのがいちばん楽だから。シャボン玉はなるべくエネルギーが少なくてすむ形になろうとするのだが、実はそのエネルギーは表面積に比例する。一方、泡がかかえこんでいる空気の量は決まっていて、泡の形が変わっても体積は変わらない。しかるに球は体積が一定の立体のなかではもっとも表面積が小さく、使うエネルギーもいちばん少なくてすむのだ。

ものを作る人々は昔から、どうにかして自然が作り出す完璧(かんぺき)な球を真似(まね)たいものだと考えていた。ボールベアリングや散弾を作る際には、完璧な球を作れるかどうかに文字通り命がかかってくる。なぜなら、球が少しでもゆがんでいれば機械は壊れ、銃は暴発するからだ。この問題が解決されたのは一七八三年のことだった。ブリストル生まれの配管工ウィリアム・ワッツが、自然の球贔屓(びいき)をうまく利用する方法を思いついたのである。

溶かした鉛〔当時の散弾は加工が容易な鉛で作られていた〕を高い塔のてっぺんから垂らすと、その滴(しずく)はやがて、泡のような完璧な球になる。だったら塔の底に水で満たしたタンクを置いて、水面に突っこむ滴を球形のまま固めればよい、とワッツは考えた。そして実際にブリストルの自宅で試そうとしたが、ここでひとつ問題が生じた。三階から落としたくらいでは、溶けた鉛の滴が球にならないのだ。

そこでワッツは自宅を増築してさらに三階分上乗せし、鉛の滴が建物のなかを通り抜けられるように、各階の床に穴を開けた。新しい塔のてっぺんには城のような縁飾りをつけてゴシック調に仕上げたが、それでも近所の人々は、突然塔が建ったのを見てぎょっとなった。とはいえワッツの実験は大成功で、じきにこれとよく似た塔が英国やアメリカのそこここに建ちはじめた。ちなみに、ワッツ自身が作った塔も一九六八年まで使われていた。

図 2-01　ウィリアム・ワッツは自然を巧みに利用して、球形の散弾を作った。

自然がいくら球贔屓だからといって、球より効率的で珍しい形はどこにもない、と言い切ってしまってよいのだろうか。体積が同じ立体のなかでは球の表面積がもっとも小さい、と最初に主張し

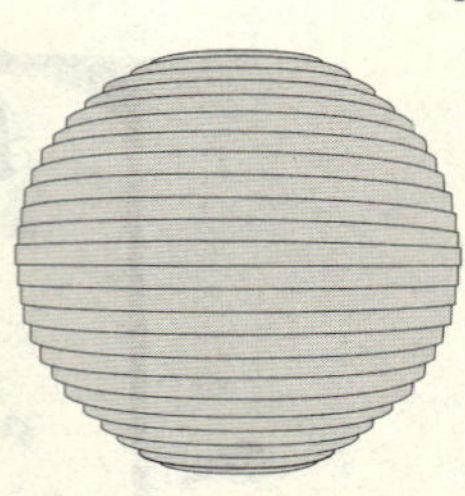

図 2-02　球を近似するには、大きさの異なる円板を積み重ねればよい。

たのは、偉大なるギリシャの数学者アルキメデスだった。アルキメデスはこの事実を証明するために、まず球の表面積と体積を計算する式を作った。

曲面で囲まれた立体の体積を計算するのはかなり難しいが、アルキメデスはここで見事な手を使った。まず球を平行な線で輪切りにして無数の薄い層に分け、その層を円盤で近似する。円の面積に円盤の厚みをかければ円盤の体積が出ることはアルキメデスも知っており、こうして得たさまざまな大きさの円盤の体積をすべて寄せ集めれば、球の体積を近似することができる。

そして、ここがアルキメデスのすばらしいところなのだが、これらの円盤をどんどん薄くして無限に薄い形にすればこの式で正確な球の体積が求められる、としたのだった。これは、数学において無限という概念が使われたもっとも古い例のひとつで、二千年近く後に解析学を展開したアイザック・ニュートンやゴットフリート・ライプニッツも、これと同じような手法から出発している。

アルキメデスはこの手法を駆使してさまざまな立体の体積を計算したが、本人は、球をその直径と同じ高さの円柱のなかにすっぽりはめ込むと、柱のなかに残った空気の体積が球の体積のちょうど半分になる、という事実を発見したことを特に誇りとしていた。そして喜びのあまり、これらの円柱と球をぜひとも自分の墓石に彫り込んでくれと頼んだという。

アルキメデスは、球の体積や表面積を計算するみごとな方法を見つけはしたものの、自然界のもっとも効率的な形は球であるはずだ、という直感を証明するところまではいかなかった。この事実を証明するにはもっと洗練された数学が必要だったのだ。球よりエネルギーが少なくてすむ形は絶対に存在しないということがドイツのヘルマン・シュヴァルツによって証明されたのは、なんと一八八四年のことだった。

世界一まるいサッカーボールを作る方法

テニス、クリケット、スヌーカー〔ビリヤードの一種〕、サッカーと、まん丸なボールを使うスポーツはたくさんある。自然はじつにじょうずに球を作るが、人間が球を作るとなるとたいへんだ。なぜならたいていのボールが、平べったい素材を切り抜いて、縫い合わせたり型にはめたりして作られるからで、なかにはクリケットのように、球を作るのが難しいということを逆手に取ったスポーツもある。クリケットのボールは成形した革の切れ端を四枚縫い合わせて作るため、完全な球形にならない。そこで球を投げるボウラーは、この球の縫い目をうまく使ってグランドで弾んだボールが意外な方向にはねるようにするのだ。

一方、卓球の球は完全な球形でなくてはならない。卓球の球はセルロイドでできた二枚の半球を溶かしつけて作られるが、このやり方はあまり効率的でなく、できあった球の95パーセント以上が廃棄される。卓球の球を作る人々にすれば、いびつな球のなかからきれいな球を選りだす作業は一種のお楽しみなのである。さらに射撃の場合は、発射された弾がいびつだと右にそれたり左にそれたりする。完全な球形の弾だけがまっすぐ飛んで、射撃練習場の向こう側の的に当たるのだ。

では、完璧な球を作るにはどうすればよいのだろう。二〇〇六年にドイツで行われたサッカー・ワールドカップの準備期間に、ある球の製造元が、世界一球に近いボールができたと発表した。サッカーボールは平らな革を縫い合わせて作られることが多く、しかもたいてい人々が昔から知っている形を元にして作る。では、世界一対称なボールを作る方法を探るために、まずシンメトリーな形をした革を一種類だけ使った「ボール」について調べてみよう。できるだけ対称な形に仕上げるとなると、完成し

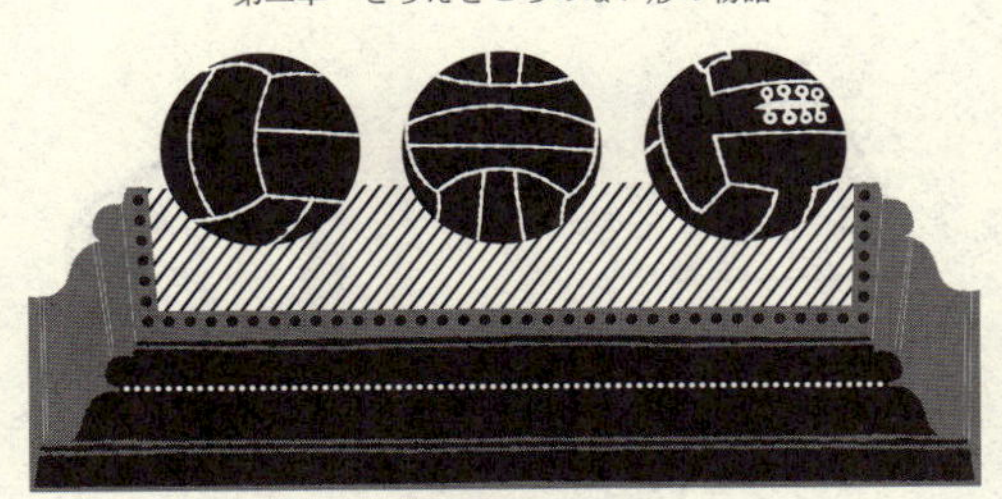

図 2-03　初期のサッカーボールの例。

たボールの各点に集まる面の数はすべて同じでなくてはならないが、そのような立体については、プラトンが紀元前三六〇年の著書『ティマイオス』で述べている。

では、プラトンの立体に基づくサッカーボールはいったい何種類あるのだろう。継ぎ合わせる枚数がいちばん少ないのは、正三角形を四枚縫い合わせた立体だ。これは底が三角形のピラミッド形で四面体と呼ばれているが、面の数がここまで少なくなると、あまりよいボールとはいえない。この図形はサッカー場ではまず見かけることがないが、この先の第三章で見るように、かつてほかのゲームで使われていた。

それなら六枚の正方形からなる立方体ではどうだろう。この形は一見安定しすぎていてサッカーには不向きのように思えるが、初期のサッカーボールにはこの立体を元にしたものが多かった。現に一九三〇年に開かれた第一回のワールドカップでは、一二枚の細長く四角い帯状の革を六組

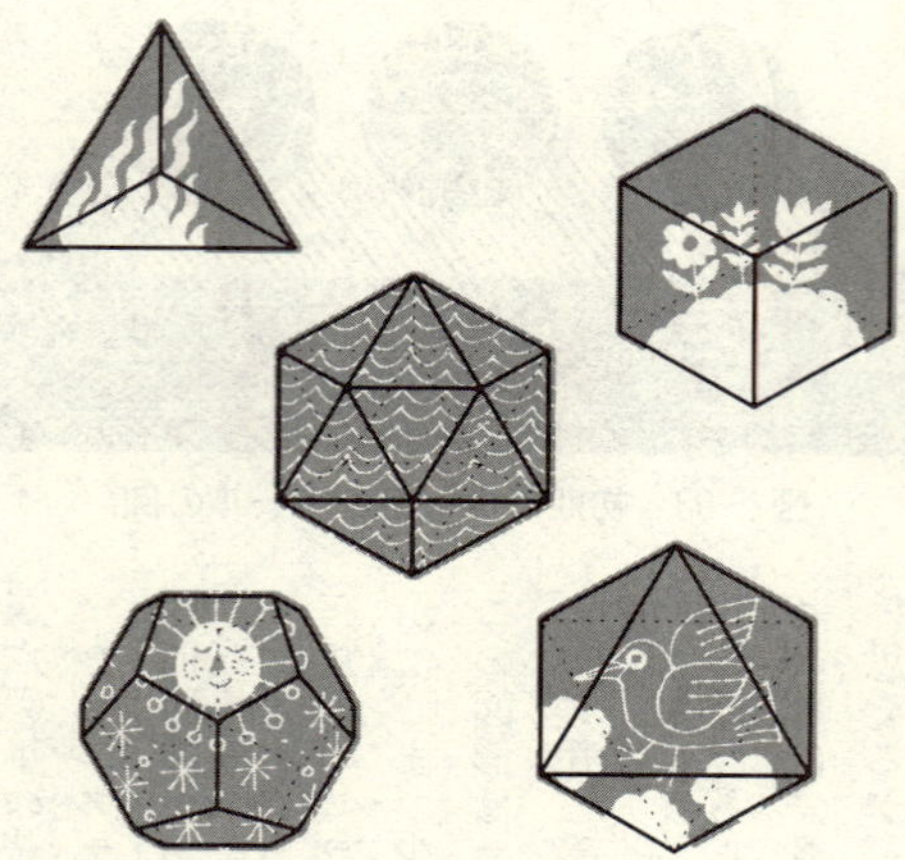

図 2-04　プラトン図形は、自然を構成する要素と結びつけられた。

に分けて立方体のように配置したボールが使われている。今ではひどく縮んであまり対称でなくなっているが、イングランド北部のプレストンにある国立サッカー博物館にはこのタイプのボールが展示されている。一九三〇年代にはもうひとつ、やはり立方体を元にして六枚のH型の革を巧みに組み合わせた珍しいボールが使われていた。

ここでもう一度正三角形に戻ることにして、八枚の正三角形を対称に配置すると、正八面体ができる。一見、底が四角いピラミッドを二つ、底同士で貼り合せたような形だが、いったん貼り付けたが最後どこで継いだのかわからない。

さて、プラトンのサッカーボールは、面の数が多くなるほど丸くなる。八面体の次は、五角形の面が一二枚集まってできた一二面体だ。この図形は一年の一二ヶ月と結びつけられることがあって、各面に暦が刻みこまれた大昔の一二面体も見つかっている。だが、球形のサッカーボールをもっともよく近似しているプラトンの立体といえば、なんといっても二〇枚の正三角形からなる正二〇面体だろう。

プラトンは、この五つのきわめて基本的な形が、当時自然の構成要素とされていた四つの古典的な元素と関係していると考えた。いちばん尖っている四面体は火を、安定した立方体は大地を、八面体は空気を、いちばん丸い二〇面体はつかみ所のない水を、そして五つ目の図形である一二面体は宇宙の形を表しているというのだ。

それにしてもなぜ、わたしたちがプラトンの六番目のサッカーボールを見逃している心配はまったくない、と言い切れるのか。なぜなら、ギリシャの数学者エウクレイデスが、これまでに書かれたもっとも偉大な数学書『原論』の最後で、対称な面を一種類だけ使ってプラトンの一覧に加えられる六番目のサッカーボールを作ることはできない、と証明したからだ。じつにシンプルな題名を持つこの著書は、数学での分析を駆使した論理的な証明の基礎を確立したとされている。数学を使うと、この世界の出来事が100パーセント確かであることを保証できる。そしてエウクレイデスの証明のおかげで、対称な面が一種類だけ集まってできる立体はこれまでに挙げたものだけで、後で見過ごしていたものが見つかってあわてる心配はまったくないということがわかるのである。

プラトンのサッカーボールのアルキメデスによる改良

プラトン図形に基づく五種類のボールの角を取ると、どんな図形になるのだろう。正二〇面体の角を全部落とせば、さらに丸いボールができるはずだ。正二〇面体では一つの角に五つの三角形が集まっているから、角を落としたあとには五角形ができる。さらに、三角形の三つの角を落とすと六角形ができるから、結果としては、面取りした二〇面体と呼ばれる立体ができる。実はこの立体に基づくボールが一九七〇年にメキシコで開催されたワールドカップの決勝に登場し、以来ずっと使われ続けている。だったら次なるワールドカップのために、シンメトリーな面をさらにあれこれ組み合わせてより球に近いボールを作れそうなものだ。

さて、ギリシャの数学者アルキメデスは紀元前三世紀に、プラトンの図形を改良しはじめた。まず、面となる対称な図形を二ないし三種類にするとどうなるかを調べた。むろん、それぞれの面はきれいに合わさるはずだから、各面の辺の長さは等しくなければならない。辺の長さが等しければ、辺同士はぴたりと合う。その上でアルキメデスは、できるだけ対称性の高い図形を考えた。つまり、いくつかの面が集まってできる角——いわゆる頂点がすべて同じに見える図形だ。ある角で三角形が二枚と正方形が二枚合わさっているのなら、ほかのどの角でも同じようになっていなくてはならない。

アルキメデスは、年中幾何学のことばかり考えていた。数学をしているところを召使いに引っぱり出されてしぶしぶ入浴をはじめたものの、その最中も消し炭で幾何学図形を描いたり、かと思えば香油でべたべたになった自分の体に指で図形を描いたりする始末で、プルタルコスによると、「アルキメデスは幾何学を研究する喜びに我を忘れ、ついには恍惚（こうこつ）となった」という。

幾何学に我を忘れたアルキメデスは、やがて対称な図形をつなぎ合わせる計一三通りの方法を発見し、ついにサッカーボールに最適な形の完璧な分類を成し遂げた。これらの図形を記したアルキメデスの手稿はすでになく、この一三種類の発見に関する記録は、アルキメデスの五〇〇年ほど後にアレクサンドリアのパップスがまとめた著

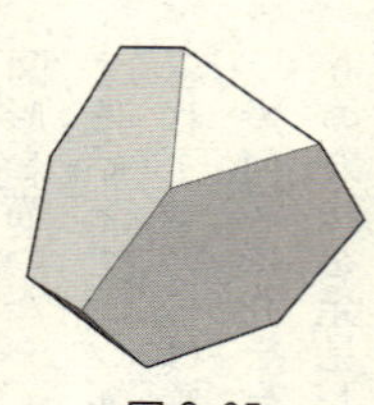
図 2-05

図 2-06

作の一部として残っているにすぎない。しかし、それでもこれらの図形は、アルキメデスの立体と呼ばれている。

アルキメデスの立体のなかには、伝統的なサッカーボールのようにプラトン図形の角を落として作った形が含まれている。たとえば四面体の四つの角を落とすと、三角形だった面は六角形になり、切り落としたところに新たに四つの三角形が現れる。つまり、四枚の六角形と四枚の三角形を組み合わせると、面取り四面体（図2-05）ができるのだ。

実は、一三個あるアルキメデスの立体のうちの七つまでが、五角形と六角形で構成された従来のサッカーボールと同じように、プラトンの立体の角を落とした図形になっている。だがアルキメデスはこのほかにもサッカーボールに最適な形を見つけていた。たとえば、正方形を三〇枚と正六角形を二〇枚と正一〇角形を一二枚組み合わせると、大菱形(おおひしがた)二〇・一二面体（図2-06）ができる。

二〇〇六年にドイツで開かれたワールドカップで使用され、

世界一まるいサッカーボールとして有名になった新たなボール「チームガイスト」の基になったのは、実はあるアルキメデスの立体だった。一四枚の曲がった人工皮革からなるこのボールは、面取り八面体と構造が同じなのである。八枚の正三角形からなる正八面体の六つの角を落とすと、八つの三角形は六角形になって、六つの角に正方形が現れる（図2-07）。

今後のワールドカップでは、たぶんもっと風変わりなアルキメデスのサッカーボールが使われることになるだろう。わたしは、正五角形が一二枚と正三角形が八〇枚の計九二枚のシンメトリーな図形からなる「ねじれ一二面体」に基づくボールなどなかなかよいと思うのだが、いかがだろう（図2-08）。

アルキメデスは、死ぬ直前まで数学のことを考えていた。紀元前二一二年にローマ

図 2-07

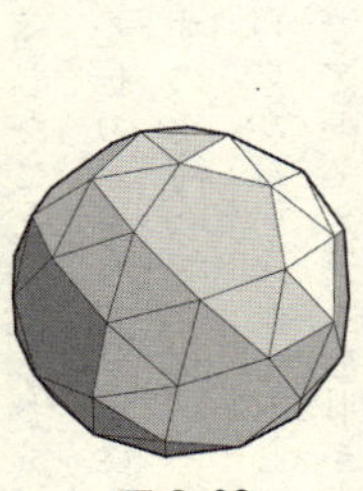

図 2-08

軍がシラクサにある自宅に攻め込んだときも、本人は町が陥落したことにまるで気づかず、難問を解こうと一心に図を描いていた。ローマ兵が剣を振りかざして部屋に入ってくると、アルキメデスは、この計算が終わるまで突き刺すのを待ってくれ、と懇願した。「この仕事をこんな中途半端(はんぱ)な形で放り出すわけにはいかないんだ！」しかし兵士たちはその証明が終るのを待つことなく、定理の半ばでアルキメデスを叩(たた)き切ったという。

どんな形のお茶にしますか

このところ、サッカーボールを作る人だけでなく、英国の紅茶好きのあいだでも形がホットな話題になっている。英国人は長いあいだ、単純な正方形のティーバッグで満足していた。ところが国を挙げて究極の一杯を追求した結果、今やティーカップのなかでは円や球やピラミッド形のティーバッグがゆらゆらしている。

ティーバッグは、二〇世紀初頭にニューヨークの紅茶商人トーマス・サリヴァンの手違いから生まれた。紅茶の見本を絹の小袋に入れて顧客に送ったところ、先方が勘違いして、紅茶を袋ごと熱湯につけたのだ。英国人が喫茶の習慣を劇的に変える気になったのは、一九五〇年代に入ってからのことだった。そして今では、英国全土で毎日一億個のティーバッグが湯に浸されている。

破れる心配がない正方形のバッグのおかげで、紅茶好きの人々は、出がらしの茶葉を始末する手間をかけずに紅茶を楽しめるようになった。正方形は作るのが簡単で、しかも材料の無駄がないたいへん効率的な形だ。ティーバッグ製造業界の老舗(しにせ)ともいうべきPGティップスは、五〇年にわたって年間一〇億個ものティーバッグを工場で作り、全国に送り出してきた。

ところが一九八九年に、PGティップスのライバルであるテトリー社がさらなる市場を獲得しようと、ある大胆な行動に出た。ティーバッグを円形にしたのだ。外見にちょっと手を加えただけのことなのに、この変更は大成功を収め、円形ティーバッグの売れ行きはうなぎ登りとなった。こうなるとPGティップスも、顧客をつなぎ止めるためにさらに優れたものを提供する必要がある。ティーバッグの形を円にするというのはたしかに大胆な賭(か)けかもしれないが、所詮(しょせん)平べったい二次元図形でしかない。というわけで、PGティップスの開発チームは一気に三次元の立体に飛躍することを決めた。

チームの面々は、英国人が紅茶に関してひどくせっかちであることを知っていた。

ティーバッグを引き上げるまでの時間は平均でたったの二〇秒。ところがひらべったいティーバッグを二〇秒後に引き上げて切り開いてみると、中央の葉は湯に触れることなく乾いたままだった。ＰＧティップスの研究者たちは、袋をもっと立体的な形にすれば袋そのものが小型のティーポットの役割を果たし、茶葉がまんべんなく湯に接すると考えた。さらに念のため、ロンドン大学インペリアルカレッジの熱流体力学の専門家に依頼して、袋を三次元の立体にしたほうが紅茶の味がよくなるという仮説をコンピュータモデルで検証した。

　こうなると、次はどのような形にすべきかが問題だ。そこで消費者テスト用に、数種類の三次元立体のティーバッグが用意された。円柱形と、上下がすぼまった提灯形（ちょうちんけい）と、完全な球。球はなかなか魅力的だった。なぜなら泡の例でも見てきたように、球というのは容量が一定の入れ物を作る際にもっとも材料が少なくてすむ形だから。しかし、球を作るのがとほうもなく大変なのも事実だった。サッカーボールをクリスマス・プレゼント用にきれいに包もうとしたことのある人なら、ひらべったいモスリンの布で球を作るのがいかに大変か、よくご存知だろう。

　こうして、平らな紙で平らな面からなる三次元の形を作ることが目標となった。ＰＧティップスはここで、二〇〇〇年以上前にプラトンやアルキメデスが取り上げたある形に注目した。スポーツ用具の製造業者も承知の通り、五角形と六角形からなるサッカーボールは球をきわめてよく近似している。ところがティーバッグの開発担当者が関心を示したのは、この対極にある立体だった。底が三角形のピラミッド形——すなわち四面体は、表面積が一定の容器のなかではもっとも容量が小さいが、三次元図形の中ではもっとも面の数が少ない（三つの面からなる三次元の立体はありえない）という長所を持っている。

PGティップスにすれば、むろん極力素材の無駄を省きたいところだ。したがってティーバッグの形は、見た目が魅力的なうえに効率的でなければならなかった。しかも紅茶を一日に一億杯以上飲む人々に届けるとなれば、ごく簡単に作れる形でなくては。工場にすし詰めになった労働者たちが小さな三角を四枚縫い合わせてピラミッドを造るなんて、そんなばかな。やがて誰かがピラミッド形のティーバッグを作るきわめて美しくスマートな方法を思いついたことから、事態は大きく進展した。

ここで、ポテトチップスの袋がどのような作りになっているのかを思い出してみよう。円筒形のチューブの底を封じてからチップスをいっぱいに詰めこんで、最後にてっぺんを底辺と同じ方向に封じてある。このとき、てっぺんを底と同じ方向ではなく、90度ねじった方向に封じるとどうなるか。なんとまあ、四面体の袋ができあがる。四面体には稜(りょう)が六つあって、そのうちの二本が封をした辺になり、残る四本の稜がこの二つの辺を結んでいる。つまり、それぞれの封の端から別の封の端へと稜が伸びているのだ。なんとまあ手際(てぎわ)のよいピラミッド形の作り方ではないか！　というわけで、ひねりをかけて封をしたポテトチップスの袋をティーバッグに置き換えれば、ピラミッド形のティーバッグのできあがり。材料はまったく無駄にならず、機械を使えば一分間に二〇〇〇個のスピードでティーバッグが作れて、紅茶好きの英国人たちの求めにも応じられる。ちなみにこの機械は実に画期的だというので、二〇世紀に登録された特許のトップ100に入った。

ピラミッド形のティーバッグは、四年に及ぶ開発期間を経て一九九六年に発売された。このティーバッグの形は効率的なだけでなく、消費者の目から見てもモダンでしゃれていた。この新たな販売戦略は、ＰＧティップスが長年紅茶を売りつけてきた「服を着たサルの一団」にとって、明らかに歓迎すべき変化だったのだ。こうしてＰＧティップスは、ティーバッグの売り上げランキングでふたたびトップの座に返り咲いた。ところが、四面体が紅茶の風味を引き出したのに対して、もうひとつのプラトン図形はもっと意地の悪いものに関係していた。

二〇面体が命に関わるわけ

一九一八年にスペイン風邪が大流行した折りには、少なくとも五〇〇〇万人が死んだとされている。これは、第一次大戦の死傷者をはるかに超える数字である。この破滅的な事態を前にして、科学者たちは危険な病のメカニズムを解明しようと全力を尽くした。そしてすぐに、この病の原因がバクテリアではなく、当時の顕微鏡では確認できないずっと小さななにかであることに気づいた。そこで、毒を意味するラテン語をもじって、この新たな原因を「ウイルス」と命名した。

ウイルスのほんとうの性質を明らかにするには、X線回折という新たな技術の発展を待たねばならなかった。この技術の登場によってはじめて、大混乱の張本人であるこれらの有機体が基本的にどのような分子構造になっているのかを把握できるようになったのだ。分子を目に見える形で表したいのなら、ピンポン球をいくつか爪楊枝(つまようじ)でつないでみるとよい。これではあまりに単純すぎて本物の化学らしくないような気もするが、化学の実験室には決まってひとそろいのボールと棒が置いてあり、学生や研究者はそれを使って分子の世界の構造を探る。X線回折では、対象となる物質にX線ビームを通す。するとX線は分子に出くわすたびにさまざまな角度に屈折して、ボー

形を想像する

クリスマスツリーにサイコロ形の飾りをぶら下げるところを思い描いて頂きたい。サイコロ形の1つの角——すなわち頂点に糸をつけてぶら下げ、てっぺんの角と一番下の角の真ん中で水平に切ると、サイコロは2つになって新たな断面ができる。この新たな面はどんな形をしているだろう。

答えはこの章の終わりにある。

ルと棒で作った分子の構造模型に光を当てたときにできる影とよく似た画像ができる。

そこで次にこれらの影に含まれている情報を読み解くわけだが、ここで数学が大いに力を発揮する。研究者にすれば、X線回折でできた二次元の影を手がかりにして、その元になった三次元図形の候補を絞り込みたいわけだが、往々にして研究の成否は、「光を照射する正しい角度」を突きとめられるかどうかにかかってくる。正しい角度がわかれば、分子のほんとうの性質が明らかになるのだ。ちょうど、誰かの頭に正面から光を当ててできた影を見ても、耳が突き出ているといった程度のことしかわからないが、横から光を当ててできた影を見ると相手の顔だちについてずっと多くのことがわかるのと同じで、分子の場合もX線の角度次第で情報の量が違ってくる。

DNAの構造を解明し終えたフランシス・クリックとジェイムズ・ワトソンは、ドナルド・カスパーやアーロン・クルーグとともに、X線回折で得られた二次元画像からウイルスについてどのようなことがいえるかを考えはじめた。すると意外なことに、ウイルスの形にはさまざまな対称性が潜んでいることがわかった。最初の画像には三角形に並んだドットが映っていた。これは、三次元のウイルスを三分の一回転させても同じ形に見えることを意味している。つまりここにはシンメトリーがあるのだ。そこでこの生物学者たちが数学者たちの図形保管庫を調べてみると、もっとも有力なウイルスの形の候補として、プラトン図形が浮かび上がってきた。

ところがやっかいなことに、五つあるプラトン図形のどれをとっても、三分の一回転させたときに元と同じに見える回転軸が少なくとも一本は存在する。そこで生物学者たちはウイルスの形をさらに詳しく調べるために、もう一枚回折画像を撮った。するとその新たな画像に五角形の形に並んだ点があったことから、プラトン図形のなかでももっとも興味深い、計二〇枚の三角形が各頂点で五枚ずつ集まっている正二〇面体に狙いを絞ることができた。

ウイルスがシンメトリーな形を好むのは、対称性があると増殖方法がきわめて単純になるからだ。それもあってウイルス性疾患は感染力がきわめて強い。実際、英語ではウイルス（virus）と同じ語源を持つヴィルラント（virulent）という単語が「伝染性が強い」ことを意味しているくらいなのだ。ダイヤモンドにしろ、花にしろ、スーパーモデルの顔にしろ、人は昔からシンメトリーを美しいと感じ、魅了されてきた。しかしだからといって、シンメトリーならなんでも好ましいわけではない。インフルエンザにしろヘルペスにしろポリオにしろエイズウイルスにしろ、生物学の本でもっとも致命的とされているウイルスのうちのいくつかは、二〇面体構造なのである。

北京（ペキン）オリンピックの水泳会場は安定しているのか

北京オリンピックの水泳会場となった水泳センターはたいへん美しく、とりわけライトアップされた夜の姿は、まるで泡がぎっしり詰まった透明な箱のようでもある。この建物をデザインしたアラップ社は、建物の内で行われる水上スポーツの精神を明快に表現するとともに、建物そのものの外観を有機的で自然なものにしたいと考えた。

そしてまず、壁面を覆（おお）い尽くすことができる正方形や正三角形や六角形に目を向けたのだが、これらの図形はあまりに整然としていて有機的な感じにならない。そこで

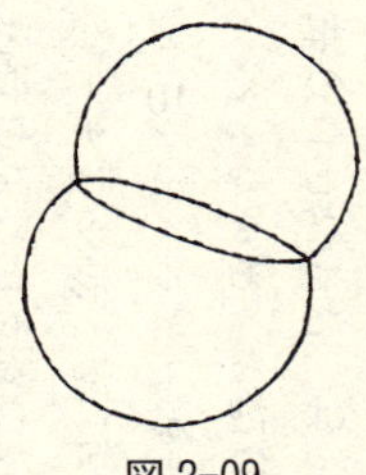
図 2-09

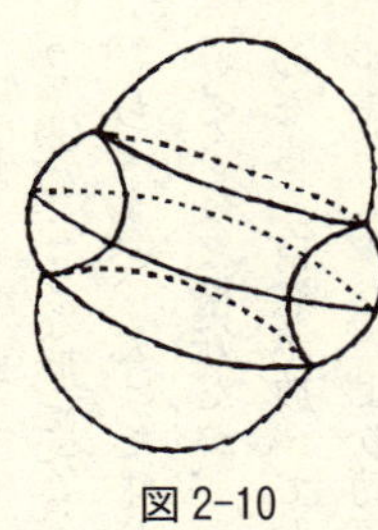
図 2-10

次に、自然が物を詰め込むときに生まれる結晶や植物の細胞構造に目を向けた。これらはすべて、アルキメデスの立体――つまりすぐれたサッカーボールの原型とゆかりのある構造だ。そのなかでも特にアラップ社の人々を魅了したのが、あぶくがたくさん集まったときにできる形だった。

単独の泡としては球がもっとも効率的な形であるという事実ですら、一八八四年にようやく証明されたくらいだから、数学者たちが未だにいくつかの泡がくっついたときにできる形を巡る難問に首をひねっているのも当然のことかもしれない。今、まったく同じ量の空気を抱きこんだ泡がふたつあるとして、これらをくっつけるとどのような形になるのだろう。考慮すべきことはただひとつ、怠け者の泡は常にもっともエネルギーの少ない形になろうとするという事実だけ。ところがそのエネルギーは表面積に比例するから、泡は当然膜の面積を最小にする形をとろうとする。ふたつの泡がくっつくと境界を共有することになり、接しているときよりも表面積が小さくなる。

実際に体積が等しいシャボン玉をふたつ作ってくっつけてみると、前ページの図2-09のような形になるはずだ。

ちょうど、欠けた球がふたつ、平らな壁をはさんで互いに120度の角度でくっついているような格好だが、これが安定した状態であることは確かで、もし安定していないのなら、自然が放っておくはずがない。それにしても、表面積がもっと小さくてエネルギーも少ないより効率的な図形がほんとうに存在しないのか、という疑問は残る。すでにできあがっている安定状態を崩すには、外からエネルギーを加える必要があるだろう。でも、いったん崩してしまえば、ふたつの泡がさらにエネルギーの低い状態を取らないとも限らない。たとえば、ふたつの泡がぺちゃりとくっついているよりも、ピーナッツ形の泡にベーグルのような形の泡が絡みついているほうが（前ページ図2-10）エネルギーが少なくてすむかもしれない。

くっつきあった泡に勝る形はないという事実がはじめて証明されたのは、一九九五年のことだった。はっきりいって、数学者はあまりコンピュータの助けを借りたがらない。コンピュータが出張ってくると、優美さや美しさが損なわれるような気がするのだ。しかしこの証明には厖大な計算が含まれていて、それらをすべてチェックする

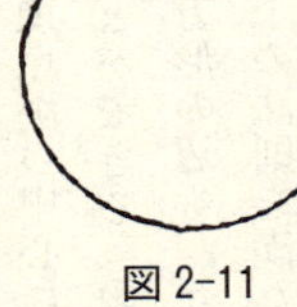
図 2-11

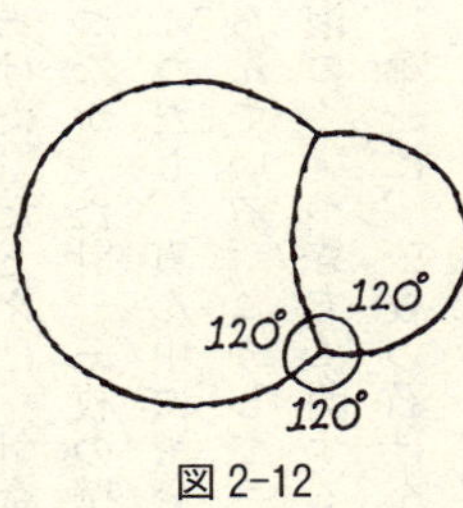

図 2-12

にはコンピュータの力が必要だった。

その五年後に、この「ふたつの泡仮説」のコンピュータを使わない証明が発表された。といってもそこで証明されたのは、泡の体積が等しくなくてどちらかが小さい場合には、ふたつの泡を隔てる壁は平らにならず大きな泡の側に張り出す形で曲がる、というより一般的な仮説だった。この壁は三つ目の球の一部になっていて、三枚の石けん膜はそれぞれが120度をなす形で残る二つの泡と交わっている（図2-11、2-12）。

実はこの120度という値は、石けんの泡がくっつくときの一般法則なのだ。ちなみにこの法則を発見したのは、一八〇一年生まれのベルギーの科学者ジョゼフ・プラトーだった。プラトーは、光が目に及ぼす影響を研究している最中に太陽を三〇秒ほど眺めたために、四〇歳になる頃には目が見えなくなっていた。そこで研究のテーマを変更し、親戚（しんせき）や同僚の力を借りて泡の形を調べはじめたのである。

プラトーはまず針金で作った枠を石けん水に浸し、どのような形ができるかを調べあげた。たとえば、針金で立体の稜の形を作って石けん液に浸すと、中央の正方形でつながった計一三枚の壁ができる（図2-13）。

ただし、真ん中にできる図形は厳密には正方形ではなく、縁がわずかに外側にふくらんでいる。こうしてさまざまな形の針金枠が作り出すさまざまな膜を調べるうちに、泡のくっつき方に関する一連の法則が浮かび上がってきた。

第一に、三枚の石けん膜が常に120度の角度をなすようにつながるという法則。これら三つの膜の境界は、プラトーの名前にちなんでプラトー境界と呼ばれている。二番目が、これらの境界同士がどのような形で交わるかを示す法則で、四本のプラトー境界は、互いに約109.47度（厳密には$\cos^{-1}(-1/3)$）をなすように交わる。正四面体の四つの頂点から中心に向かって線を引くと、四本のプラトー境界が交わる様子を再現することができる（図2-14）。したがってサイコロ形の針金枠の中央にできるふくらんだ正方形の辺も、互いに109.47度をなすように交わっているのだ。

プラトーの法則を満たさない泡はどれも不安定で、結局は崩れて法則を満たす安定した配置になると考えられていた。しかし、泡の形が必ずプラトーの法則を満たしているということが証明されたのは、かなりあとのことだった。一九七六年にジーン・

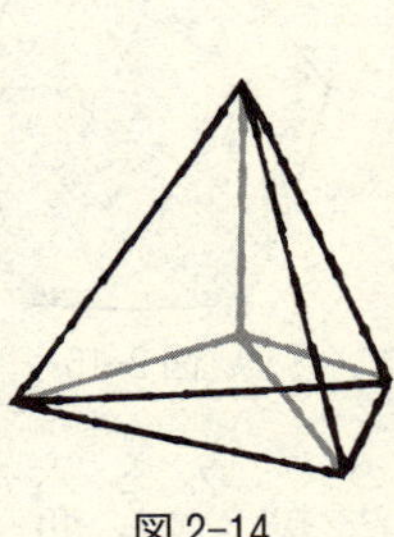

図 2-14

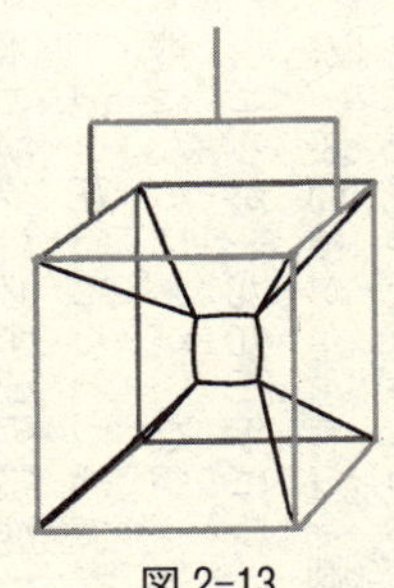

図 2-13

テイラーが発表した証明を見れば、泡同士のつながり具合がわかる。しかしそれにしても、ほんものの泡はいったいどんな形をしているのだろう。泡は怠け者だから、それぞれの泡が抱き込んでいる空気の量を一定にしておいて、膜の表面が最小になるような形を捜せば、それが答えになっているはずだ。

この問題の二次元版は、すでにミツバチによって解決済みだった。ミツバチがなぜ六角形を積み重ねた形の巣を作るのかというと、房に入る蜂蜜の量に対して巣を作るのに必要なロウがもっとも少なくてすむからだ。しかしこの場合にも、六角形を積み重ねた蜂の巣構造より効率的な二次元構造はどこにも存在しない、という「蜂の巣定理」が証明されたのは、ごく最近のことだった。

そのうえ、次元がひとつあがると事態はますます曖昧模糊としてくる。英国の著名な物理学者ケルヴィン

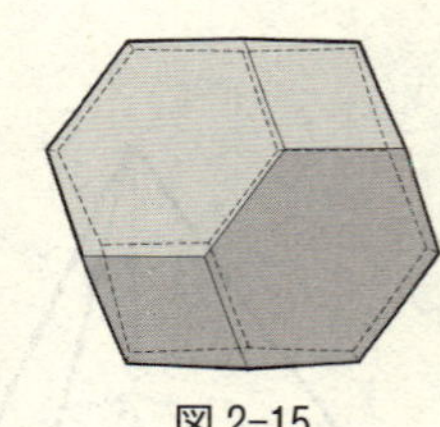

図 2-15

卿は一八八七年に、アルキメデスが分類したある図形が泡の表面積を最小にする際の鍵になる、と論じた。効率的な蜂の巣が六角形で構成されるのに対して、泡は正八面体の六つの角を落とした面取り八面体で構成されているはずだ、というのがケルヴィン卿の主張だった（図2-15、2-16）。

複数の泡が集まったときの泡のくっつき方に関するプラトーの法則からいって、稜や面はまっすぐではなく曲がっているはずだ。たとえば正方形の辺は90度で交わるが、プラトーの第二の法則から、泡の境界同士は決して90度では交わらない。サイコロ形の針金枠に張る石けん膜のように、二本の境界は必ず109.47度で交わり、正方形は外にふくらむはずだ。

泡を互いにくっつけて表面積を最小にしようとすると、ケルヴィン卿が提唱した構造になるにちがいない、と考えた人は大勢いたが、誰ひとりとして証明できなかった。ところが一九九三年になって、ダブリン大学のデニス・ウエアとロバート・フェランが、表面積がケルヴィン卿の構造より0.3パーセント少ない形で詰まっている二種類の立体を見つけた（このことからも、数学における証明なんぞ時間の無駄だというのはまちがった考えだといえる）。

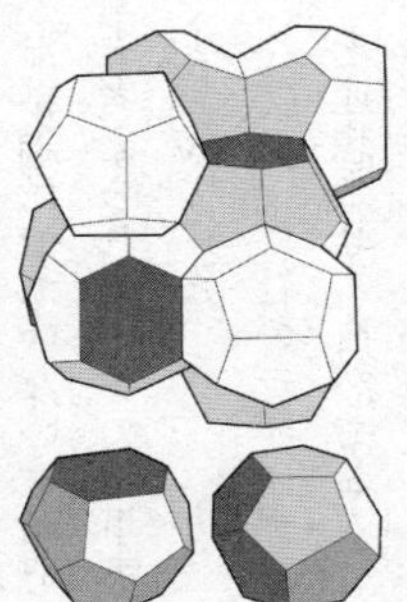

図 2-17　デニス・ウエアとロバート・フェランが発見した図形。

図 2-16　面取り 8 面体の泡。

ふたりが発見した形は、アルキメデスの一覧には載っていなかった。片方の図形は不規則な五角形からなるゆがんだ一二面体、もうひとつの図形は引き延ばされた六角形の面二枚と二種類の不規則な五角形計一二枚からなる「一四面体」で、ウエアとフェランは、この二種類の図形をうまく詰めると、ケルヴィンの構造より効率的な泡ができることに気がついたのだ。ただしこの場合もプラトーの法則があるので、稜や面はまっすぐではなく曲がっている。そうはいっても実際に泡の中に入って内部の様子を確認することはきわめて難しく、このふたつの形も、コンピュータを使って泡の様子をシミュレーションするなかでようやく発見できたのだった(図2-17)。

では、これが最良の泡なのだろうか？　ま

だ結論はでていない。おそらくこれがもっとも効率のよい三次元図形の詰め方だろう、と考えられているのは事実だが、それをいえば、ケルヴィン卿も自分の答えが正しいと思っていた。

アラップ社のデザイナーは、北京オリンピックの水泳センターで行われるスポーツを連想させる自然でおもしろい形を求めて、霧や氷山や波に目を向けた。そして、ウエアとフェランの泡に出くわすと、これを使えば建築界が未だかつて試みたことのないものを作れると考えた。そして泡の外見があまり規則的にならないように、それらの泡を一定の角度で輪切りにすることにした。俗にウォーターキューブと呼ばれる水泳センターの側面に見えているのは、実は泡のなかにガラス板を斜めに差しこんだときにできる泡の形なのだ。

アラップ社が考えた構造は一見きわめてランダムだが、実は繰り返しがある。それでも当初の狙いだった有機的な感じはじゅうぶんに醸（かも）し出せているのだが、よく見ると、プラトーの法則を満たしていないように思われる箇所がある。というのも、泡同士が、プラトーの法則にある120度や109.47度ではなく90度でくっついているところがあるのだ。このウォーターキューブははたして安定しているのだろうか。この施設が本物の泡でできていたとすれば、その答えは否（いな）。角（かど）が直角になっているこの泡は、

図 2-18　北京のオリンピック水泳センターの表面には不安定な泡があるようだ。

すべての泡が従う数学的法則を満たすように形を変えるはずだ。しかし、中国の当局はどうかご安心を。このような美しい構造を作りだすことができる数学のおかげで、ウォータ－キューブは決して崩れることなく立っているはずだ。

さて、ぎゅう詰めになったたくさんの泡の形に関心があるのは、アラップ社や中国の当局だけではない。泡の配置が理解できれば、自然界にあるこのほかのさまざまな形、たとえば植物細胞の構造や、チョコレートやホイップクリームやグラスについだビールのてっぺんに現れる形を解明することができる。さらに泡は、火を消すときも、漏れ出した放射能による汚染から水を守るときも、鉱物を処理するときも使われている。そして、火を熾(おこ)

すことに興味がある人も、ギネスビールの泡がすぐに消えないようにしたい人も、泡の数学的な構造を理解すればその答えを得ることができるのだ。

雪片に腕が六本ある理由

ごく早い時期に雪の結晶に腕が六本あるわけを数学的に解明しようとした人物のひとりに、一七世紀の天文学者兼数学者、ヨハネス・ケプラーがいた。ケプラーは、ザクロの実の内部の様子にヒントを得て、雪の結晶が六角形になるわけを推理した。ザクロの種は元来小さな球である。ところが――八百屋なら誰でも知っていることだが――空間を球で埋めるには、球が六角形を形作るように敷き詰めて層を作るのがもっとも効率的だ。それぞれの層は、上の層の球が下の層の三つの球の真ん中にぴたりと収まるように重なり、計四つの球が正四面体の頂点を形作る。

ケプラーは、これこそが球で空間を満たす〔充塡（じゅうてん）する〕もっとも効率的な方法で、こうすれば球の隙間（すきま）は最小になると考えた。では、この六角形の充塡方法より複雑だがもっと効率のよい方法がどこを探しても存在しない、ということを確認するにはどうしたらよいのだろう。この素朴な言明はやがてケプラー予想と呼ばれるようになり、長いあいだ数学者たちを悩ませることとなった。この予想が証明されたのは、二〇世紀も終わりに近づいて、数学者がコンピュータと力を合わせるようになってからのことだった。

ここで話をもう一度ザクロに戻そう。ザクロの果実が大きくなると種はぎゅう詰めになり、球だったものが形を変えて空間を隙間なく占拠する。実の中の種はどれもまわりの一二個の種と接していて、押し合いへし合いするうちに、一二枚の面で囲まれた形に変わる。だったら最後には五角形が一二枚集まってできた一二面体になるはずだ、と思われる方もおいでだろうが、一二面体を隙間無く詰め合わせることは不可能だ。プラトンの立体のなかで、一種類で空間を隙間無く埋め尽くせるのは立方体だけなのだ。これに対してザクロの種は、どの面も凧形（たこがた）になっている。この立体は菱形一二面体と呼ばれていて、自然界のあちこちで見ることができる（図2-19）。

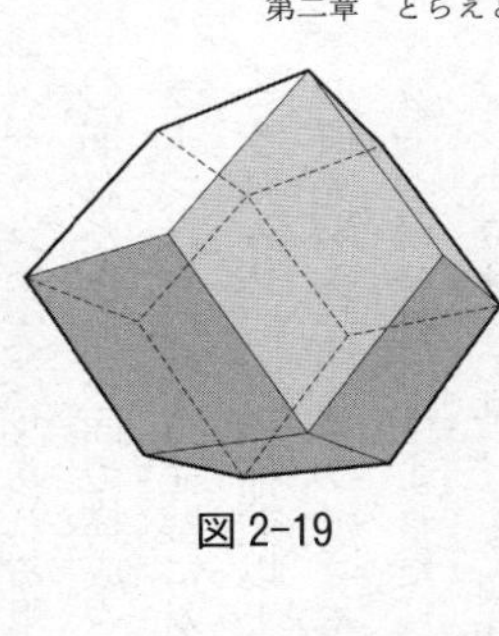

図 2-19

実はガーネットの結晶も、一二枚の凧形の面からなっている。というよりも、ザクロの種と同じように一二枚の凧形の面で構成されているので、ザクロを意味するラテン語からガーネットと呼ばれるようになったのだ。

ザクロの実に見られる凧形の面を分析したケプラーは、さらに、シンメトリーが少し崩れた凧形の面で構成されたシンメトリーな立体について調べはじめた。かつてプラトンは一種類の完璧に対称な面からなる立体について考え、アルキメデスはさらに一歩踏み込んで二種類以上の対称な面からなる立体について考えたが、ケプラーのこの研究からは、プラトンやアルキメデスの着想を敷衍してさまざまな立体の研究を行う一つの分野が生まれた。そして今では、カタランの立体やポアンソの立体やジョンソンの立体、「揺れる多角体」やゾーン多面体といった奇妙な立体が確認されている。

ケプラーは、ボールを詰めこんだときにできる六角形が原因となって雪の結晶に六本の腕ができるのだと考えた。そしてその分析を著作にまとめると、マテウス・ヴァッカーという帝国外交官に新年の贈り物として捧げた。資金集めに余念のない科学者の抜け目のない行動でもあったのだろう。ケプラーは、球形の雨粒が雲のなかで凍って、ザクロの種のようにぎゅう詰めになると考えた。これはなかなかよい着想だったが、けっきょくはまちがいであることが判明した。雪の結晶に腕が六本あるのは、実は水の分子構造のせいだった。しかしそれがわかったのは、一九一二年にX線結晶学が登場した後のことだった。

水の分子は、酸素原子一つに水素原子が二つくっついていて、結晶になるときは、各酸素原子が隣の酸素原子と水素原子を共有し、ほかの分子からさらに二つの水素原子を借りる。したがって氷の結晶では、一つの酸素原子が四つの水素原子とつながっている。ピンポン球と棒の模型でいうと、一つの酸素の原子を中心にして、四つの水素の球が互いにできるだけ離れた形で陣取るのだ。これらすべての条件を数学的に満たすには、四つの正三角形からなるプラトンの立体――すなわち正四面体の頂点に水素原子が陣取って、真ん中に酸素原子が来るしかない（図2-20）。

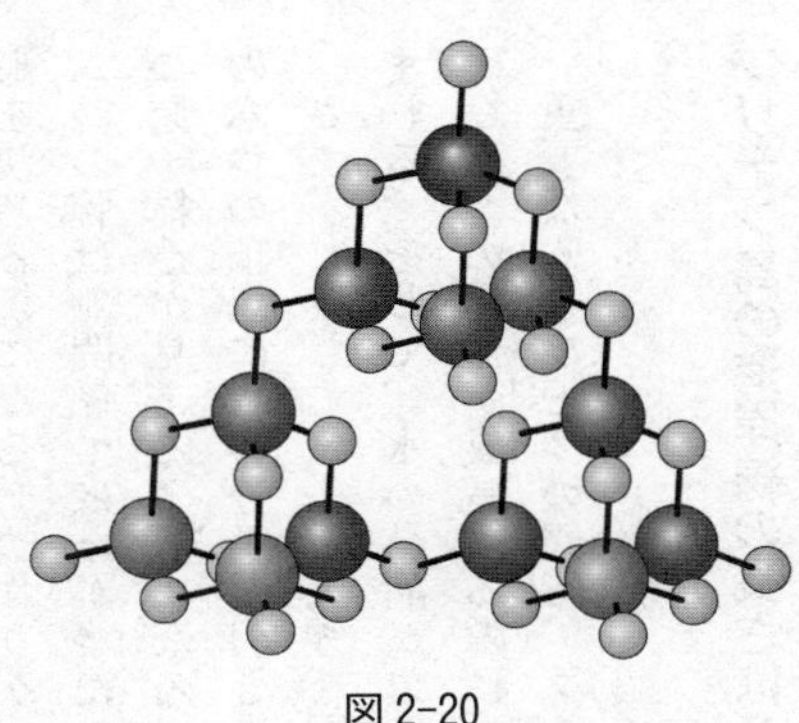

図 2-20

こうしてできた結晶の構造は、どことなく八百屋が積んだオレンジと似ている。なぜならオレンジの場合にも、一つの層の三つのオレンジの上に次の層のオレンジが一つ乗って正四面体ができるからだ。しかし一枚の層に含まれるオレンジだけに限ると、至る所に六角形が見えてくる。そして氷の結晶にも見られるこの六角形が、雪の結晶の形を決める鍵になる。つまりケプラーの直感は正しく、オレンジの積み上げと雪片の六つの腕は無関係ではなかったのだ。ただし、問題の六角形がどこにあるのかは、雪の原子構造が見えるようになるまでわからなかった。雪片が成長すると、この六角形の六つの頂点に水の分子が引き寄せられて、六本の腕が成長するのである。

さて、こうして分子が大きな雪片へと育つなかで、ひとつひとつの雪片の個性が生まれる。そして、水の結晶ができるときのポイントがシンメトリーだとすれば、ひとつひとつの雪片が成長する際に決め手となるのが、数学ではシンメトリーと同じくらい重要なもうひとつの図形、フラクタルなのである。

ブリテン島の海岸線の長さは?

ブリテン島の海岸線の長さは一万八〇〇〇キロメートルなのか。それとも三万六〇〇〇キロメートルなのか。はたまたもっと長いのか。あきれたことにこの問いの答えは決して自明ではなく、しかも、二〇世紀半ばにようやく見つかった数学的な図形と関係している。

一日に二度潮が満ち干するので、当然ブリテン島の海岸線はたえず変化しているが、

図 2-21　ブリテン島の海岸線を測る。

たとえ海岸線を一本に固定したとしても、正確な長さはわからない。なぜなら、どれくらい細かく測るかによって、海岸線の長さが微妙に違ってくるからだ。手始めに、長さ一メートルの物差しを海岸線にあてて、この物差しを置き換えた回数を数えながら、国の周りをぐるりと回ってみるのもいいだろう。しかし物差しは固くて曲がらないから、これでは一メートル未満のでこぼこを無視することになる。

そこで、固い物差しの代わりに長いロープを使えば、海岸線の入り組んだ形をもっと細かく測ることができる。海岸線にロープをあてて、それをのばして長さを測っていくと、海岸線は物差しで測ったときよりずっと長くなる。もっとも、いくらロープが曲がるといっても、センチメートル単位の複雑なでこぼこまでは測りきれない。そこで今度は細い糸を使うことにすると、もっと細かいでこぼこも測ることができて、海岸線の長さはさらに増える。

英国陸地測量部の調査では、ブリテン島の海岸線の長さは一万七八一九・八八キロメートルとされている。しかしさらに細かく測ってみれば、たぶんこの倍にはなるはずだ。地理的な長さを測るのがいかに難しいかは、スペインとポルトガルの国境を見ればよくわかる。一九六一年にポルトガルがスペインとの国境は一二二〇キロメートルだと主張したのに対して、スペインはたったの九九〇キロメートルだと主張した。オランダとベルギーの国境でも、両国が主張する国境の長さにはこれと同じくらいの開きがあるが、国境線を長く見積もるのは、たいてい小さいほうの国だ。

では、こうして尺度をどんどん細かくしていったときに、果たして限界があるのだろうか。ひょっとすると、細かく測れば測るほど、海岸線は長くなるのかもしれない。なぜこのようなことが起きるのかを調べるために、数学を使って海岸線を作ってみる。まず、糸を一巻き用意し、その糸を一メートル分引っ張りだして床に置く。

図 2-22

本物の海岸線はこんなにまっすぐではないから、この海岸線に大きなへこみを作ろう。糸をもう少し繰り出して、真ん中の三分の一を、元と同じ長さの辺二本で置き換えてV字形にする。

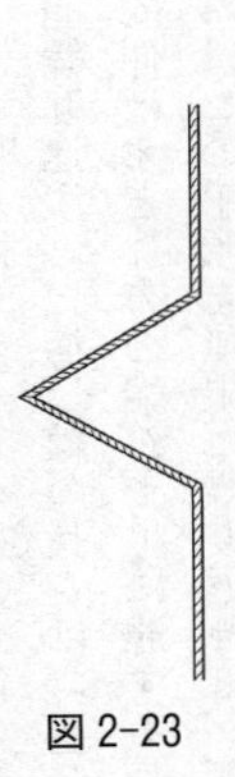
図 2-23

さて、このへこみを作ったことによって、糸の長さはどうなったのだろう。糸の全長は、最初は三分の一メートルの糸三本分だったが、V字の切れ込みを入れたことで三分の一の糸四本分になった。つまり、はじめの三分の四倍の長さだから三分の四メートルになったわけだ。

こうして作った新しい海岸もそれほど入り組んでいないので、さらに折れ線の各部分を三つに分けて、真ん中の三分の一を前と同じように長さが二倍のV字形の切れ込みで置き換える。すると次ページの図2-24のような海岸線ができる。

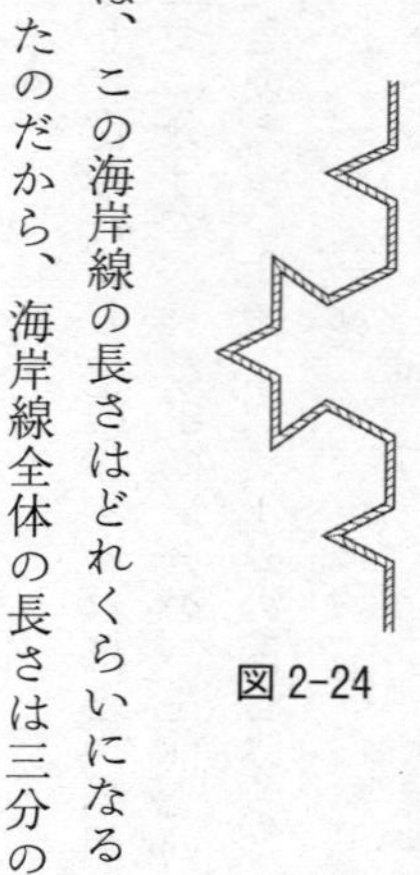
図 2-24

では、この海岸線の長さはどれくらいになるのか。四本の線がそれぞれ三分の四倍になったのだから、海岸線全体の長さは三分の四メートル×三分の四＝（4/3）の2乗メートルになる。

ここまでくればみなさんも、次にすることの見当がつくはずだ。そう、短い線を三つに分けてはその真ん中をV字の線で置き換える作業を、延々と繰り返すのである。すると、一回手順を踏むごとに、全体の長さは前の三分の四倍になる。この作業を一〇〇回繰り返すと、海岸線の長さは（4/3）の100乗で三兆キロメートルを超える。まっすぐ伸ばすと片方の端が土星に達する長さだ。

さらにこの手順を無限に繰り返せば、無限に長い海岸線を作ることができる。むろん実際にものを細かく分けていくと、やがてプランク定数の壁にぶつかってそれ以上分割できなくなる。物理学者によると、10のマイナス34乗メートルより短い距離を測ろうとすると決まってブラックホールが生じ、計測機器が吸い込まれてしまうという。

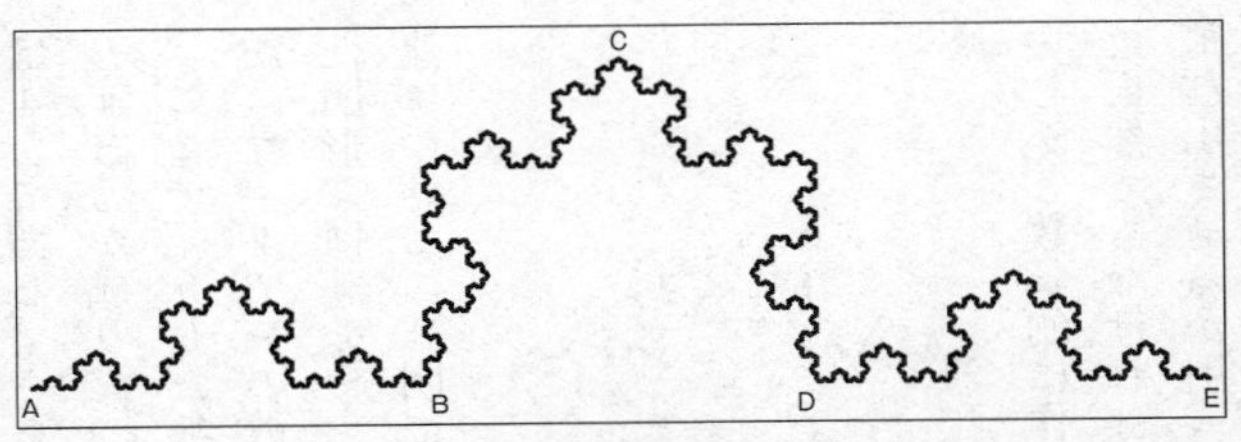

図 2-25　A から B までの小さい部分を 3 倍に拡大すると、大きなフラクタルが得られる。ところがこの大きなフラクタルは、小さな部分のコピーを 4 つつなぎ合わせたものにもなっている。

ちなみに、先ほどのように海岸線に小さなへこみをどんどん加えると、七二回目にはそれぞれの線の長さが10のマイナス34乗メートル以下になる。とはいえ、数学者は物理学者とは違う。――わたしたちが暮らす数学の世界では、線をいくら分割してもブラックホールの中に消えたりはしないのだ。

この海岸線の長さが無限になる理由を、別の角度から見てみよう。図2-25のAからBまでの部分に注目して、AからBまでの長さをLとする。このとき、ABを三倍に拡大するとAからEまでの海岸線全体とそっくり同じになるから、海岸線全体の長さは3Lであるはずだ。ところがその一方で、この小さな部分のコピーを四枚持ってきてAからB、BからC、CからD、DからEというふうにつなぎ合わせると、海岸線全体をすっぽり覆うことができる。小さな部分のコピーが四枚あれば全体を覆えるのだから、海岸線全体の長さは$4L$である。さらに、同一のものをどう測ったところで長さは同じはずだから、$4L=3L$が成り立つが、この式はLの値がゼロか無限でなければ成り立たない。

ここで紹介した無限の長さを持つ海岸線は、実は二〇世紀初頭にこの図形を発明したスウェーデンの数学者ヘルゲ・フォン・コッホにちなんでコッホ雪片と名付けられた図形（図2-26）の一部である。ちなみにコッホは、リーマン予想と素数定理の関連についての証明でも知られている。

図 2-26

しかし数学的に作られたこの図形はシンメトリーが強すぎて、本物の海岸線のように自然でもなければ有機的でもない。それでも、海岸線に切れ込みを作るときに海に飛び出させるか引っ込ませるかをランダムに選択すると、ぐんと海岸らしい線ができ

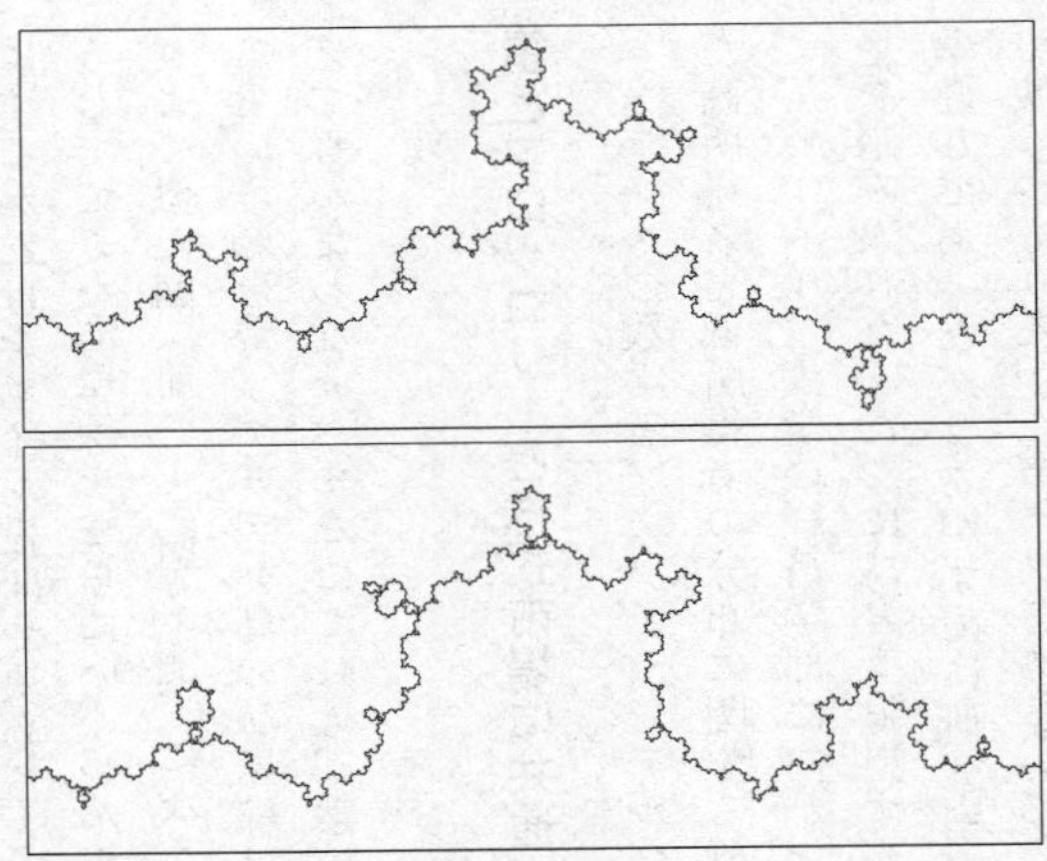

図 2-27

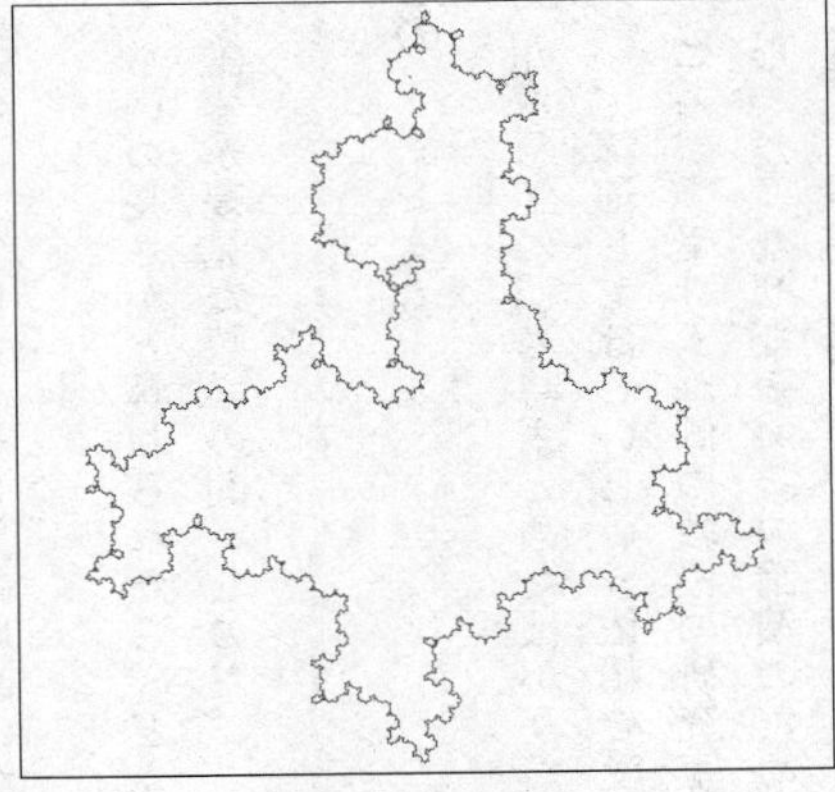

図 2-28

る。実際、さきほどとほぼ同じ手順にしたがって、切れ込みを上向きにするか下向きにするかだけをコイン投げで決めると、前ページの図2-27のような図ができる。こうしてできた海岸線をさらにいくつか組み合わせると、中世ブリテン島の地図にかなりよく似た図（前ページ図2-28）になる。

というわけで、ブリテン島の海岸線はどれくらいの長さかと尋ねられたら、どう答えてもかまわない。まさにこれは、学校時代に誰もが夢見た数学の問いなのだ。

雷とブロッコリーと株式市場に共通するもの

フランスの数学者ブノワ・マンデルブロは一九六〇年に、当時まとめたばかりだった高所得者と低所得者の分布に関する研究について講演してほしいという依頼を受けて、ハーバード大学の経済学部に向かった。ところが、受け入れ側の教授の研究室に足を踏み入れたとたんにひどく狼狽（ろうばい）することとなった。なぜなら、その講演のために準備してあったグラフがすでに研究室の黒板に書かれていたからだ。「わたしが講演で使うつもりだったデータをあらかじめ手に入れるなんて、いったいどんな魔法を使ったんだい？」ところがなんと、それは件（くだん）の教授が前の講義で分析した綿花価格の変

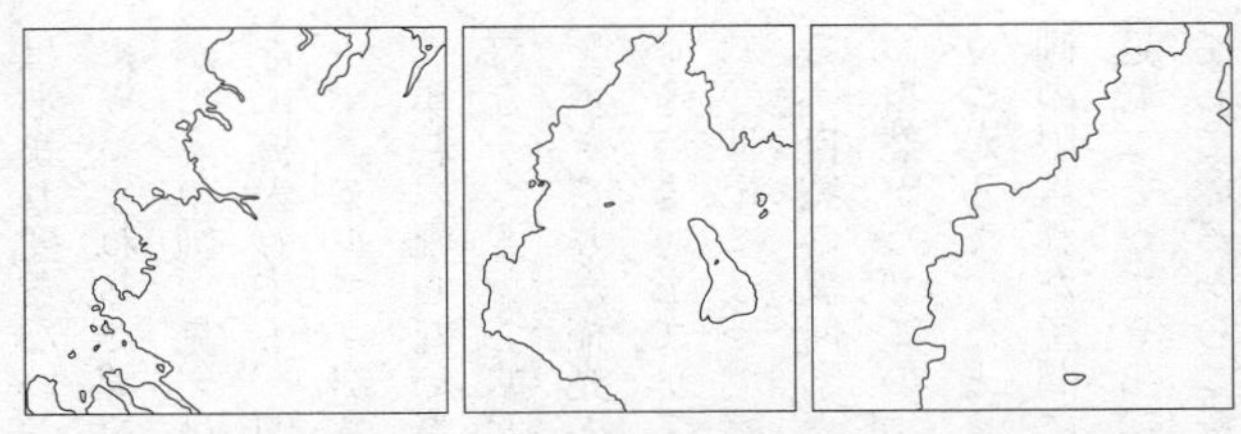

図 2-29　縮尺を変えたスコットランドの海岸線。左から右へ、100 万分の 1、5 万分の 1、2 万 5000 分の 1 の地図の一部。

動のグラフで、所得とはまるで無関係だった。

マンデルブロはふたつのグラフがひどく似通っているのを見ておや？と思い、さらに、互いにまったく関係ない種々雑多な経済データのグラフがすべてひじょうによく似た形をしていることに気づいた。しかもそれらのグラフは、時間軸の長さをどう取っても形が変わらなかった。たとえば綿花の価格でいうと、八年間の変動の様子と八週にわたる変動の様子はじつによく似ていて、どちらも八時間の変動の様子とうり二つなのだ。

これと同じ現象は、ブリテン島の海岸線でも見ることができる。上の三つの図は、どれもスコットランドの海岸線の一部を切り取ったもので、一つは一〇〇万分の一の縮尺で、残る二つの縮尺はもっと大きく五万分の一と二万五〇〇〇分の一になっている。ではこの三つの図だけを見て、それぞれの縮尺を言い当てることができるだろうか。これらの図をどんな倍率で拡大縮小しても、線の入り組み具合はあまり変らない。これは、じつはどの図形でもいえることではなく、ふつうは適当にうねうねした線を描いたとしても、その一部をどんどん拡大していくとどこかで線がごく単純に見えはじめる。ところが海岸線の形やマンデルブロのグラフでは、どんなに拡大しても、図形はあいかわらず複雑なままなのだ。

マンデルブロがさらに範囲を広げて細かく調べてみると、どんなに拡大しても決して単純にならない奇妙な図形が自然界の至る所で見つかった。カリフラワーの小さい房を一つとって拡大すると、その房は元々のカリフラワー全体とそっくりに見える。ぎざぎざした稲光の一部を拡大すると、まっすぐになるどころか元の稲妻と同じくらいぎざぎざしている。そこでマンデルブロはこれらの図形を「フラクタル」と名付け、二〇世紀になってはじめてほんとうの意味で認識された新たなタイプの図形を代表する「自然の幾何学」であるとした。

自然がなぜこのようなフラクタル図形を進化させてきたのかというと、実際に役に立つからだ。たとえば人間の肺は、フラクタル図形になっているおかげで、肋骨の内側の限られた空間に閉じこめられていながら膨大な表面積を持ち、大量の酸素を取り込むことができる。こういった生物はほかにもいろいろあって、シダもあのような形をしているからこそ、あまり場所を取らずに日の光をめいっぱい浴びることができる。

効率のよい図形を見つける自然の能力たるや、まさに恐るべし！　泡が必要とする条件をもっとももよく満たす図形が球だったのに対して、生物はその逆の極端に走り、無限に複雑なフラクタル図形を選んだのだ。

いくら拡大しても単純にならないこれらのフラクタルは、実はきわめて単純な数学的法則から作られている。自然界に存在するかくも複雑なものが実は単純な数学に基づいて作り出されているといわれても、にわかには信じがたい。だがフラクタル理論によると、自然界のもっとも複雑な形でさえごく単純な数式で作り出すことができる。

図2-30　フラクタルのシダ。

図2-30の一見シダのような図形は、実はコッホの雪片とよく似た単純な数学法則に基づいて作ったコンピュータ画像である。コンピュータ業界では、この着想を利用してコンピュータ・ゲームの背景に複雑な自然を描きこむようになった。ゲームの制御装置にはごくわずかなディスク・スペースしかないが、フラクタルの

数学に基づく単純な法則を使えば、きわめて複雑な環境を作ることができるのだ。

一・二六次元の図形とは?

フラクタルが登場するまでは、数学者が出会う図形の次元といえば一か二か三くらいだった。一次元の直線に、二次元の六角形に、三次元の立方体。ところがフラクタル理論によると、なんとまあ、フラクタルと呼ばれる新たな図形の次元は一より大きく二より小さいという。ここでひとつ、図形の次元が一と二の間になるわけを説明してみよう(図2-31)。

そのためにまず、直線が一次元で正方形が二次元になる理由を新たな視点から捉え直してみる。今、透けるグラフ用紙を一枚持ってきて問題の図形にかぶせ、その図形を覆っている方眼の個数を勘定する。そしてさらに方眼の大きさが半分のグラフ用紙を使って同じことをくり返す。

このとき元の図形が直線であれば、二枚目のグラフ用紙で図形にかかるマス目の数は前のマス目の数のちょうど二倍になる。一方、元の図形が正方形ならマス目の数は四倍――つまり二の二乗倍になる。方眼を小さくしながらこの手順をくり返していく

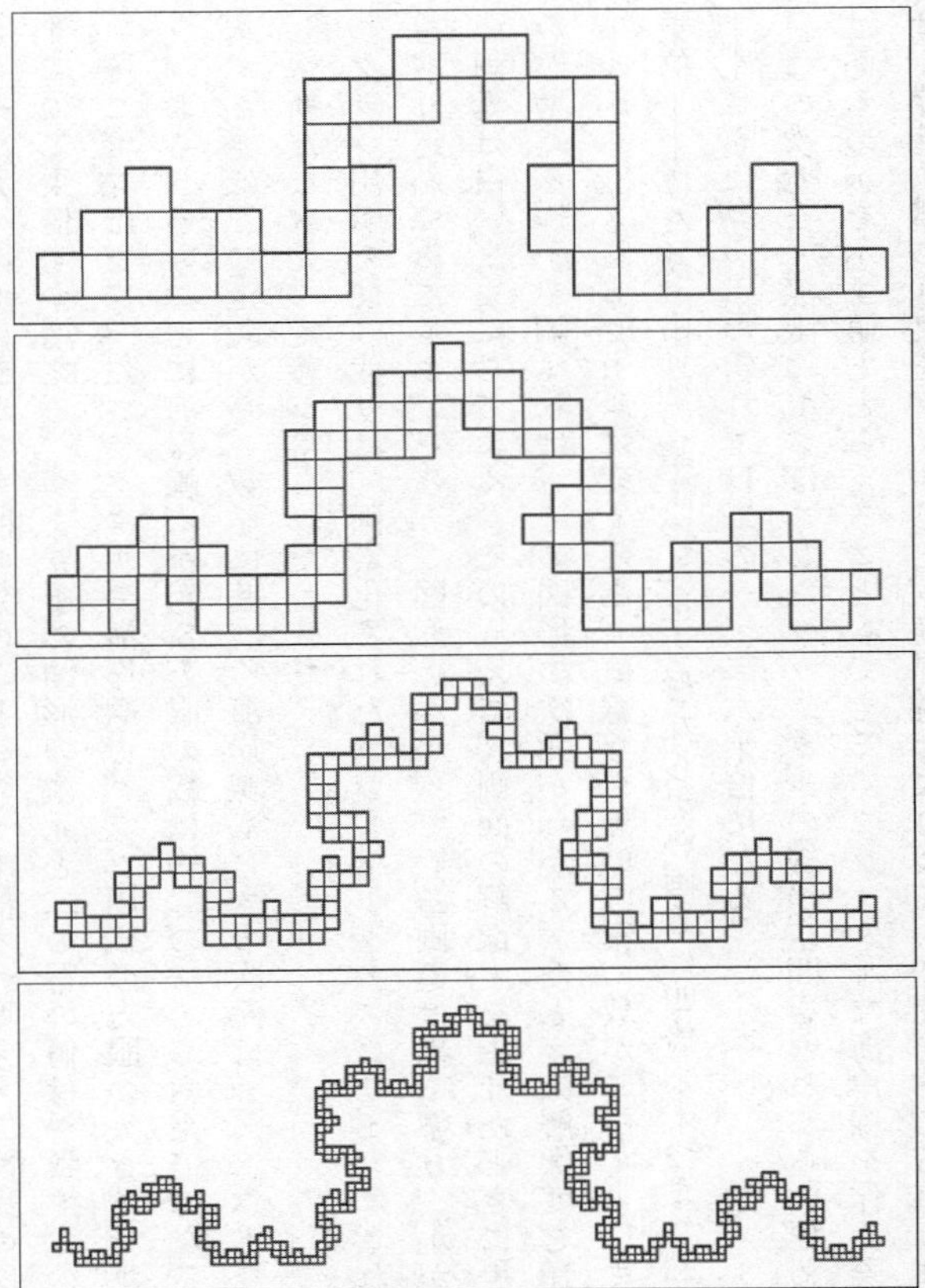

図 2-31 グラフ用紙を使ってフラクタル図形の次元を計算する方法。次元は、画素を小さくしていったときの画素数の増え方を表わしている。

と、一次元の図形にかかる方眼の数は二＝二の一乗倍ずつ増え、二次元の図形では四＝二の二乗倍ずつ増える。つまりその図形の次元と二の冪（べき）の値は一致するのだ。

そこで先ほど作ったフラクタルの海岸線でグラフ用紙の方眼の大きさを半分にすると、おもしろいことに海岸線にかかる方眼の数は約二の一・二六乗倍になる。したがってさきほどの次元の定義から、数学に基づく海岸線もどきの次元は一・二六となる。こうして新たな次元の定義が得られたわけだ。

グラフ用紙を使う代りに、画素化されたコンピュータ・スクリーンにこれらの図形を取り込んでみてもよいだろう。図形にかかっている画素は黒く塗り、かかっていない画素は白いままにしておく。そのうえで、画面の解像度を上げたときに黒い画素の数が増える様子を調べれば、その図形の次元がわかる。たとえば解像度を16×16ピクセルから32×32ピクセルに変えると、直線なら黒い画素の数が二倍——つまり二の一乗倍——になり、中身の詰まった正方形なら黒い画素は四倍——つまり二の二乗倍——さらにコッホの雪片では二の一・二六乗倍になる。

この次元を、無限にでこぼこしたフラクタルの線が空間をどれくらい埋めようとしているのかを示す値ととらえることもできる。フラクタルな海岸線を作る際につけたすV字形の線の角度を深くすると、海岸線はより多くの空間を占めるようになる。このような細工によって海岸線の次元がどう変わるかを計算してみると、その値はじりじりと二に近づくことがわかる（次ページ図2-32）。

自然にできた図形のフラクタル次元を分析すると、興味深い事実が浮び上がってくる。ブリテン島の海岸線は一・二五次元で、数学を使って作った先ほどの海岸線もどきにかなり近い。この場合のフラクタル次元は、海岸を測る定規を細かくしたときに、海岸線の長さがどれくらいの勢いで増すかを表しているとも考えられる。オーストラリアの海岸線のフラクタル次元は一・一三だから、ブリテン島の海岸線より単純だ。また、南アフリカの海岸線はフラクタル次元がたったの一・〇四で、ごくなめらかだということがわかる。逆に世界一入り組んだ海岸線といえば、たぶん無数のフィヨルドをかかえるノルウェーのそれだろう。事実ノルウェーの海岸線のフラクタル次元は一・五二で、かなり大きい。

三次元の立体についても同じような手順で分析を行うことができる。ただしこの場合はグラフ用紙ではなく格子（こうし）状の立体メッシュを使って、メッシュを細かくしたときに問題の立体と交わる格子の数がどう変わるかを見ていく。カリフラワーの立体次元は二・三三で、くしゃくしゃに丸めた紙切れは二・五次元、ブロッコリーはひじょうに入り組んでいて二・六六次元、そして人間の肺の表面はなんと二・九七次元もある。

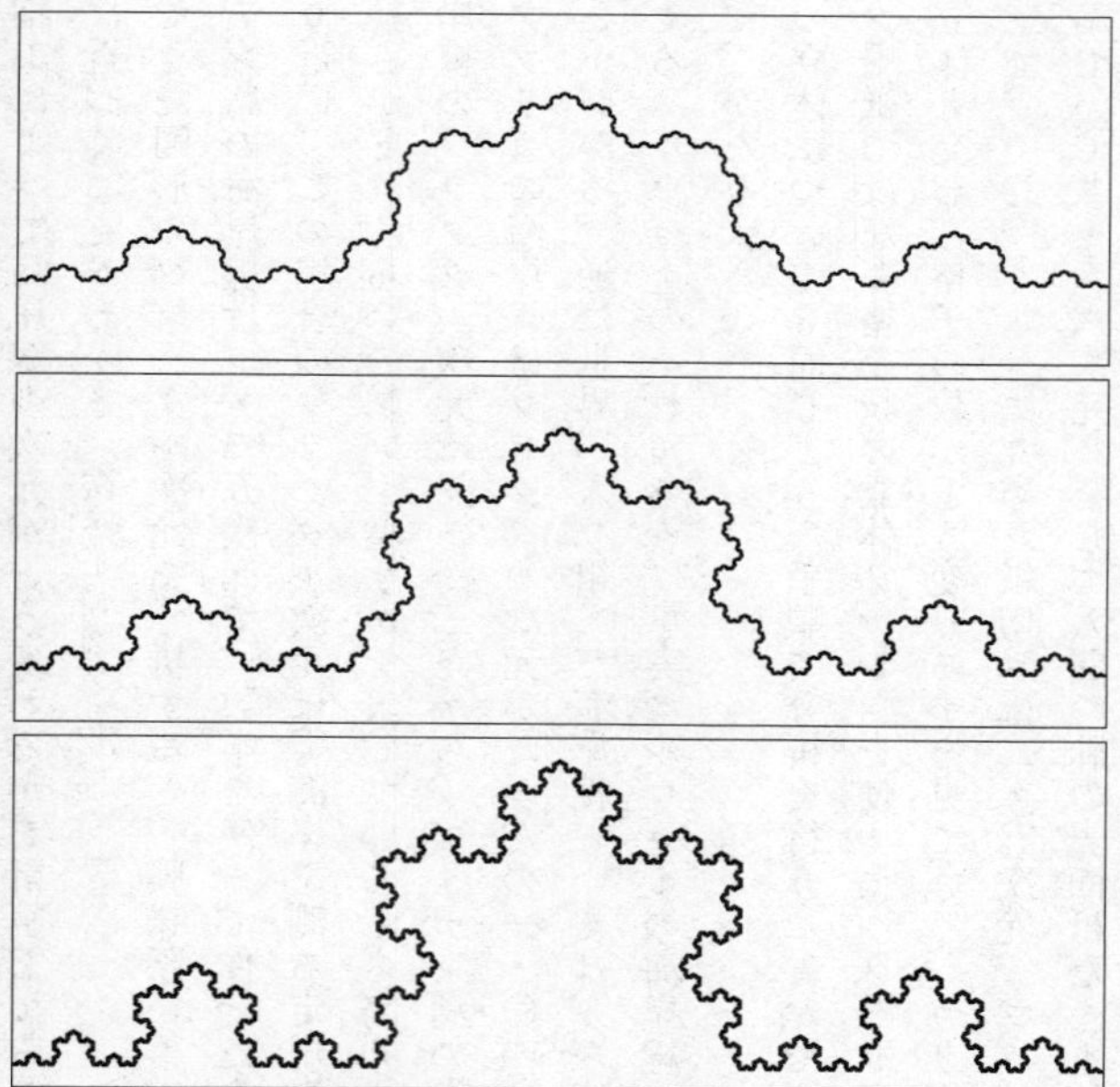

図 2-32　三角形の角度を深くするにつれて、できあがったフラクタル図形はより多くの空間を占有するようになり、フラクタル次元が大きくなる。(上から左へ)

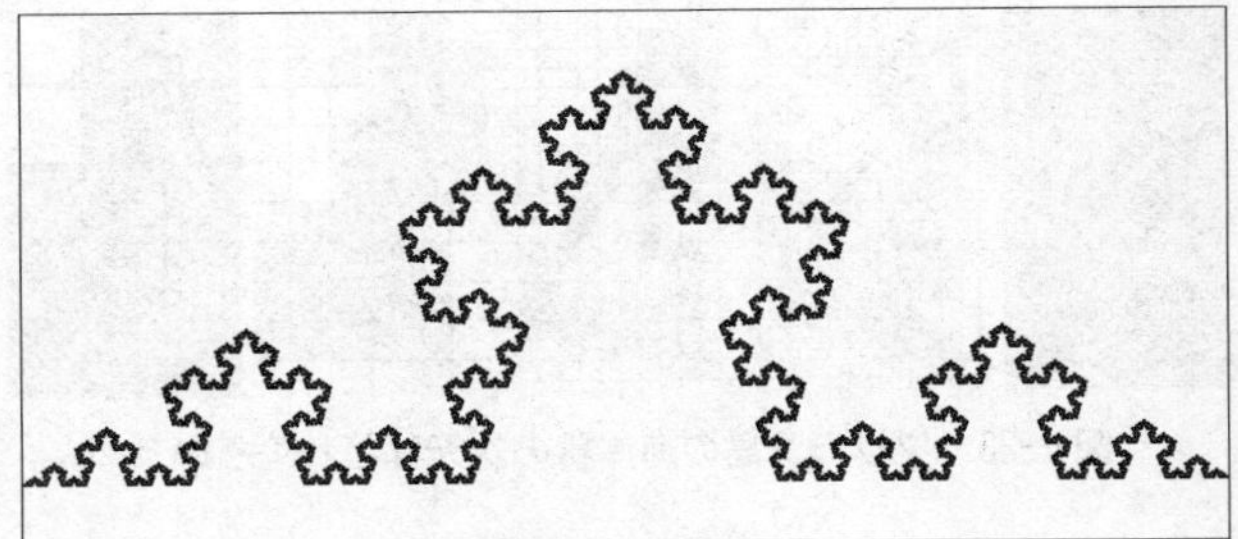

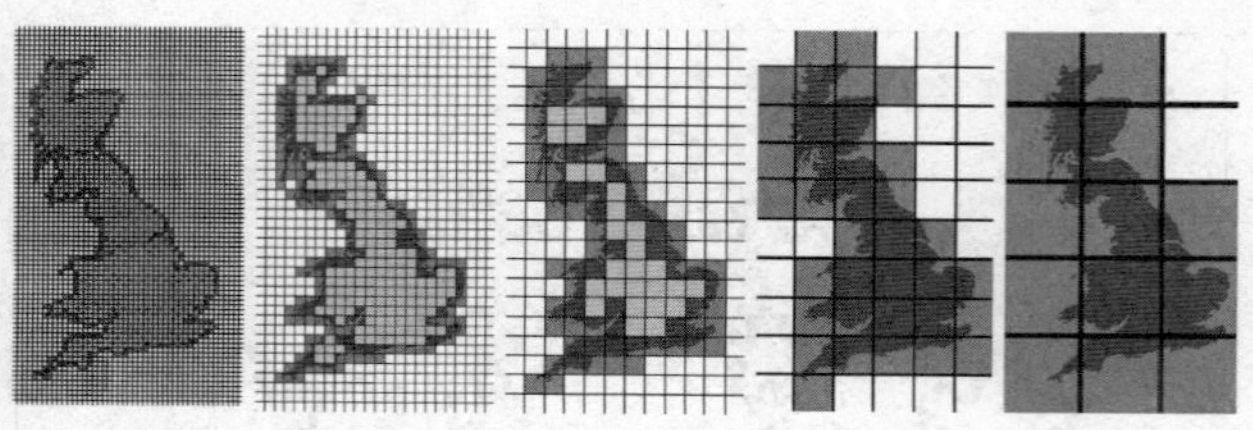

図2-33　ブリテン島の海岸線の次元はどれくらい？

ジャクソン・ポロックの贋作を作れますか

二〇〇六年秋、二〇世紀の画家ジャクソン・ポロックのある絵画がかつてない高額で落札された。メキシコの投資家デビッド・マルチネスが、「No.5、1948」と題した絵を一億四〇〇〇万ドル（当時のレートで約一六五億円）で競り落としたのである（二〇一五年九月現在の絵画の最高価格はピカソの「アルジェの女たち」の約一億八〇〇〇万ドル（二一五億円））。

その絵は、ポロックのトレードマークともいうべき、キャンバスいっぱいに絵の具を撥ね散らかす手法で描かれていた。現にポロックは「ジャック・ザ・ドリッパー（滴らせ屋ジャック）」と呼ばれていて、こんな作品にこれほどの高値がついたのを見てショックを受けた批評家たちは、「なんだ、あんな絵ならわたしにだって描けたのに！」と叫んだという。たしかに問題の絵をちょっと見ただけだと、誰にでも絵の具を適当に撥ね散らかしておいて億万長者になる日を夢見ることができそうに思える。ところがポロックの絵を数学を使って分析してみると、実はポロックが案外巧みな技を駆使していたことがわかる。

事実、オレゴン大学のリチャード・テイラー率いる数学者の一団が一九九九年にポロックの絵を分析したところ、ポロックがあのひきつけの発作のような手法で自然好みのフラクタル図形を作り出していたことが明らかになったのだ。ポロックの絵は、一部を拡大しても全体ときわめてよく似ており、どうやら、フラクタルの特徴である無限の複雑さを持っているらしい（もちろん拡大倍率をどんどん上げていけば、けっきょくはひとつひとつの絵の具のはねが見えてくるわけだが、それにはキャンバスを千倍に拡大する必要がある）。そのうえフラクタル次元という概念を使うと、ポロックの技法がどのように展開していったのかを明らかにすることができる。

ポロックがフラクタルの絵を描きだしたのは、一九四三年のことだった。初期の作品のフラクタル次元はノルウェーのフィヨルド並の約一・四五だった。ところがこの手法が発展して絵が複雑になっていくとフラクタル次元もじりじりとあがりはじめた。その結果、完成に六ヶ月を要した晩年のドリップ・ペインティング「ブルー・ポールズ」などは、フラクタル次元が一・七二という高い値になっている。

心理学者たちが、人が美的に快いと感じる図形の特徴について調べたところ、わた

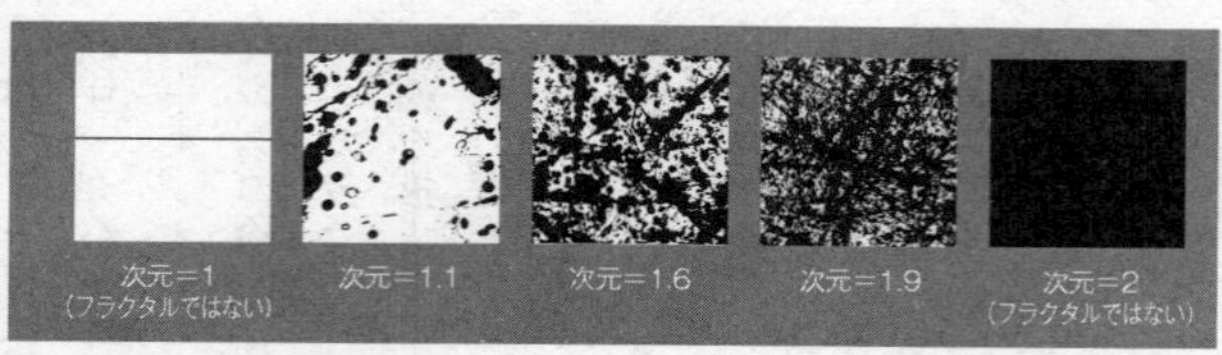

図 2-34　絵の具を撥ね散らかし続けると、絵のフラクタル次元があがる。

したちは一貫して、フラクタル次元が一・三から一・五まで（これは自然界の形に多く見られる値である）のイメージに惹かれることが明らかになった。人間の脳がなぜこのタイプのフラクタルに引きつけられるのか、その理由も進化論の観点からきちんと説明がつく。ようするに、生まれつきこのタイプの図形を区別できたほうが、大自然での生存に有利なのだ。あるいは、もっとも優れた音楽が無難で退屈なＢＧＭとランダムで意味のない雑音の中間に位置するように、規則性がありすぎるものとランダムに過ぎるものの中間あたりのイメージだから心が揺さぶられるのか……。

かりにポロックがフラクタルを作り出していたとして、その技法を再現するのはひどく難しいことなのだろうか。二〇〇一年にテキサスのある絵画収集家が、所蔵している「ポロック作」の絵画にサインや日付がまったくないことを不安に思い、問題の絵をリチャード・テイラー率いる数学者チームのもとに持ちこんだ。学者たちが分析を行ったところ、その絵にはポロックのぎくしゃくした画風に潜んでいるはずのフラクタルらしさが欠けており、おそらく偽物（にせもの）だろうということになった。さらにその五年後、ポロック自身の遺産を元に贋作を排除するために作られたポロック・クラズナー真贋証明委員会がテイラー率いる数学者チームに、最近収蔵庫で見つかったジャクソン・ポロックの作になると思われる三二枚の絵をフラクタルの観点から分析してほしいと依頼した。そして数学的な分析の結果、すべて偽物だということになった。

だからといって、ポロックの偽物は絶対に作れない、というわけでもない。事実テイラーは、ほんとうにフラクタルな絵画を描く「ポロック化装置」を作成している。絵の具を入れた壺（つぼ）を糸で電磁コイルに取り付けて、そのコイルがカオス的な動きをするようにプログラムしておくと、いかにもポロックらしい作品ができるのだ。つまり数学を使えば、偽物を見つけ出すこともできるし、専門家を納得させられる絵を描く機械を作ることもできるのである。

一・二六とか一・七二といった整数でない次元を持つフラクタルはたしかに奇妙な図形だが、それでも図で示すことができる。ところがさらに一歩前進して超空間に足を踏み入れて三次元の外にある図形を調べるとなると、もっと奇妙なことになる。

四次元を見るには

わたしは今でも、四次元の図形を心の「目」で見るのに必要な言葉を身に付けてはじめて四次元を「見た」あの日の興奮を、はっきりと憶(おぼ)えている。四次元を見るには、ルネ・デカルトが発明した図形を数に変えるための辞書が必要だ。デカルトは、目に見える世界を正確に把握することが往々にしてひじょうに困難であることに気づき、なにかこの世界を正確に把握する助けとなる整然とした数学的手法はないものかと考えた。

人間の目が必ずしもあてにならないことは、次のパズル（次ページ図2-35）からもよくわかる。デカルトがよく言っていたように、「感覚を通した認識は偽りの認識」なのだ。

下の図は上の図のパーツを組み替えただけなのに、なぜか全体の面積がブロックひとつ分減っているように見える。なぜこんなことが起きるのかというと、一見、二枚ある小さな三角形の斜辺がつながって一直線になっているようでいて、実はほんの少しだけ角度がちがっており、このため並べ直すと面積が1単位分減ったように見えるのだ。

デカルトはこのような感覚の弱点を克服しようと、幾何学を数字に翻訳する強力な辞書――今ではわたしたちにもすっかりおなじみの辞書を作った。ためしに地図で町がどこにあるのかを調べると、その町の位置は二つの数字を用いた格子で表されている。これらの数字は、ロンドンのグリニッジを南北に走る大円から東西にどれだけ進み、南北にどれだけ進めばその町にたどりつくかを示している。

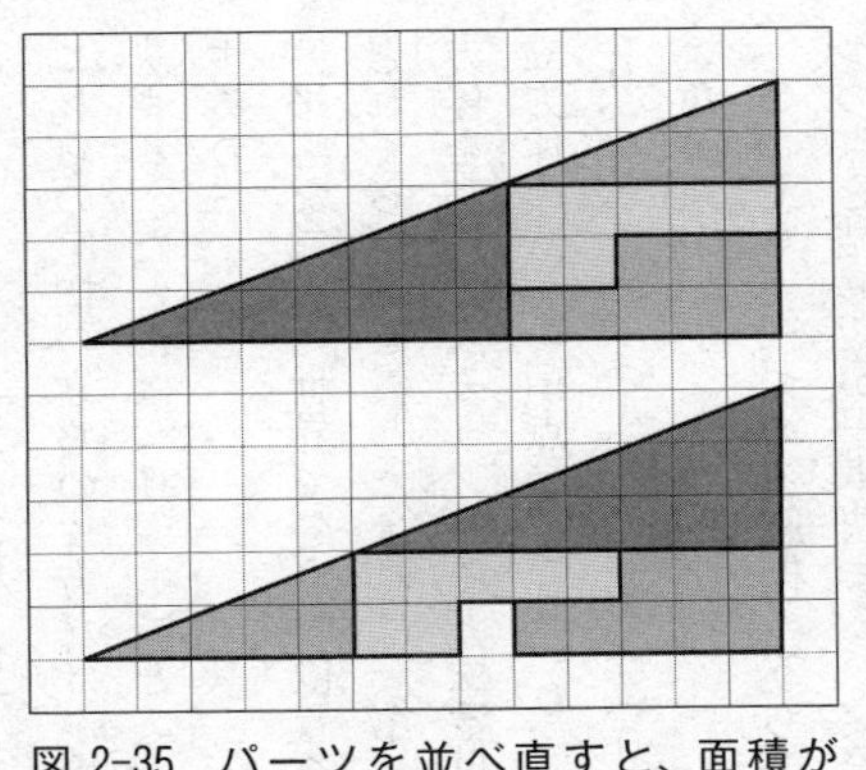

図 2-35　パーツを並べ直すと、面積が1単位減ったように見える。

たとえばデカルトが生まれたのはフランスの……デカルトという町（デカルトが生まれた当時は、ラ・エー・アン・トゥーレーヌと呼ばれていた）で、この町は北緯四七度、東経〇・七度にある。デカルトが作った辞書を使うと、この生まれ故郷を（0.7、47）という二つの座標で表すことができる。

数学で扱う図形を表すときにも、これと同じ方法が使える。たとえば正方形はデカルトの座標辞書を使うと、点（0、0）、

(1、0)、(0、1)、(1、1)に頂点を持つ図形ということになる。そのうえで、これらの座標のうちの片方だけが異なる頂点を二つ選べば、それらの頂点を結ぶ辺が決まる。たとえば(0、1)と(1、1)の組には、この二点を結ぶ一本の辺が対応するのだ。

平らな二次元世界で各点の位置を決めるには座標が二つあればよく、さらに海抜がどれくらいかを表したければ、第三の座標を加えればよい。同じように、三次元の立方体を座標で表そうとすると三番目の座標が必要になる。座標を使って表現すると、立方体の八つの頂点は、(0、0、0)、(1、0、0)、(0、1、0)、(1、1、0)、(0、0、1)、(1、0、1)、(0、1、1)、そして最後に最初の角からもっとも遠い角が(1、1、1)となる。

ここでも、三つある座標のうちのどれか一つだけが異なる点を二つ選ぶと、その二つの点を結ぶ辺が一本決まる。実際に立方体を見れば、辺が何本あるかは簡単にわかる。だが現物を見ずに辺の数を知ろうと思ったら、座標が一つだけ異なる点の組みあわせが何通りあるかを数えるしかない。ではここまでのことを念頭に置いて、いよいよ図では表せない図形を見ていくことにしよう。

デカルトの辞書を開くと、片方の欄にはさまざまな図形が、もう片方の欄には数字や座標が載っている。ところがやっかいなことに、図形の次元が三を超したとたんに目で見た図形の欄は空白になる。なぜなら四番目の次元は物理的には存在せず、これより高い次元の図形は目に見えないからだ。しかし幸いなことに、デカルトの辞書のもう片方の欄はどこまでも果てしなく続いている。したがって四次元の物体について論じたいのなら、この新たな方向にどれくらい動けばよいかを示す四番目の座標を加えればよい。こうすれば、四次元の立方体の実物は作れなくても、数字を使って正確に説明できる。四次元の立方体には、(0、0、0、0) からはじまって、(1、0、0、0) や (0、1、0、0)、さらにはもっとも遠い (1、1、1、1) まで、計一六個の頂点がある。これらの数は図形を説明するためのコードで、このコードを使えば、実際に目で見なくてもこの図形のことを調べられる。

たとえば、この四次元立方体には稜(りょう)が何本あるのだろう。座標がどれか一つだけ異なる点を二つ選べば、それらを結ぶ稜が一本決まる。一つの頂点に注目したとき、そこに集まっている稜の反対端の頂点の座標は、四つの座標のうちのどれか一つが異なっているはずで、そのような座標は全部で四つあるから稜の数も四本になる。よって稜の数は全部で16×4本になる――のだろうか？　いや、そうではない。これでは同じ辺を、片方の端から伸びる辺ともう片方の端から伸びる辺の計二本として勘定することになるから、四次元立方体の稜の総数は、16×4÷2で32本となる。さらに、四次元でやめなければならない理由はどこにもないから、五次元、六次元と進んで、各次元の超立方体を作ることができる。たとえばN次元での超立方体には2のN乗個の頂点があって、一つ一つの頂点からN本の稜が出ているが、こうすると一本の辺を二度数えることになるから2で割って、N次元の立方体には$N\times(2^{N-1})$本の稜があることがわかる。

このようにわたしたちは、数学が与えてくれる第六感があればこそ、三次元宇宙の外側にあるこれらの図形をあれこれいじくり回すことができるのだ。

パリで四次元立方体を見たいのなら

フランスの大統領フランソワ・ミッテランは、フランス革命二〇〇年を記念してフランスの金融街ラ・デファンスになにか特別な建造物を造るよう、デンマークの建築家ヨハン・オットー・フォン・スプレッケルセンに依頼した。この建物はパリにあるいくつかの有名な建物——ルーヴルと凱旋門（がいせんもん）とエジプトのオベリスク——を結ぶ直線上に位置し、後にこれらの建物群はミッテラン・パースペクティブと呼ばれることとなった。

件の建築家はみごと大統領の期待に応え、ノートルダム寺院の塔が真ん中を通り抜けられるくらい大きく、重さがなんと三〇万トンもある巨大なアーチを作った。残念なことに建築家自身はアーチが完成する二年前に亡くなったが、このラ・グランダルシュはパリのシンボルともいうべき建造物となった。しかし、この建物を日々目にしているパリ市民のなかにも、フォン・スプレッケルセンが首都のど真ん中に四次元の立方体を作ったことを知っている人はそうはいないはずだ。

もっともわたしたちが暮らすこの宇宙は三次元だから、四次元の立方体そのものを作ることはできない。そこで件の建築家は、三次元の物の形を平らな二次元のキャンバスに描くという課題に直面したルネサンスの芸術家と同じやり方で、三次元に映る四次元立方体の影を作った。画家たちは二次元のキャンバスに三次元の立方体を描くにあたって、大きな四角の中に小さな四角を書いてその角を結び、見ている人間にあたかも三次元の立方体を見ているような錯覚を起こさせる。むろんこれは本物の立方体ではないのだが、それでも必要な情報は見る側にきちんと伝わる。すべての稜が見えているので、元立体を思い描くことができるのだ。フォン・スプレッケルセンも同様に、大きな立方体のなかに小さな立方体があって大きな立方体の頂点と小さな立方

図 2-36　パリのラ・グランダルシュは 4 次元立方体の影である。

体の頂点が稜でつながっている立体を作って、四次元立方体の三次元のパリへの投影図とした。ラ・グランダルシュの前に立って注意深く勘定すると、先ほどデカルトの座標に基づいて確認した三二本の稜がすべて見える。

ラ・デファンスにあるラ・グランダルシュを訪れると、決まって見ている者を今にもアーチの中央に吸い込みそうな風が吹いている。その風があまりに強いので、この建物を設計した人々はついに、風の流れをさえぎるためにアーチの中央に天蓋（てんがい）を立てなければならなくなった。まるでパリの中心部に超立方体の影を作ったがために、別の次元に向かう扉が開いたかのようでもある。

三次元の世界にいながらにして四次元立方体がどのような感じなのかを知りたいのなら、方法はほかにもある。二次元の厚紙を使って三次元の立方体を作る場合を考えてみよう。まず厚紙に立方体のそれぞれの面にあたる六個の正方形が十字の形につながった図形を描き、次にこの十字形の紙の辺と辺とをくっつけて立方体を作る。この時にできる二次元の図面を三次元図形の展開図という。これと同じようにすれば三次元の世界で三次元の展開図を作ることができて、四番目の次元がありさえすれば、その展開図の面と面をくっつけて四次元立方体を作ることができる。

四次元の立方体を作るには、まず四次元立方体の「面」となる八つの立方体を切り出して、それらを組み合わせる。四次元立方体の展開図を作るには、これら八つの立方体をつなげる必要がある。そこで四つの立方体を縦に重ねて柱を作り、残った四つの立方体を、柱を構成している四つの立方体のうちのどれかひとつの四つの側面にくっつける。こうすると、十字が交差したような形の「切り開かれた」超立方体（次ページ図2-37）ができる。

この展開図を組み立てるには、柱のいちばん上と下の立方体をくっつける必要がある。続いて、柱に反対向きにくっついている立方体の外側の正方形を、それぞれ柱の一番下の立方体の同じ向きの面にくっつける。そして最後に柱の脇（わき）にくっついている

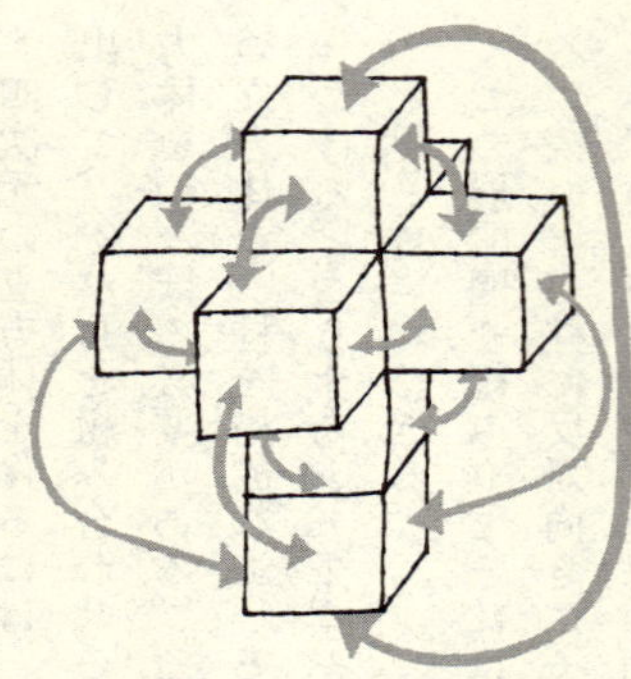
図 2-37　8つの3次元立方体から4次元立方体を作る方法。

残り二つの立方体の面を、柱の一番下の立方体の残り二つの面とくっつけるのだ。ところがやっかいなことに、こうやって面と面をくっつけはじめたとたんに混乱状態に陥る。なぜなら、今述べたような順序で組み立てていくと、三次元の世界では収まりきらずに、四番目の次元が必要になるからだ。

　パリの建築家が四次元立方体の影に刺激を受けたのに対して、画家のサルバドール・ダリは超立方体の展開図に魅せられ、「磔刑（超立方体的人体）」という絵で四次元立方体の三次元展開図に磔となったキリストの姿を描いた。たぶんダリは、物質世界を超えた四次元世界と精神的な世界とが響き合うと感じたのだろう。ダリが描いた超立方体の展開図は交差した二つの十字架からなっていて、この絵は、物理的な現実を超えるという意味で、三次元の展開図を組み立てて四次元を作り出そうとする試みとキリストの昇天に通じるところがあることを暗示している。

三次元のこの世界では、どう頑張ってみても四次元図形を表現する完璧な図を描くことはできない。ちょうど、二次元平面上にできる三次元物体の影やシルエットを見ても、元の物体に関する情報のごく一部しか得られないのと同じで、こちらが動いたり対象物を回したりすると影の形は変わるものの、絶対にすべてを見通すことはできない。このような状況をテーマにしたのが、アレックス・ガーランドの『テッセラクト〔邦訳のタイトルは「四次元立方体」〕』という小説である。テッセラクトとは四次元立方体の別名で、この物語では、ギャングがうごめくマニラの地下世界で進行しているある出来事を、登場人物たちがそれぞれ自分の視点から語る。どの人物の語りからも完全な全体像はつかめないが、一つの立体が作り出すさまざまな影を眺めるようにほつれた糸を撚(よ)りあわせていくと、その出来事がどのようなものだったのかがわかるのだ。ちなみに、第四の次元は建物を造ったり絵を描いたり物語を語るといったときにだけ役立つわけではない。ひょっとすると、宇宙そのものの形を突きとめる鍵(かぎ)になるかもしれないのだ。

アステロイドというコンピュータ・ゲームの宇宙の形は?

ゲームセンター用のゲーム開発会社アタリは、一九七九年に「アステロイド」というゲームを発売して大当たりを取った。このゲームの目的は、そばを通過する小惑星や空飛ぶ円盤を、衝突を避け、反撃をかわしつつ破壊することにある。アメリカのゲームセンターでは、あまりの人気ぶりに機械の横のコイン収納箱をさらに大きいものと換えたという。

だが数学の観点からいうと、なんといってもこのゲームのおもしろさはその幾何学にある。スクリーンのてっぺんから外に出た宇宙船は、なぜか次の瞬間にスクリーンの一番下から姿を現し、左の端からスクリーンを飛び出したときも、やはりスクリーンの右側から姿を現す。なぜこんなことが起きるのかというと、アステロイドの宇宙飛行士は二次元に閉じこめられていて、その宇宙全体がスクリーンに映し出されているからだ。アステロイドの宇宙は、有限なのに境界がない。宇宙飛行士が決して縁にぶち当たらないところを見ると、この宇宙は長方形ではなく、もっと興味深い形をしているらしい。ではいったいどのような形なのだろう。

スクリーンの上から飛び出した宇宙船が一番下から姿を現すのだから、宇宙のこの部分はつながっているはずだ。今、コンピュータ・スクリーンがゴムでできているとして、スクリーンを曲げて上と下をつなげてみる。すると、縦に飛んでいる宇宙船が、実は円柱の表面をぐるぐる回っていることがわかる。

では、上下以外の方向に飛ぶとどうなるのだろう。スクリーンの左の端から飛び出した宇宙船が右から姿を現すのだから、円柱の左右の端もつながっているにちがいない。そこで、つながっているはずの場所に印をつけてみると、先ほどの円柱を曲げて左右をくっつければよいということがわかる。つまりアステロイドの宇宙飛行士は、数学者がトーラスと呼ぶ、ベーグルないしドーナッツのような形をした宇宙に住んでいるのだ。

このようなゴムを使った説明が可能になったのも、一〇〇年ほど前に数学者たちが図形を眺める新たな視点を手に入れたおかげだった。古代ギリシャ人にとって幾何学(ジオメトリー)(文字通り「地球を測る」という意味のギリシャ語 γεωμετρια から生まれた言葉)とは、点と点の間の距離を計算したり角度を計算するものだった。しかしアステロイドの宇宙飛行士がどのような形の宇宙にいるのかを調べる場合には、実際の距離ではなく、何がどう結びついているかが問題になる。このような、図形がゴムや粘土でできているかのように押したり引いたりしてもかまわないとする新たな図形の見方をトポロジーという。

実は、たくさんの人々が日々トポロジーに基づく地図のお世話になっている。次ページの図2-38が何の図かおわかりになるだろうか。これはロンドンの地下鉄の地図

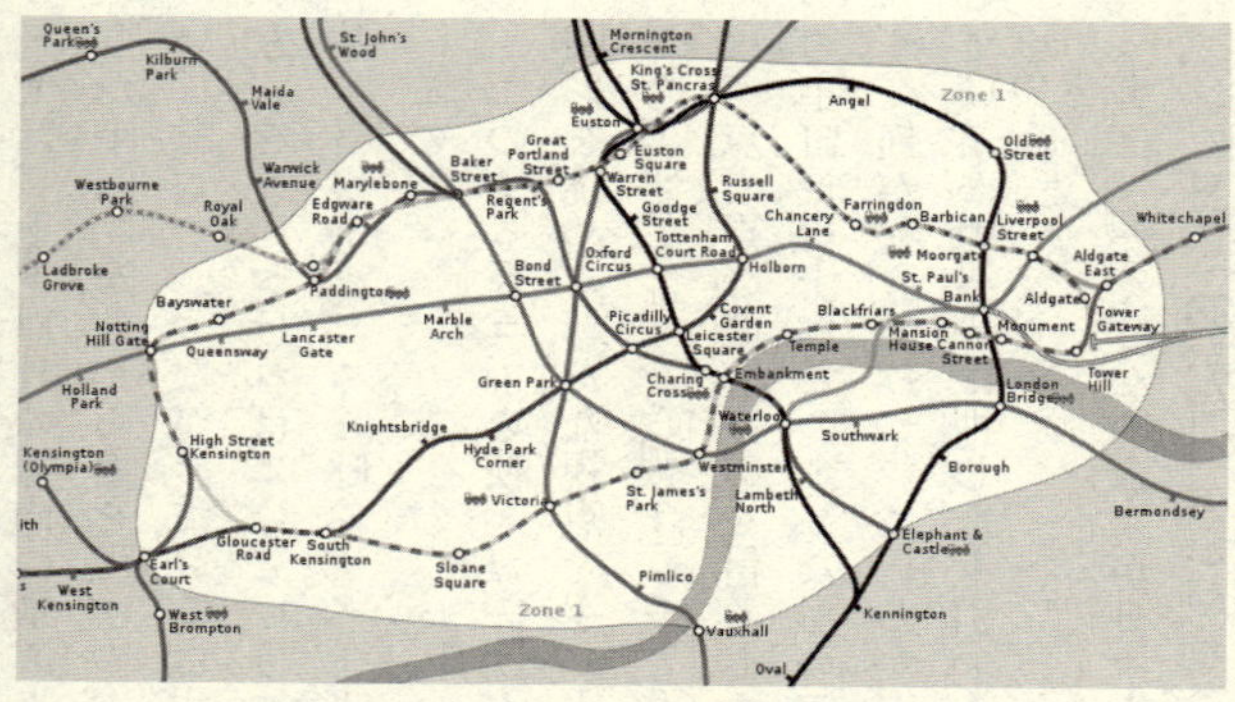

図 2-38　ロンドンの地下鉄の幾何学的な地図。

で、地理的には正確だが、経路を探すとなると使いにくい。そのためロンドン子はこの地図とは別のトポロジーに基づく地図を使っているのだ。ハリー・ベックが一九三三年に幾何学的に正しい地図を押したり引いたりして作ったその地図はたいへん使いやすく、今では世界中に知られている。

ロープの結び目がほどけるかどうかもトポロジーの問題といってよい。なぜなら、ロープを切ることは許されないが、引っ張ってもかまわないからだ。人間のDNAには奇妙な結び目ができる場合があるので、生物学者や化学者にとっても、結び目の問題は基本的で重要だ。アルツハイマーなどの病気はどうやらこの結び目と関係があるらしく、数学を使ってこれらの病気の謎を解明することができるかもしれない。

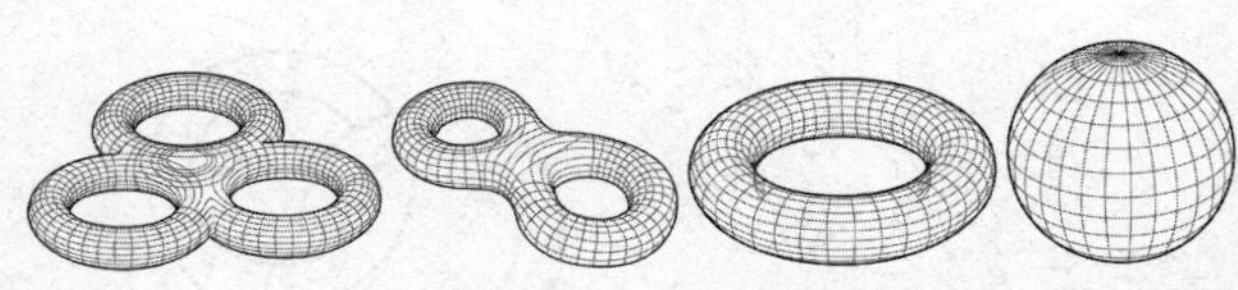

図 2-39　アンリ・ポアンカレがトポロジーに基づいて 2 次元の表面をくるむ方法を分類した際の、最初の 4 つの図形。

フランスの数学者アンリ・ポアンカレは二〇世紀初頭に、トポロジーの観点からみて異なる表面は全部で何種類あるのだろう、と考えはじめた。これは、先ほどのアステロイドでいうと、二次元の宇宙飛行士が住めそうな宇宙の形が何種類あるかを考えるようなもので、ポアンカレはこれらの宇宙をトポロジーの観点に立って分類しようと試みた。つまり、片方の宇宙を切らずに連続的にもう一つの宇宙に変形できるなら、それらの宇宙は同一と見なそうというのだ。トポロジーの観点からいうと、球の（二次元）表面の形を連続的に変えればラグビーボールになるから、ラグビーボールの（二次元）表面と球の表面は同じといえる。しかし、球形の宇宙を先ほどの宇宙飛行士が飛び回っていたベーグル形のトーラスにするには切ったり貼ったりしなければならないから、この二つの形はトポロジーでは別物とされる。では、このほかにはどのような形が存在するのだろう。

ポアンカレは、どんなに入り組んだ形であっても、連続的に形を変えるだけで、球か、一つ、二つ、三つというように有限個の

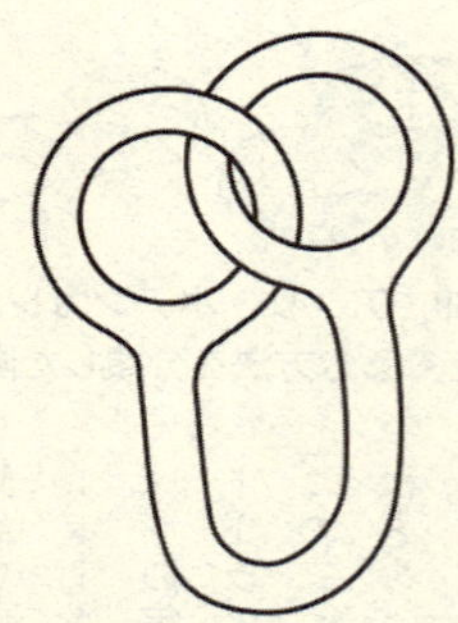

図2-40　絡み合った2つの輪を切らずに連続的に変形してほどくには、どうすればよいか。

穴が開いたトーラスにできることを証明した。つまりトポロジーの観点からは、二次元の宇宙飛行士が住む宇宙の形として考えられるもののすべてがこれで尽くされるのだ。この場合に一つ一つの形を特徴付けるのが、数学者が「種数」と呼ぶ穴の数で、トポロジーの世界では、紅茶茶碗(ちゃわん)もベーグルも穴が一つだから同じものとみなされる。また、ティーポットは取っ手が一つと注ぎ口が一つあるから穴の数は計二つで、やはり二つの穴が開いているプレッツェルに変形できる。もっとも図2-40の穴が二つある図形が二つ穴のプレッツェルに変形できるといわれても、そうすんなりとは納得できそうにない。この図形は絡(から)み合っていて、切らないと変形できそうにない気がするのだが、実はさにあらず。この輪を切らずにはずす方法を知りたい方は、この章の末尾をご覧いただきたい。

わたしたちの暮らす惑星がベーグル形ではないといえるわけ

昔々、地球は平らだと思われていた。しかし、人々がはるか遠くへ旅するようになるとすぐに、地球の形が大きな問題となった。世界が平らだとすると、うんと遠くまで行ったら縁から落ちるはずではないのか？　世界に果てがなく、どこまでいっても縁にたどり着かないというのなら話は別だが……。

やがて多くの文明で、どうやら地球は表面が曲がっていて、無限に広がってはいないらしいということがわかってきた。こうなれば当然、地球は球にちがいないという説が登場する。古代の数学者のなかには、エラトステネス（第一章に登場した素数表の発案者）のように一日のうちに影がどう変化するかを分析し、その結果に基づいてこの球の大きさを驚くべき精度で算出した者もいた。それにしても科学者たちはなぜ、地球の表面がもっと奇妙な形ではないと確信できたのだろう。わたしたちはベーグル形の二次元宇宙に閉じこめられたアステロイドの宇宙飛行士同様巨大なベーグルの上で暮らしているわけではない、とどうして断言できたのか。

その理由を知るために、球ではない天体の表面を旅するところを想像してみる。問題の天体の表面に探検家をひとり降ろして、この星は完璧な球か完璧なベーグル形の

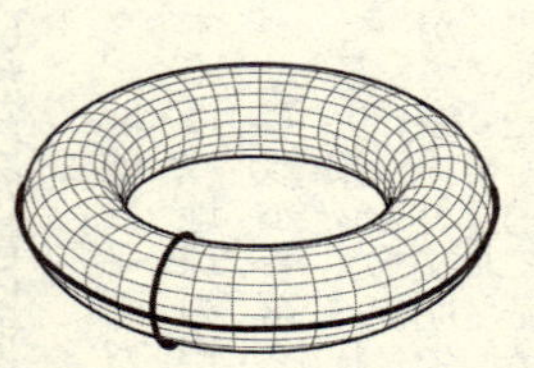

図 2-42　トーラスの表面では、経路の交点が 1 つだけになることがある。

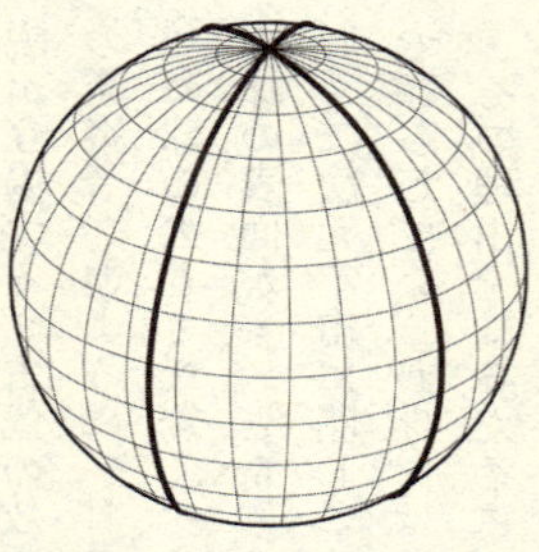

図 2-41　球の上では、2 つの経路は 2 カ所で交わる。

いずれかだと告げる。さて、この探検家はどうすれば惑星の形を確認できるのか。まずこの探検家に白いペンキの缶を一つと刷毛（はけ）を一本渡して、白いペンキで線を引きながら、惑星の上を一直線に進むよう指示する。すると探検家は最後には出発点に戻ってきて、たどってきた道は惑星をぐるりと取り巻く大きな白い円になる。

そこで今度は黒いペンキを一缶渡して、さっきとは違う方向にまっすぐ進むよう指示する。もしも惑星が地球のような球であれば、どの方向に進んでも、出発点に戻る前に必ず黒い線と白い線が交差する。今、探検家は表面をひたすらまっすぐに進んでいたから、これら二つの経路が交差する点は出発点の真裏の「極」になる（図2-41）。

しかし、これがベーグル形の惑星だと、少々事情が違ってくる。白いペンキで線を引きながら進んで穴の内側に回りこみ、穴を抜けてふたたび外に出るというケースが考えられるのだ。ところが黒いペンキで線を引きながら白い線と直角をなす方向に進むと、今度は穴には入らずに、穴のまわりをぐるりと一周することになる。つまりベーグル形の星では、二本の線が出発点でしか交わらない場合があるのだ（図2-42）。

そうはいってもやっかいなことに、ふつうの惑星の表面は完璧な球でもなければトーラスでもなく、あちこちがいびつになっている。隕石の衝突によってでこぼこができて形がゆがんでいたりすると、たとえ探検家がまっすぐ進んだとしても、くぼみや出っ張りに出くわして進む方向が変わってしまう可能性がある。もっといえば、最後に出発点に戻らないことだって大いにあり得るのだ。なにを大げさな、たとえ多少のでこぼこがあったとしても、結局は球かトーラスのどちらかなんだから、この二つを区別するもっとほかの方法があるだろうに……。というわけで、トポロジーの出番となる。なぜならこの場合には二点の最短距離はほとんど問題にならず、むしろある経路をほかの経路に変形できるかどうかが重要だからだ。

そこで件の探検家に、今度は伸縮性のある白いロープを渡して、このロープを垂らしながら歩くよう指示する。ロープを垂らしながらどんどん進み、出発点に戻ったところでロープの端をたぐって惑星を取り巻く輪を作る。次に、今度は黒いゴムできたロープを片手に方向を変えてまっすぐ進み、やはり出発点に戻ってくる。もしもこの惑星が多少のでこぼこはあったとしても本質的に球であるなら、黒いロープを切らずに白いロープと完全に重ねることができる。ところがトーラス形の惑星では常に二本のロープを重ねられるとは言い切れない。黒いロープが穴をくぐっていて、一方、白いロープがベーグルの外側をぐるりと取り巻いていると、どこかを切らないかぎり二本のロープを重ねることができないのだ。したがって件の探検家は惑星から離れることなく、その表面を移動するだけで惑星に穴があるか無いかを確認し、その星がどんな形なのか突きとめることができる。

自分が今いる惑星が球形なのかトーラス形なのかを判断するには、このほかにも二つ、ちょっと風変りな方法がある。まずさいしょに、どちらの惑星も毛で覆われているとすると、ふわふわしたトーラスの上にいる探検家は、たとえば上半分の毛は穴のなかに向かって寝かせていって、下半分の毛は穴から出る方向に寝かせるといったふうにして、生えている毛をすべてぺたりと寝かすことができる。ところがふわふわした球形の惑星の上で毛を寝かせようとすると、ひとつ問題が生じる。どうがんばっても必ずどこかで毛が立って、つむじができるのだ。

意外なことに、この事実は惑星の天気と関係がある。というのも、毛の方向が

図 2-43　ヨーロッパの地図を塗り分けるには 4 色必要だ。

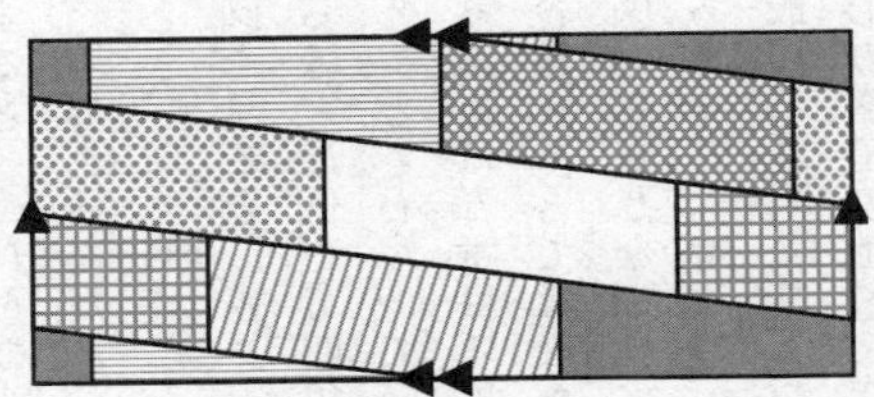

図 2-44　この地図の上下左右をくっつけてベーグル形にすると、色分けに 7 色必要になる。

そのまま天体の表面で吹く風の方向になるからで、球の上には必ず無風の場所があるのに対して、トーラス形の天体では、至る所で風が吹いている可能性がある。

さらにもう一つ、地図を作ろうとすると、これらの惑星の違いがはっきりする。今、それぞれの惑星を異なる国に分けて、境界を挟んだ二つの国が同じ色にならないように地図を塗り分けるとしよう。このとき、球の形をした地球形の惑星では、必ず四色で塗り分けられる。ヨーロッパの地図を見ると、ルクセンブルクはドイツとフランスとベルギーに囲まれているから、なるほど最低でも四色はいる。しかもそれだけでなく、四色ありさえすれば十分だということもわかっている。ヨーロッパの国境がどう書き換えられようと、地図を製作する人々は五番目の色を用意しなくてよい。とはいえ、この事実を証明するのは決して容易なことではなかった。事実、五番目の色が必要になるしっちゃかめっちゃかな地図が存在しないことを示すには、何千種類もの地図をチェックするという、人力ではあまりにも時間のかかる作業が必要で、そのためこの証明は、コンピュータを使った最初の証明のひとつとなった。

では、トーラス、つまりベーグル形の惑星の地図を作るとなると、いったい何色必要になるのだろう。ベーグル形の惑星では、なんと七色必要になる可能性がある。コンピュータ・ゲームのアステロイドで、長方形のスクリーンを丸めててっぺんと底をくっつけると円筒形になり、さらに左右の円筒の端をくっつけるとベーグル形になったことを思い出していただきたい。177ページの図2-44に示したのは、ベーグル形にする前の表面の地図だが、この地図をベーグル形にしたときに隣り合う色がすべて異なるようにするには七つの色が必要だ。

こうして泡やベーグルやフラクタルの数学を訪れたところで、ようやく数学における形に関する究極の問いに取り組む準備が整った。

この宇宙はどのような形をしているのか

この問題は、何千年ものあいだ人類を悩ませてきた。古代ギリシャの人々は、宇宙は内側に星が描かれた天球で区切られていて、この球が二四時間かけて回転するから星が動く、と信じていた。しかしこのモデルは決して満足の行くものではなかった。人が宇宙空間へ乗り出していったら、最後は壁にぶつかるのだろうか。もしぶつかるとしたら、その壁の向こうにはいったい何があるのか。

ごく早い時期に宇宙には端がなく無限だと主張した人物のひとりに、アイザック・ニュートンがいた。この着想はたしかに魅力的だが、どう考えても、一点に凝縮した物質とエネルギーの爆発、すなわちビッグバンによって宇宙がはじまったという現在の理論とは矛盾する。今や、宇宙空間には有限な量の物質しか存在しないとされているのに、その宇宙が無限とは……。かぎりがありながら端がないというのはいったいどういうことなのか。

この問題は、先ほどの探検家が直面した謎とよく似ている。あの探検家も、面積は有限なのに端がない天体の上にいた。だがわたしたちは二次元の表面に張り付いているわけではなく、三次元の宇宙の内側にいる。はたして、この宇宙の形をつきとめて、有限なのに端がないという一見矛盾する謎をエレガントに解き明かす方法が存在するのだろうか。

一九世紀半ばに四次元の幾何学が発明されると、ようやく、おそらくこれが答えだろうという形が見えてきた。数学者たちは、四番目の次元がありさえすれば、三次元の宇宙をうまく組み立てて、体積は有限だが端のない図形を作れることに気がついた。ちょうど、地球やベーグルの二次元表面が面積は有限なのに端がないのと同じだ。

アステロイドの二次元有限宇宙が実は三次元のトーラスだ、というところまではいいとしても、わたしたちは三つ目の次元でも動くことができる三次元の旅人だ。ひょっとするとこの宇宙も、アステロイドの宇宙のような構造になっているのだろうか。

この点をはっきりさせるために、まず、ビッグバン直後の宇宙の大きさがちょうど寝室くらいになった時点で時を止めてみよう。このとき、この寝室宇宙は体積が有限なのに端を持たない。なぜならこの寝室は、かなり奇妙な形でつながっているからだ。

今、自分がその寝室の真ん中に立ち壁に向かっているところを想像してみてほしい（寝室は立方体、すなわちサイコロの形だとする）。そこからまっすぐ前に進むと、目の前の壁にはぶつからず、後ろの壁から部屋に出る。次に、後ろにまっすぐ進んでいくと、後ろの壁を抜けて前の壁から出てくる。さらに、左の壁に向かうと右の壁から出てくるし、右に向かえば左から出てくる。つまりこの寝室は、アステロイドの宇宙のようなつながり方をしているのだ。

そうはいってもわたしたちは三次元空間の旅人だから、動ける方向はもう一つある。そこで今度は天井めがけて飛び上がると、跳ね返らずに天井を突き抜けて、床から部屋に出てくる。さらに逆方向に進むと、床を突き抜けて天井から戻ってくる。

この宇宙は、実は四次元のトーラスすなわちハイパーベーグルの形をしているのだが、アステロイドの世界に閉じこめられた宇宙飛行士が二次元の世界から出ることができず、どんなに自分の宇宙の成り立ちを見たくても全体像を見られなかったのと同じように、わたしたちも絶対にこのハイパーベーグルを見ることができない。だが数学の言葉を使えば、その全体像は見えなくとも、それがどんな形でどのような成り立ちなのかを調べることはできる。

わたしたちの宇宙はすっかり膨張して、今や寝室よりはるかに大きくなっているが、あいかわらずハイパーベーグルのようなつながり方をしているのかもしれない。今、太陽からまっすぐ進む光を考えてみると、その光は無限の彼方（かなた）に消えるのではなく、ぐるっと回って再び地球に届くのかもしれない。だとすれば、遠くに見える星の一つが実は反対側から見た太陽だという可能性が出てくる。その光はハイパーベーグルの中をぐるっと回ってふたたび地球に戻ってきているのだから、わたしたちは今よりずっと若かった太陽を見ていることになる。

そんなばかなと思われるかもしれないが、ご自分の寝室くらいの大きさのミニ・ベーグル形宇宙に腰を下ろして、マッチを擦るところを想像してみていただきたい。前の壁を眺めると、目の前にマッチの光が見える。そこでくるりと後ろを振り返ると、後ろの壁にもマッチが見える。ただしこのマッチの光は前の壁を突き抜けて、さらに後ろの壁を抜けた後で目に入るから、すこし遠く感じられるはずだ。

それともわたしたちはハイパーベーグルではなく、四次元のサッカーボールの表面に住んでいるのだろうか。天文学者のなかには、わたしたちが一二枚の面からなる一二面体のようなものの上で暮らしているのかもしれないと考えている人もいる。その宇宙では寝室サイズのミニ宇宙と同じように、一二面体のどこかの面に当たったものは、正反対の面を抜けて再び宇宙に姿を現す。こうなると、まるでぐるりと一まわりして改めて二〇〇〇年前にプラトンが作ったモデルに立ち返ったような気がしてくる。プラトンのモデルによると、この宇宙はある種のガラスでできた一二面体に封じこめられていて、その表面に星が止めつけられているという。ひょっとすると現代数学の力によって、このモデルが単なる戯言（たわごと）ではなく、実は面同士が互いにくっついていて邪魔なガラスの壁など存在しない一二面体が宇宙の本当の姿なのだということが明らかになるかもしれない。

それにしても、宇宙がもっとほかの形ではないと断言できるものなのだろうか。ここで、ポアンカレが地球の表面をはじめとする二次元表面の一覧を作りあげたことを思い出していただきたい。二次元表面はサッカーボールのようかもしれず、ベーグルか、はたまた二つ穴のプレッツェル、あるいは三穴以上のプレッツェルの形かもしれない。さらにポアンカレは、どのような形の二次元表面でも、ボールか穴の開いたプレッツェルに変形できることを証明した。

だったらこの三次元宇宙はどうなのだろう――いったいどんな形だと考えられるの

か。これが、この章を締めくくる一〇〇万ドルの問題——ポアンカレ予想（三次元球面の特徴付け）とその発展問題（三次元空間の分類）である。ただしこの問題だけは、ほかの問題と違ってすでに解かれている。二〇〇二年にロシアの数学者グリゴリー・ペレルマンがこの問題を解いたというニュースが流れると、さまざまな数学者がその証明をチェックした。そして今では、ペレルマンは実際に宇宙の形として考えられるものをすべて分類しつくしたと認められている。この問題は最初に解決された一〇〇万ドル問題となったわけだが、二〇一〇年六月に一〇〇万ドルを贈呈するといわれると、ペレルマンはその申し出を断った。おそらく金ではなく数学史上最大の問題の一つを解いたという事実がご褒美（ほうび）だったのだろう。ペレルマンはその前にも、数学におけるノーベル賞ともいわれるフィールズ賞を辞退していた。名声を求めてやまないこの物質主義のご時世に、問題を解くことには喜びを感じるが賞をもらっても嬉（うれ）しくない、というのはかなり高潔な人物といえそうだ。

数学者にすれば、ペレルマンの証明を認めたことで、宇宙のあり得べき形に関する問題は解決済みとなった。よってお次は天文学者たちが夜空に目をこらして、とらえどころのない宇宙の形をもっともよく説明できるのはどの形なのかをつきとめる番だ。

解　答

形を想像する

こうすると、六つの面すべてが切れて、おのおのの面から新たな面の縁が生まれる。しかもその図形はシンメトリーでなければならないから、切断面は正六角形になるはずだ。

輪をほどく

絡み合った二つの輪を連続的に変形して、二つ穴のトーラスにする方法。

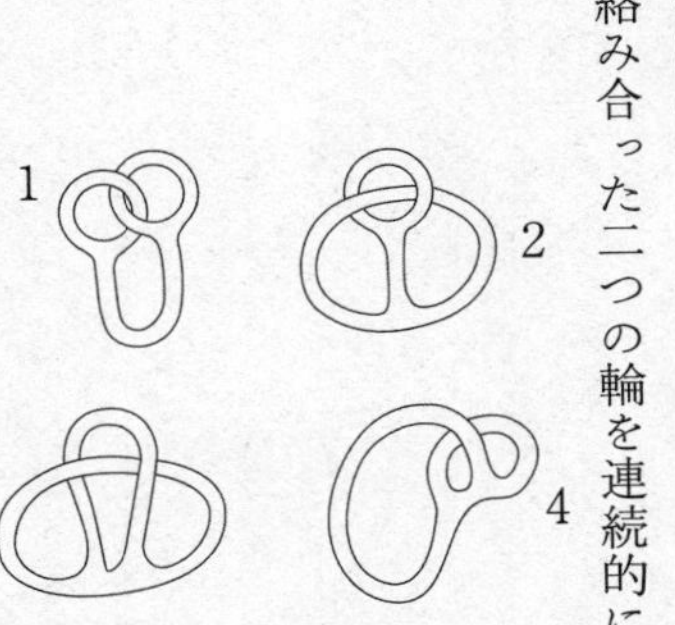

図 2-45

第三章　連勝の秘訣（ひけつ）

ゲームは人間にとって欠くことのできない経験の一部である。ゲームのなかでなら、実生活で直面するさまざまな状況を安心して調べることができる。モノポリーはごく規模の小さな経済圏で、チェスは縦横八マスずつの戦場、そしてポーカーはリスク評価を向上させる場だ。実際にゲームをするうちに、一定の規則のもとで物事がどう展開するかを予測する能力が育まれ、状況に応じた計画を立てられるようになる。あるいはまた、自然界を生き延びるうえできわめて大きな意味を持つ、予測の限界やチャンスといったことについて学ぶことができる。

大昔から世界の至る所で、さまざまな心躍るゲームが考案されてきた。砂浜で石を投げてみたり、棒を宙に放ってみたり、木製のブロックに開けた穴に駒を置いてみたり、手で競いあってみたり、絵が描かれたカードを使ってみたり……。きわめて長い歴史を持つマンカラ（アフリカから中近東、東南アジアで行われている一群の伝統的なゲーム）にしろ、ごく歴史の浅いモノポリーにしろ、日本の碁にしろ、ラスベガスで行われるポーカーにしろ、勝つのは常に数学を用いた分析に長けた人々だ。そこでこの章では、なぜ数学が連勝の秘訣となるのかを説明しよう。

じゃんけんの世界チャンピオンになるには

日本語ではじゃんけんぽん。カリフォルニアではロー・シャム・ブー、韓国ではカウィ・バウィ・ボ、南アフリカではチン・チョン・チャ。グーとチョキとパーで勝負するこのゲームは、世界中で行われている。

規則はいたって簡単だ。いち、にの、さん！でおのおのが石なら握りこぶしを作り、紙なら指をすべて伸ばし、はさみなら二本指をVの字にして片手を出す。石ははさみに勝ち、はさみは紙に勝って、紙は石に勝つ。ふたりが同じものを出せば引き分けだ。

さて、石を当てればはさみの刃は欠けるし、はさみを使うと紙が切れるから、最初の二つの勝ち負けは理屈に合っている。だが、紙はなぜ石に勝てるのだろう。ぺらぺらの紙一枚では、飛んでくる石を止めることもできないだろうに。どうやらこの勝敗の起源は古代中国にあるらしい。その当時、皇帝になにかを嘆願する者は、御前に石を置くことになっていた。これに対して皇帝は、その嘆願を聞き入れるかどうかを一枚の紙で示した。紙が石の下に置かれればその嘆願は受け入れられ、石を覆うように置かれれば嘆願は退けられて、嘆願者が負ける。

このゲームの起源ははっきりしていない。極東の人々やケルト人がこのゲームをしていたという証拠が残っているかと思えば、指を使ったゲームが好きだった古代エジプト人もまた、じゃんけんをしていたらしい。そのうえ、ある種のトカゲがこれらの文化のはるか先を行っていたようなのだ。それらのトカゲは、知恵のある人――すなわち人類がこぶしを作るずっと前から、生き残りをかけてこのゲームを行っていた。

アメリカの西部海岸にユタ・スタンスブリアナ――一般にはワキモンユタ――と呼ばれるトカゲが棲んでいる。このトカゲの雄はのど元が橙色か青か黄色で、色ごとに雌を獲得する戦略が違う。橙色のトカゲはいちばん強く、青いトカゲと戦って勝つことができる。青いトカゲは黄色のトカゲより大きくて、黄色いトカゲになら勝てる。ところが、ほかの雄より小さな黄色のトカゲは雌に似ている。このため橙色のトカゲは、けんか相手を探している最中に黄色いトカゲがやってきて、こっそり雌とつがっても気づかない。このように橙色のトカゲを回りくどいやり方で出し抜くことから、黄色いトカゲは「こそこそ屋」とも呼ばれている。かくして橙色は青に勝ち、青は黄色に勝ち、黄色は橙を出し抜いて、進化版グーチョキパーが完成する（図3-01）。

これらのトカゲは大昔から遺伝子を残す過程でこのゲームを行ってきたわけだが、そのなかでなにか必勝戦略が生まれたりはしていないのだろうか。このトカゲの雄ははじめは橙色が多く、それから黄色が、続いて青が多くなり、また橙に戻るという六年周期の変動をくり返す。ところがこのパターンは、実は人間が一対一のじゃんけんで勝つためにとる行動パターンにそっくりだ。相手が石をよく出すと見ると紙を出しはじめるが、やがて相手のほうも紙が増えてきたことに気づき、石をやめてはさみに切り替える。ところがじきにこちらも相手の行動の変化に気づいてまた石に戻る。

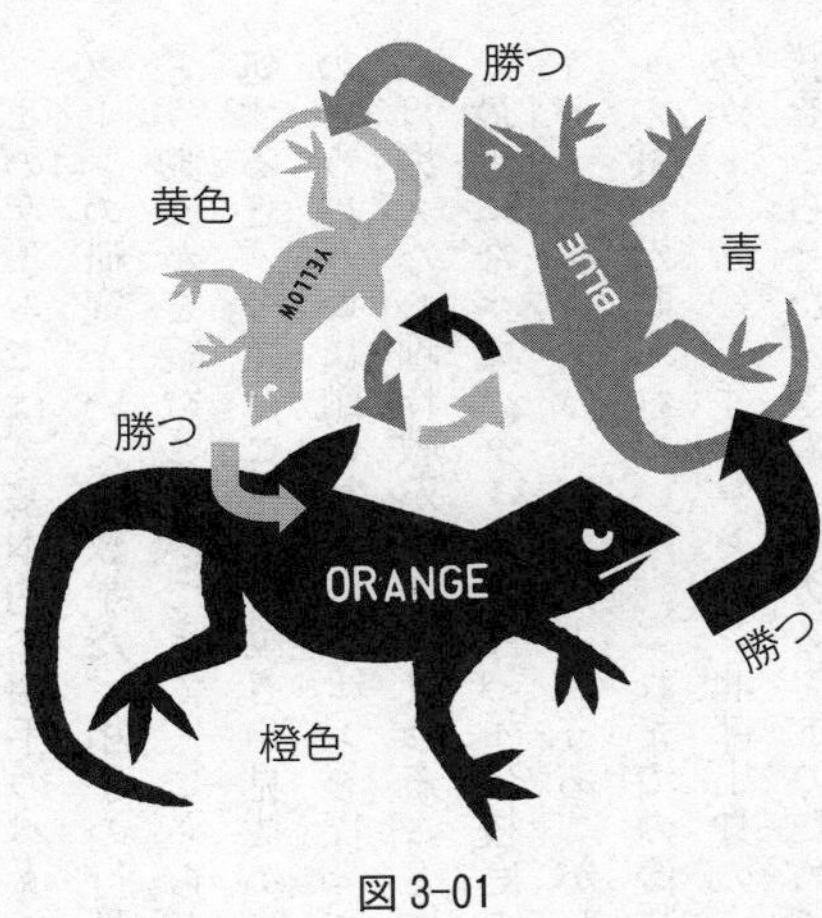

図 3-01

このゲームでは、基本的に相手のパターンを見抜きさえすれば勝てるわけだが、パターンの研究といえば数学だ。相手の行動に一定のパターンが見つかれば、敵が次にどう動くかを読むことができて、こちらが勝てる。ところがあまり露骨なやり方で対処すると、今度はこちらの動きを見抜かれて、さらに上手をいかれることになる。このように互いに敵の行動パターンを探っては次の手を読もうとするので、じゃんけんには厖大な心理作戦がついてまわることになる。

最近になって、グーチョキパーは校庭のお遊びから国際大会へと成長し、グーチョキパーの世界チャンピオンというあこがれのタイトルを勝ち取った者には毎年一万ドルの賞金が贈られている。これまでの優勝者はほぼ全員が北米大陸からの参加者だったが、二〇〇六年にロンドン北部出身の「石の」ボブ・クーパーがみごとな度胸で優勝をさらった。このトーナメントのためにどのような訓練をしましたか？　とたずねられたボブは、「毎日数時間、鏡の前で厳しい訓練を重ねたよ」と答えている。たぶん、こちらの考えを読もうとする敵をねじ伏せる気構えを養っていたのだろう。では、ボブの成功の秘訣は何だったのか。ほかの参加者たちは、ボブが「石」とあだ名されているのを知って、当然ボブが石を出したがると考える。だからボブは、紙を出す相手をはさみで迎え撃つことができる。そして、敵がこの計略に気づくと、ボブはいち

はさみとセザンヌ

校庭での喧嘩（けんか）から会議室での論争まで、さまざまな争いごとの決着をつけるのにじゃんけんが使われてきた。オークション会社のサザビーズとクリスティーズが、セザンヌやファン・ゴッホといった印象派の絵画コレクションの競（せ）りを主催する権利を巡ってじゃんけんの一発勝負を行ったというのは有名な話だ。

この2つのオークション会社は、週末の間にグーチョキパーのどれを出すか決めることになった。サザビーズは大枚はたいてトップクラスの分析家を幾人も雇い、必勝戦術を練らせた。これは偶然が左右するゲームだから、なにを出すかランダムに選択してまったく問題はない、というのが分析家の結論だった。そこでサザビーズは紙を出すことにした。一方クリスティーズはある従業員の11歳になる娘に一言、どうしたらいい？　と尋ねた。「みんな、こっちが石を出すと思って、それで紙を選ぶの。だからはさみにしたらいい」と少女はいった。かくしてクリスティーズがこの契約を勝ち取った。

つまり、数学を知っていれば必ず有利になるというわけでもないのである。

だんと数学的な作戦に打って出る。

心理面はさておき数学的な観点からいうと、グーとチョキとパーをでたらめに出すのがじゃんけんの最良の戦略である。ほんとうにランダムな列では、前に起きたことと続いて起こることとはまったく無関係だから、敵に手がかりを与える心配がない。たとえばコインを十回トスしたとして、はじめの九回の結果は最後の一回の結果にいっさい影響を与えない。表が九回出たからといって、バランスを取るために裏が出やすくなったりはしないのだ。コインには記憶がない。

グーチョキパーのどれを出すかをランダムに決めたとしても、勝つ確率は五分五分にしかならないから、じゃんけんではなくコイントスで勝敗を決めても同じこと。そうはいっても、世界チャンピオンと対戦する際に勝負を五分五分に持ち込める戦術があるとなれば、これはもう大歓迎だ。なにしろスポーツの世界広しといえど、世界チャンピオンと五分五分の勝負ができる戦術はまず存在しないのだから。たとえば一〇〇メートル走では？——どだい無理な話だ。

ではこの戦略をとるとして、いったいどうすれば、これならランダムでどこにもパターンは潜んでいないと断言できる選択を続けることができるのか。実はこれがめっぽう難しい。人間はランダムな列を作ることがきわめて苦手だ。すっかりパターンに毒されていて、どうがんばってもランダムなはずの列になんらかの構造が忍び込む。じゃんけんゲームに勝ちたいのなら「じゃんけんサイコロ」という玩具を入手するか、手作りして、それを使ってランダムな選択をするとよいだろう。

ランダムにするのは得意ですか？

概して人は、ランダムだということが具体的にどういうことなのかを直感的に理解するのがきわめて苦手である。ここで賭けをしよう。わたしがコインを一〇回トスして、表か裏が三回連続して出たら一ポンドもらい、出なければあなたに二ポンド差し上げる。この条件で、あなたは賭けに乗りますか？

え？　乗らない？　では、四ポンド差し上げることにしたらどうだろう。二ポンドじゃなあ……と思っておられた方も、四ポンドなら賭けに乗るのではありませんか？

それにしても、表か裏、同じ面が三回続けて出る確率はどれくらいなのだろう。驚いたことに、同じ面が三回連続して出る確率は82パーセントを超える。したがって、同じ面が三回続けて出ないときにたとえ四ポンドを支払ったとしても、長い目で見ると、けっきょくはわたしが有利になる。

コインを一〇回トスして同じ面が三回連続する確率は、正確には一〇二四分の八四六である。ここで、この値がどうやって得られたのかを説明しよう。おもしろいことに、この確率の計算では第一章で登場したフィボナッチ数が重要な役割を果たす。ここにも、フィボナッチ数がいたるところに顔を出すという証拠があるというわけだ。

さて、わたしがコインをN回トスしたとき、コインの出方は全部で2のN乗通りある。そのうちの、同じ面が三回続かない出方が全部でg_N通りだとする。このg_N通りの出方のどれかが実現されればあなたの勝ち。ところが実はフィボナッチ数の法則を使うと、このg_Nを計算できる。つまり、

$$g_N = g_{N-1} + g_{N-2}$$

が成り立つのだ。あとはg_1とg_2がわかれば、実際の値を計算できる。ところが一回目と二回目のトスでは、まだ三回投げあげていないのだから、裏表がどんなふうに出ても同じ面が三連続したことにはならない。したがってすぐに$g_1=2$、$g_2=4$だとわかる。よって問題の列は、

2、4、6、10、16、26、42、68、110、178、……

となる。ここからコインを一〇回投げあげたときに同じ面が三回続けて出る場合の数は1024−178＝846となり、同じ面が三回連続する確率は一〇二四分の八四六で約82パーセントとなって――わたしが勝つ。

g_Nを計算するときに、なぜフィボナッチの法則が鍵になるのだろう。まず、$N-1$回トスして三連続が一度も起こらないような表裏の出方をすべて集めると、その総数はg_{N-1}になるが、そのうえでN回目に$N-1$回目と逆の面が出れば、計N回のトスで一度も三連続が起きないことになる。また、$N-2$回投げて三連続がまったく起こらない場合をすべて集めるとその総数はg_{N-2}通りになるが、そのうえで$N-1$回目とN回目に$N-2$回目とは逆の面が出れば、やはり計N回のトスで三連続は一度も起きないことになる。しかもN回のトスで同じ面が三回連続しない場合はこの二種類ですべて尽くされるから、先ほどの式が成り立つのである。

宝くじに勝つにはどうしたらいいんですか？

わたしが「毎日数をいじって過ごしています」というと、よくこう尋ねられる。しかしコイン投げと同じように、先週の当たりくじの番号と次の土曜日の当たりくじの番号とはまったく無関係だ。これこそが無作為（ランダム）の本質なのだが、世の中には、いくらそういっても絶対に納得しようとしない人がいる。

イタリアで二週に一度行われる国営の宝くじでは、参加者が1から90までのなかからいくつかの数を選び、その後、全国十の都市でくじ引きが行われる。かつてヴェニスで二年近く53番のボールが出なかったことがあった。こんなに長いあいだ出なかったのだから、来週はまちがいなく出るにちがいない。そう考えたイタリア人は多かった。なかには53番に家族の貯金を洗いざらい賭けた女性もいたが、けっきょく53番は出ず、その女性は海で入水自殺をしたという。さらには、男が莫大（ばくだい）な借金をして53番に賭けた挙げ句、家族を撃ち殺して自殺するという痛ましい事件まで起きたのだった。イタリア人たちは53番という数に、計二兆四〇〇〇億ポンド——平均すると一家庭につき一五〇ポンド〔二万円弱〕——を賭けたといわれている。

そのうちに国民がこの数に執着するのを阻止するために53番を抜くべきだ、と政府に要求する声まであがる始末で、二〇〇五年二月九日についにヴェニスで待ちに待った53番が出ると、計四億ポンドが支払われたが、このときの当籤（とうせん）者が何人だったかは明らかにされていない。むろん、巨大な支払いを避けようとわざと53番を出さずにおいたのだといって国を責める声も上がったが、このような噂（うわさ）が流れたのはこれがはじ

[1]	[2]	[3]	[4]	[5]	[6]	[7]	[8]	[9]	[10]
[11]	[12]	[13]	[14]	[15]	[16]	[17]	[18]	[19]	[20]
[21]	[22]	[23]	[24]	[25]	[26]	[27]	[28]	[29]	[30]
[31]	[32]	[33]	[34]	[35]	[36]	[37]	[38]	[39]	[40]
[41]	[42]	[43]	[44]	[45]	[46]	[47]	[48]	[49]	

図 3-02

めてではなかった。一九四一年にローマで二〇一回連続して8番がでなかったときには、これは国民が8に賭けた金を吸い上げて軍資金にするためにムッソリーニが仕組んだことだと考えた人が多かったのである。

さて、あなたがどれくらい運に恵まれているのかを知るために、ここでちょっとした宝くじをしてみよう。何百万ポンドもの賞金はお約束しかねるが、幸いこの宝くじにはただで参加できる。ナンバーミステリー宝くじに参加するには、まず、上のチケットにある49までの数から数を六つ選ぶ（図3-02）。

そのうえで、自分が勝ったかどうかをこの章の末尾で確認していただきたい。ただし、ずるはしないこと。数学のパズルを解くのと同じで、答えをのぞくよりも自分で正解を出した方がはるかにおもしろい。

ところで、四九個の数のなかから六つの番号をみごとにあてて宝くじの賞金を手に入れる確率は、いったいどれくらいなのだろう。その値を計算するには、まず数字を六個選ぶ選び方が全部で何通りあるかを調べる必要がある。その数がNであれば、当籤確率はN分の1になるわけだ。ここではまず小手調べとして、数をふたつ選ぶ選び方が何通りあるのかを計算してみよう。四九個の数のなかから第一の数を選ぶやり方は49通りあり、二番目の数の選び方は48通り。どの数を最初に選んだとしても二番目の数の選び方は48通りだから、ふたつの数を選ぶやり方は49×48通りになる。といいたいところだが、ちょっと待った。これでは同じ組を二度数えることになる。たとえば、最初に27を選んで二番目に23を選んでも、最初に23を選んで、次に27を選んでも、数の組としては同じになる。したがって今知りたい数の組の個数は、得られた個数の半分になる。つまり、ふたつの数字の選び方は全部で49×48×2分の1通りなのだ。

そこでいよいよ数字を六つ選ぶ場合を考える。第一の数の選び方は49通りで、二番目の数は48通り、三番目は47通りで、四番目は46通り、五番目は45通りで、最後の数の選び方は44通りになる。したがって、六つの数を選んで並べる並べ方は49×48×47×46×45×44通りになるが、この場合も同じ組み合わせが重複して数えられている。たとえば1、2、3、4、5、6という組み合わせは、いったい何回重複して数えられているのだろう。この六つの数のどれを最初に選んでもよくて、（たとえば、5を選んだとしよう）、そのときに二番目に選べる数は5通りある。（そこで1を選んだとすると）さらにその次に選べる数は4通り（だから2を選び）、その次に選べる数が3通り（だから6を選んだとして）、最後から二番目に選べる数は2通りで（そのうちの4を選ぶと）、最後は残った一つの数（この場合は3）を取るしかない。よって1、2、3、4、5、6の六つの数を並べる並べ方は、全部で6×5×4×3×2×1通りある。六つの数がなんであってもこの論法が成り立つから、49×48×47×46×45×44を6×5×4×3×2×1で割れば、宝くじで六つの数を選ぶ選び方が全部で何組あるのかがわかる。答えは？　一三九八万三八一六通りだ。

この数は、くじ引きの機械から出てくる球の組み合わせの総数でもあるから、この数字からすぐに宝くじで当籤する確率がわかって、あり得るすべての組み合わせのなかからたったひとつの正しい組み合わせを選ぶ確率は一三九八万三八一六分の一となる。

では、六つの数がすべてまちがっている確率はどれくらいになるのだろう。この場合も同じように計算すればよい。最初に当たりくじの数字とは違う43個の数のどれかを引いて、二番目に残った42個のどれかを引いて……という具合にしていくと、全部で43×42×41×40×39×38通りの組ができる。ところがこの場合も、あらゆる組を6×5×4×3×2×1回重複して数えているから、当たりくじの数字をひとつも含んでいない組み合わせの個数は、(43×42×41×40×39×38)÷(6×5×4×3×2×1)で六〇九万六四五四通りになる。つまり、適当に数字を選んだときに当たりくじとまったく数字が重ならない可能性は、五分五分よりわずかに少ないのだ。数字がすべてはずれている確率を正確に求めるために、六〇九万六四五四を一三九八万三八一六で割ると、完全に外れる確率は約〇・四三六で約43.6パーセントになる。

ということは、最低でも数字が一つ当たる確率が56.4パーセントあるわけだ。だったら、数を二つだけ当てる確率はどれくらいなのか。この値を計算するには、当たりの数が二つだけ含まれる組み合わせの数を求める必要がある。当たっている数その一の選び方は6通りあって、その二の選び方は5通りだから、ここまでで6×5通りになるが、この場合も同じ組み合わせを二度数えているから、2で割らなくてはならない。さらに、当たりに含まれない残り四つの数を選ぶ選び方は、(43×42×41×40)÷(4×3×2×1)通りあるから、当たりの数がちょうど二つだけ含まれている組み合わせの数は、

$$\left(\frac{6\times5}{2}\right)\times\left(\frac{43\times42\times41\times40}{4\times3\times2\times1}\right)=1{,}851{,}150$$

となる。

次ページの表3-01にあるのは、同じやり方で求めた、正しい数がまったくない場合からすべての数が正しい場合までのすべての確率だ。これらの数値を参考にして宝くじの全体像を描いてみると、ナショナル・ロタリーを毎週買ったとして、一年強で少なくとも三つの数を当てることができ、約二〇年の間に最低でも四つの数が当たる可能性がある。ちなみに九世紀の人であるアルフレッド大王が毎週一枚ずつ宝くじを買っていたら、これまでに五つの数字を当てていたはずだ。さらにさかのぼって地球に登場した最初の現生人類が、何はともあれ近所の新聞スタンドに飛びこんで毎週宝くじを買うことにしていたら、今までに一度くらいは大当たりを取っていてもおかしくない。

だが、たとえ運良く大当たりを取ったとしても、ロタリーがはじまってから九週目の一九九五年一月一四日に英国で起きたようなことは、誰も望まないはずだ。その日の大当たりの賞金額は一六〇〇万ポンド〔約二四億円〕だった。くじの機械から六つの球が出てきた瞬間に、当籤者はソファーでぴょんぴょん跳びはねて、嬉（うれ）しさのあまり叫び声をあげたにちがいない。ところが賞金を請求してみると、この金額を総勢一三三人で分けなければならないことが判明した。つまり一人あたりの賞金は一二万二五一〇

正しい数の個数 N	正しい数を N 個含む組み合わせの数	N 個だけ正しい数を含む確率
0	$\frac{43\times42\times41\times40\times39\times38}{6\times5\times4\times3\times2\times1}=6{,}096{,}454$	$\frac{6{,}096{,}454}{13{,}983{,}816}=0.436$ ほぼ 1/2
1	$6\times\frac{43\times42\times41\times40\times39}{5\times4\times3\times2\times1}=5{,}775{,}588$	$\frac{5{,}775{,}588}{13{,}983{,}816}=0.413$ 約 2/5
2	$\frac{6\times5}{2}\times\frac{43\times42\times41\times40}{4\times3\times2\times1}=1{,}851{,}150$	$\frac{1{,}851{,}150}{13{,}983{,}816}=0.132$ 約 1/8
3	$\frac{6\times5\times4}{2\times3}\times\frac{43\times42\times41}{3\times2\times1}=246{,}820$	$\frac{246{,}820}{13{,}983{,}816}=0.0177$ 約 1/57
4	$\frac{6\times5\times4\times3}{2\times3\times4}\times\frac{43\times42}{2\times1}=13{,}545$	$\frac{13{,}545}{13{,}983{,}816}=0.000969$ 約 1/1,032
5	$\frac{6\times5\times4\times3\times2}{2\times3\times4\times5}\times43=258$	$\frac{258}{13{,}983{,}816}=0.0000184$ 約 1/54,200
6	1	1/13,983,816

表 3-01　ナショナル・ロタリーで 0 個から 6 個までの数を当てる確率。

ポンド〔約一八四〇万円〕だったのだ。

なぜこれほど大勢の人がみごとに正解を推理することができたのかというと、グーチョキパーの話でも触れたが、人間がランダムな数を選ぶことを大の苦手としているからだ。毎週一四〇〇万もの人がナショナル・ロタリーを楽しんでいるのだから、ラッキーセブンの7や自分の誕生日や記念日の日付（したがって32から49は除外される）といったよく似た数を選ぶ人が大勢いてもなんの不思議もない。特に多いのが、数字を均等に分布させたがる人だ。

さて、ここにあるのはナショナル・ロタリーの第九週の当たりくじである（次ページ図3‐03）。

このくじでは数がかなり均等に散らばっているが、別に宝くじが無作為（ランダム）だからばらけているわけではない。むしろ、数はどちらかというと群れたがるもので、くじ番号の組み合わせは全部で一三九八万三八一六通りあるが、そのなかの六九二万四七六四通りに続き番号が含まれている。これを割合に直すと49.5パーセントとなって、ほぼ半分に近い。そういえば、先々週の当たりくじでは21と22が続いていたし、先週は30と31が続いていた。

そうはいっても、連番にこだわりすぎるのもどうかと思う。だったら１２３４５６

[1]	[2]	[3]	[4]	[5]	[6]	[7]	[8]	[9]	[10]
[11]	[12]	[13]	[14]	[15]	[16]	[17]	[18]	[19]	[20]
[21]	[22]	[23]	[24]	[25]	[26]	[27]	[28]	[29]	[30]
[31]	[32]	[33]	[34]	[35]	[36]	[37]	[38]	[39]	[40]
[41]	[42]	[43]	[44]	[45]	[46]	[47]	[48]	[49]	

図 3-03

という組み合わせを選べばいいのに、と考える方もおいでだろうが、この本をここまで読んできた方であれば、この組み合わせにもほかの組み合わせと同じくらいの可能性がある(つまり、とてもじゃないがありそうにない!)ことがおわかりのはず。だったらこの組み合わせに賭けておいて、大当たりが取れた暁には賞金を全額ちょうだいして、はい、さようならといきたいところだが、英国にはこの組み合わせを選ぶ人が毎週一万人以上いるというのだから、英国人はじつに賢い。むろん賢いのはたいへんけっこうなことだが、この組み合わせで当てた賞金を一万人で分かち合わなければならないというのはあまりありがたくない話だ。

ポーカーでインチキをする方法と、一〇〇万ドルの素数問題を使って手品をする方法

人を引っかけることばかり考えているギャンブラーや手品

師は、カードのシャッフルひとつとっても、わたしたちのようなやり方はしない。もっとも正直者のわたしたちだって、数時間も練習すればパーフェクト・シャッフルができるようになる。これは、カードをちょうど二つに分けて交互に織りこんでいく形のシャッフルで、ポーカーをしている最中にこれが出てきたら、要注意だ。

ディーラーとその仲間と何も知らずカモにされようとしているギャンブラーが二人、計四人でポーカーのテーブルを囲んでいるとしよう。ディーラーは、一組のカードのいちばん上にエースを四枚重ねる。その上でパーフェクト・シャッフルを一回行うと、エースの間にカードが一枚ずつ挟まる。さらにもう一度パーフェクト・シャッフルを行うと、エースの間にカードが三枚ずつ挟まる。したがってこのまま配れば、ディーラーは四枚のエースをすべて共犯者の手元に集めることができるのだ。

パーフェクト・シャッフルの面白い性質をめいっぱい活用できる人物といえば、なんといっても手品師だろう。五二枚一組のトランプでパーフェクト・シャッフルを八回行うと、なんとまあ、カードの順序は完全に元に戻る。しかし観客にすれば、シャッフルすれば当然カードの順序はばらばらになるはずで……。ゲームのはじめに八回もシャッフルするなんて、ちょっとやり過ぎじゃないのか？　実際、ごくふつうの人がカードゲームをする場合に、たった七回シャッフルするだけで元々の順序が完全にまないくじすべてを作ることができる。ところが、実際には1から44までのなかから6つの数を選んで少しずつふくらましているだけのことだから、連続した数をいっさい含まないくじの枚数は、1から44までのなかから数を6つ選ぶ選び方の数と同じであることがわかる。

そこで、1から44までのなかから数を6つ選ぶ組み合わせの数を計算すると、

$$\frac{44\times43\times42\times41\times40\times39}{6\times5\times4\times3\times2\times1} = 7{,}059{,}052$$

となる。したがって連続した数を含むくじは、13,983,816－7,059,052＝6,924,764通りとなる。

数はなぜ群れたがるのか

ここで、連続する2つ以上の数を含むくじの枚数を計算する方法をご紹介しよう。数学者はよく、問題を別の角度から眺めるという手を使う。そこでわたしたちもその真似(まね)をしてみよう。連続する数を含まないくじの枚数を数えておいて、総数からその数を引いて連続する数を含むくじの枚数を得ようというのだ。

まず、1から44までのなかから適当に6つの数を選ぶ。（なぜ49ではなく44なのかはすぐにわかる）選んだ数を、いちばん小さいものから順番に$A(1)$、……、$A(6)$とする。このとき、$A(1)$と$A(2)$は連続しているかもしれないが、$A(1)$と$A(2)+1$は連続していない。また、$A(2)$と$A(3)$が連続していたとしても、$A(2)+1$と$A(3)+2$は連続していないはずだ。したがって、$A(1)$、$A(2)+1$、$A(3)+2$、$A(4)+3$、$A(5)+4$、$A(6)+5$の6つを取ってくれば、どれも連続していないことになる。（なぜ44までの範囲で数を選ぶという制限が必要だったかは、すでにおわかりだろう。$A(6)$を44までにしておかないと、$A(6)+5$が49を超えてしまう。）

このちょっとした工夫によって、いっさい連続する数を含崩れてランダムになることは、すでに数学者が証明済みだ。けれどもパーフェクト・シャッフルは、普通のシャッフルではない。一組のカードを八角形のコインと見なすと、パーフェクト・シャッフルによってそのコインが順繰りに八分の一ずつ回転し、八回目の回転で元の位置に戻るのだ。

では、一組が五二枚以上のカードで順序を元通りにするには、何回パーフェクト・シャッフルを行えばよいのだろう。ジョーカーを二枚加えてカードを五四枚にしてパーフェクト・シャッフルを行うと、五二回目でようやく元に戻る。ところがさらにカードを一〇枚加えて計六四枚のカードでパーフェクト・シャッフルを行うと、たった六回で元に戻る。では、$2N$枚のカード（パーフェクト・シャッフルをするには、どのみちカードは偶数枚でなければならない）を元の順序に戻すのに必要なパーフェクト・シャッフルの回数を割り出すには、どのような数学を使えばよいのだろう。

まず、カードに0、1、2、……$2N-1$と番号をつける。すると、パーフェクト・シャッフルをするたびに、カードの位置が倍、倍となっていくのがわかる。たとえば、1のカード（というのは、実際には二番目のカード）は最初のパーフェクト・シャッフルで2の位置に移る。さらにもう一回パーフェクト・シャッフルをすると4の位置に移り、さらに8の位置に移る。ここで番号を0からはじめたのは、パーフェクト・

シャッフルをしたときになにが起きるのかをわかりやすくするためだ。

では、もっと下のほうにあるカードはどうなっているのだろう。それぞれのカードの移り先を調べるために、これらのカードを$2N-1$時間制の時計になぞらえてみる。つまり、五二枚のカードを1時から51時までの時間が刻まれた時計に見立てるわけだ。32番のカードがどこに移るかは、32を二倍すればわかる。そこで、32時から始めて32時間先まで数えていくと、このカードが13時に移ることがわかる。何回目のパーフェクト・シャッフルですべてのカードが元の位置に戻るのかを割り出すには、この時計で数を二倍二倍と動かしていったときにいつ最初の位置に戻るかを突きとめなくてはならない。ところが実は、すべての数について調べなくても、1に注目して、1を何度二倍したら1に戻るのかを調べさえすればよい。51時間制の時計で1を二倍、二倍としていくと、

1→2→4→8→16→32→13→26→1

で1に戻るが、実は1についていえることは、ほかのすべての数についてもいえる。というのも、パーフェクト・シャッフルを八回行うとカードの位置は2の8乗倍されるわけだが、この時計では2の8乗倍と一倍は同じことになって、どのカードも元の

場所に留まるからだ。

　では一般にカードを元の順序に戻すには、最大で何回パーフェクト・シャッフルをしなければならないのだろう。ピエール・ド・フェルマーは、$2N-1$が素数なら、$2N-1$の時計の上で倍々をくり返したときに、$2N-2$回目には必ず元に戻ることを証明した。たとえばカードが五四枚の場合には、$54-1=53$が素数になるから、パーフェクト・シャッフルを五二回行えば十分なのだ。

　ところが$2N-1$が素数でない場合は、カードが必ず元に戻ると言い切れるパーフェクト・シャッフルの回数を割り出す計算式が少し複雑になる。正確には、pとqが素数で$2N-1=p\times q$なら、最大で$(p-1)\times(q-1)$回のパーフェクト・シャッフルが必要になる。カードが五二枚の場合は$52-1=3\times17$で、$(3-1)\times(17-1)=2\times16=32$だから、パーフェクト・シャッフルを最大でも三二回すれば元に戻ると断言できる。ところが実際には、五二枚のカードはパーフェクト・シャッフルを八回すれば元に戻る（次の章では、フェルマーの結論の一部を証明したうえで、この数学に基づくインターネット上の暗号について説明する）。

　ここで、今から二〇〇年前のガウスの業績に端を発する数学上のある問いを紹介しよう。曰く、パーフェクト・シャッフルを最大限の回数分だけ行わないと$2N$枚のカー

ポーカーに関するお得な情報

テキサス・ホールデムというポーカーでは、各自にカードを2枚ずつ伏せて配ることが多い。そのうえでディーラーは卓の上に表向けに5枚のカードを並べる。そこで参加者は、2枚の手札と卓の上にある5枚のなかから、敵の手より強くなるような5枚を選ぶ。もしも手札が連続したカード（たとえばクローバーの7とスペードの8）になっていたら、ストレート（6、7、8、9、10のように、模様には関係なく5つのカードの数が連続している手札）を作れそうだと考えて、わくわくする人もいるだろう。

ストレートが強力な手とされているのは、この手のできる確率がきわめて小さいからだ。そのため手元に連続したカードが来た人は、こいつはストレートになる可能性があるから大金をかけるに値する、と考える。だがここで、宝くじの話で紹介した事実を思い出していただきたい。宝くじでは2つの数が連続することがよくあったが、ポーカーでも同じことがいえる。皆さんは、テキサス・ホールデムで最初に配られる手に連続したカードが含まれる確率が15パーセントを超しているという事実をご存じだろうか。ところがディーラーが卓に5枚のカードを並べ終わった時点でストレートが完成される確率は、その3分の1より少し低いのだ。

ドの順序が元に戻らないような数N（とくに、$2N-1$が素数になるもの）は、はたして無限にあるのか。この問題は、第一章の最後に紹介した素数に関する一〇〇万ドルの問題、「リーマン予想」と関係していることがわかっている。素数がリーマンの予想どおりに分布していれば、パーフェクト・シャッフルをめいっぱい行わなければ順序が元に戻らないようなNは無限にある。全世界の手品界や賭博（とばく）の世界の人々がこの問題が解けるのを固唾（かたず）をのんで待っている、というわけではないが、数学者たちにすれば、カードのシャッフルの問題と素数がどのように関係しているのか、興味は尽きない。もっとも、素数は数学におけるきわめて基本的な素材であって、突如としてとんでもない場所に出現するということを考えれば、たとえシャッフルの問題と関連していたとしてもなんの不思議もないのだが……。

カジノの数学——倍になるか破産するか

あなたは今カジノのルーレット台のそばにいて、手元にはチップが二〇枚ある。そしてあなたは、帰る前に持ち金を二倍にしてやろうと心を決めている。赤か黒の上にチップを載せて、予想が当たればチップは倍になって返ってくるはずだ。さてこの場合、有り金全部を一度に赤に賭けるのと、スッカラカンになるまで、あるいはチップが四〇枚になるまで一回に一枚ずつ賭け続けるのと、どちらがよい戦略なのだろう。

この問題に取りかかる前に、カジノでは、勝ち負けを均してしまうと、実はお客が賭けをするたびに胴元にわずかながら参加料を払っている、ということを確認しておきたい。たとえばお客が黒の17にチップを一枚賭けて勝ったとすると、カジノはお客のチップに三五枚積みまして返す。ルーレットに振ってある番号が全部で三六個なら、黒の17は平均すると三六回につき一回出るはずだから公正なゲームだといえる。したがって、今かりにチップを三六枚持っていてそれを17に賭け続けたとすると、ルーレットを三六回まわした時点で、平均すれば一回勝って三五回負け、手元には最初と同じ三六枚のチップが残るはずだ。ところがヨーロッパのルーレットでは、賭ける数が全部で三七個ある(1から36までの数に加えて、赤でも黒でもないゼロがある)。それなのに胴元は、あたかも番号が全部で三六個しかないような顔をして支払いをしているのだ。

実際には数字が三七個あるのだから、胴元は、お客が一ポンド賭けるたびに一ポンドの三七分の一にあたる約二・七ペンスを懐に入れていることになる。つまり胴元は、たまにどこかの誰かに巨額の支払いをしなければならなくなったとしても、長い目で見れば確率の法則によって確実に儲かるといえるのだ。これが米国になると、お客はますます不利になる。なんとなれば、米国のルーレットには1から36までの数に0と00を加えた計三八個の数があるからだ。というわけで、特定の番号に賭け続けると、お客は一回につき二・七ペンスむしり取られることがわかった。そうはいっても、別に特定の数に賭けなければならないと決まっているわけでなし、赤か黒かといった数字の色や、奇数か偶数か、あるいは1から12までのどれかといった賭け方もありうる。ところが先ほどのような計算をしてみると、どのような賭け方をしても一回あたり二・七ペンス吸い上げられることがわかる。

ではどうすれば持ち金が倍になる可能性を最大にすることができるのか。第一に、賭けるたびに金を取られるのだから、賭ける回数は極力減らすにかぎる。たとえば赤が出る確率は三七分の一八で50パーセントをわずかに切るくらいだから、赤に全額を賭けて勝てば、手持ちの金を倍にしておさらばできる。よって、何はともあれ持ち金を倍にしたいのなら——カジノに居られる時間はごく短くなるが——有り金全部を一気に赤に賭けるのがいちばんだ。これに対して、チップを一枚ずつ賭けたときに持ち金が倍になる確率は、

$$\frac{1-(19/18)^{20}}{1-(19/18)^{40}}$$

で、約25.3パーセントになる。つまり、一枚ずつ賭けると目標を達成する確率は半分に減るのである。

ところで、ルーレットではどこに賭けるのがいちばんよいのだろう。カジノによっては、赤か黒に賭けてゼロが出た場合に、アン・プリゾンという規則を適用して賭け金の半額を戻す。実はこの規則のおかげで、ほかのところに賭けるよりもここに賭けたほうが、わずかだが胴元の取り分が減る。したがってルーレットをするのなら、ここで勝負をするのがいちばん安上がりとなる。では実際にここで勝負したときに、いったいどれだけ胴元に吸い上げられるのかというと……長い目で見ると、

(負ける確率)×賭け金−(勝つ確率)×払戻金

＝18/37×1ポンド＋1/37×0.50ポンド−18/37×1ポンド

＝1.35ペンス

巻き上げられることになる。これに対してほかの数に賭けると二・七ペンス巻き上げ

られるのだから、アン・プリゾンが適用されるカジノでは、赤か黒かに賭けることで、長い目で見たコストを半分に減らせるわけだ。

カジノのなかには、アン・プリゾンで賭け金を半分戻す代わりに、別のやり方で対処するところもある。この場合、お客の賭けた金は捕虜（アン・プリゾン）とされて、ディーラーはお客の賭け金の上にアン・プリゾンのチップを置く。次に赤が出たらカジノは賭け金を（元金だけ）そっくりそのまま返してよこし、お客は救われることになるが、赤が出なければ賭け金はそのまま没収される。お客にすれば、全額が戻ってくる確率は三七分の一八（つまり50パーセントをわずかに切るくらい）だから、賭け金を捕虜にされてその色が出るのを祈るよりも、もらえるときに半額をもらっておいたほうがいい。

というわけで、どうやらルーレットの勝率は、お客が不利になるように仕組まれているらしい。それにしても、数学を使ってカジノを負かすなにかよい手はないのだろうか。ここに、マーチンゲール法という賭け方がある。まず、赤にチップを一枚賭ける。もしも赤が出れば、自分のチップに加えて一枚のチップがもらえる。赤がでなければ、次の回で赤にチップを二枚賭ける。ここで赤が出ればチップが戻ってきて、さらに二枚のチップがもらえる。前の賭けですでにチップを一枚なくしているから、この時点でチップは一枚増えたことになる。二回目も赤が出なければ、今度は四枚賭ける。ここで赤が出れば賭け金プラス四枚を手にすることになるが、最初の賭けで一枚、二回目の賭けで二枚失っているから、結局儲かったのは……一枚だけだ。

マーチンゲール法では、賭け金を倍、倍にしていって赤が出るのを待つわけだが、この場合、儲かった額をすべて加えると、常にチップ一枚になる。なぜかというと、N回目に赤が出たとすると、賭け金と同じチップ2^N枚分儲かるが、その一方で、その前の$N-1$回で、すでに計$L=1+2+4+8+\cdots\cdots+2^{N-1}$枚のチップを失っているからだ。ここで、$L$の値を計算する賢い方法を紹介しよう。当然ながら、$L$は$2L-L$と等しい。では、その$2L$はいったいどれくらいなのだろう。

$$2L=2\times(1+2+4+8+\cdots\cdots+2^{N-1})$$
$$=2+4+8+16+\cdots\cdots+2^{N-1}+2^N$$

だから、ここから$L=1+2+4+8+\cdots\cdots+2^{N-1}$を引くと、

$$L=2L-L=(2+4+8+16+\cdots\cdots+2^{N-1}+2^N)-(1+2+4+8+\cdots\cdots+2^{N-1})$$
$$=2^N-1$$

となる。つまり、最初の括弧のなかの数は2^Nを除いてすべて二番目の括弧に登場して

いるので、この引き算で全部消えてしまうのだ（これは、第一章で素数を探すためにチェス盤に米粒を積み上げたときに登場したのと同じ計算だ）。このように2^N枚儲けて2^N-1枚損するから、純粋なもうけは1枚だけになる。

がっぽり儲かるとはいえないが、このやり方なら最後には勝てると保証されているような気がする。けっきょくのところ、どこかで必ず赤が出てくるはずなんだから……そうだろう？　それなのに、なぜギャンブラーはカジノでこの戦略を使わないのだろう。実はここに、一つ大きな問題がある。必ず勝つと言い切るには、無限の資金が必要なのだ。なんとなれば、理屈からいって一晩中黒が出つづける確率もゼロではないからで、だいたいものすごい数のチップを持っていたとしても、倍々で賭けていくと、（米粒の場合と同じように）じきに資金は底をつく。しかもほとんどのカジノが、この戦略を使わせないように賭け金の上限を決めている。たとえば最大でも一〇〇〇枚のチップしか賭けられないカジノでこの戦略を使うと、一〇回目の賭けで上限を超える2の10乗＝1,024枚を賭けることになるから、九回目が終わったところでこの戦略は破綻（はたん）する。

たとえ上限が決まっていたとしても、ギャンブラーは黒が八回出続けたら次で赤が出る可能性はひじょうに高いと考えがちだ。むろん黒が八回続けて出る確率が厳密には二五六分の一以下できわめて低いのは事実だが、だからといって次に赤が出る確率が増えるわけではなく、あいかわらず五分五分のままだ。ルーレットも、コイントスのコイン同様記憶を持たないのである。

ルーレットをやろうかなあ、という気になったときは、どうか確率に関する「長い目で見れば、必ず胴元が勝つ」という数学のお告げを念頭に置かれたい。もっとも、これから第五章で紹介するように、ほかの数学をうまく使って一〇〇万ドルを稼ぐ方法もあるのだが……。ところで、ポーカーやルーレットが好みでないという方は、サイコロ賭博はどうだろう。今から見ていくように、サイコロ遊びにはきわめて長い歴史がある。

世界初のサイコロには面がいくつあったのか

わたしたちが楽しむゲームの多くが偶然に頼っている。モノポリーにバックギャモンに「スネーク・アンド・ラダー」〔日本の双六のようなボードゲーム〕、そのほかにも、コマをいくつ進めるかをサイコロで決めるゲームはたくさんある。世界で最初にサイコロを投げたのは古代バビロニアとエジプトの人々で、これらのサイコロは羊などの動物のくるぶしの骨、すなわち趾骨で作られていた。くるぶしの骨は、そのままでも四つの面のどれかを下にして落ちる。だが大昔にゲームに興じていた人々はじきに、骨が均等にできておらず、出る面が偏っていることに気づいた。そこで、ゲームをもっと公平にしようと骨に手を加え、同時に、すべての面が同じ確率で下になる立体にどのようなものがあるのかを探りはじめた。

世界初のサイコロが趾骨で作られていたことを考えれば、もっとも古いシンメトリーなサイコロが四枚の正三角形からなる正四面体の形をしていたというのもじつにもっともな話だ。実際に現存する世界最古のボードゲームの一つでは、このようなピラミッド形のサイコロが使われていた。

ロイヤル・ゲーム・オブ・ウルと呼ばれるゲームの、多少形の異なる何枚かのボードと四面体のサイコロが発見されたのは一九二〇年代のことだった。その頃イギリスの考古学者レオナード・ウーリー卿は、現在のイラク南部にある古代シュメールの都市ウルの墓を発掘していた。紀元前二六〇〇年頃のものとされるこれらの墓に収められていたボードゲームは、おそらく墓に埋葬された人々を死後の世界で楽しませるためのものだったのだろう。大英博物館に展示されているこのゲームの道具は保存状態もすばらしく、マス目が二〇個あるボードと四面体のサイコロからなっている。

このゲームの規則が明らかになったのは、一九八〇年代初頭のことだった。大英博物館のアーヴィング・フィンケルがたまたま博物館の保管庫で見つけた紀元前一七七年のくさび形文字の粘土板の裏に、このゲームの絵が刻み込まれていたのだ。このゲームはバックギャモンの遠い祖先のようなもので、各プレイヤーはコマをいくつか持っていて、これを盤上で動かしていく。だが数学の観点からいうと、ゲームそのものよりも、このゲームに付属するサイコロのほうがはるかに興味深い。

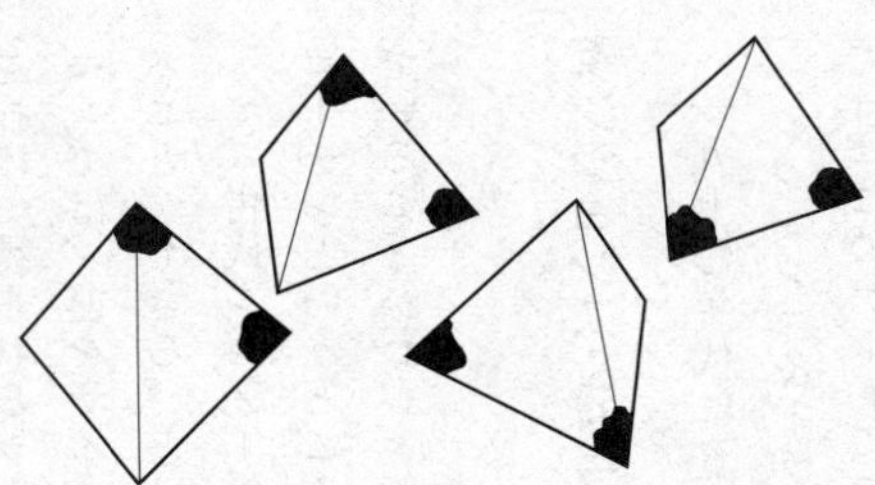

図 3-04　ロイヤル・ゲーム・オブ・ウルの4面体サイコロ。

　三角形が四枚集まってできた四面体のサイコロでは、おなじみの立方体のサイコロと違って、落ちたときに面ではなく点が上を向く。そのため、ピラミッド形サイコロの計四つの角のうちの二つに白い印（図3-04の黒い印に相当）がつけられていて、サイコロをいくつか投げたときに上に出た印の数がそのまま点数になる。数学的には、このサイコロを投げるのと何枚かのコインをトスするのは同じことなのだ。

　ロイヤル・ゲーム・オブ・ウルの勝敗は、サイコロを投げて得られるランダムな結果に大きく左右されるが、その子孫であるバックギャモンでは、運をサイコロ任せにすることなく、プレイヤー自身の力量や戦略を披露することができる。とはいえウルのゲームも完全に死に絶えたわけではなく、最近になって、古代シュメールから五〇〇〇年近くの歳月が経とうという今でも、南インドのコーチンというところのユダヤ人がロイヤル・ゲーム・オブ・ウルの変形版を楽しんでいることがわかった。

ダンジョンズ&ドラゴンズのおまけになっていないサイコロ

一九七〇年代に登場したファンタジー・ロール・プレイング・ゲーム（RPG）「ダンジョンズ&ドラゴンズ」には、小道具としてさまざまなサイコロがついていた。では、このゲームについているサイコロ以外に、サイコロとして使える形はないのだろうか。どのような形がすぐれたサイコロになりうるのかを考えていくと、第二章で取り上げた問題に行き着く。一種類のシンメトリーな面が頂点や辺がまったく同じに見えるような形に配置されたサイコロとなると、正四面体と立方体と八面体と一二面体と二〇面体の、五種類のプラトンの立体（108ページ）しかない。ダンジョンズ&ドラゴンズのボックスにはこの五種類がすべて入っているが、実はプラトンの立体の多くが、RPGが登場するずっと前からサイコロとして使われていた。

たとえば、二〇〇三年にクリスティーズでオークションにかけられたローマ時代のサイコロはガラス製で面が二〇あった。おのおの面に奇妙な符号が刻み込まれているこのサイコロは、どうやらゲームではなく占いに使われていたらしい。二〇面体のサイコロは、今アメリカでもっともファッショナブルとされている占いの道具、「マジック8ボール」〔一九四〇年代に起源を持ち、スマートフォン用のアプリもある〕にも仕込まれている。ボールのなかの液体に二〇面体が浮いていて、そのそれぞれの面にこちらの問いかけに対する答えが書かれており、質問をいってボールを振ると二〇面体のひとつの面が上を向いて、それがそのまま答えになる。ちなみに答えは、「疑いの余地なし」から「あてにしないように」まで実にさまざまだ。

なにはともあれ公平なサイコロであればよいというのなら、さほど面の配置にこだわらなくても大丈夫。たとえばダンジョンズ&ドラゴンズでは、底面が五角形のピラミッド形を二つ持ってきて底同士を貼り付けたような形のサイコロが使われる。このサイコロは一〇枚の三角形の面からなっていて、どの面をとっても底になる確率はすべて同じだ。しかしこの立体のてっぺんには三角形が五枚、ほかの頂点には三角形が四枚集まっていて、てっぺんとその他の頂点の様子が異なるので、プラトンの立体にはならない。それでもこのサイコロは公平で、一〇枚の面が底になる確率はいずれも一〇分の一である。

数学者たちは、このほかにどのような立体がすぐれたサイコロになり得るのかを調べてきた。そしてわりと最近に、何らかの意味でシンメトリーであればよいとすると、五種類のプラトンの立体のほかにも二〇種類の立体と五種類の無限の立体の族が公平なサイコロになりうることを証明した。

これら二〇種類のうちの一三種類は、第二章で見た優れたサッカーボールの元になる立体、すなわちアルキメデスの立体と関係がある。アルキメデスの立体はどの面もシンメトリーな図形だが、面の形は一種類ではない。これらの立体は優れたサッカーボールの元型であるが、だからといってサイコロに向いているとはかぎらない。たとえば五角形が一二枚と六角形が二〇枚の計三二枚の面からなる古典的なサッカーボールの各面に一から三二までの数を打てば、公平なサイコロになりそうな気がする。ところがやっかいなことに、五角形が底になる確率はすべて約1.98パーセントなのに対して、六角形が底になる確率は3.81パーセントだから、このサイコロは公平とはいえない。数学者たちがこのサッカーボールと同じ形のサイコロをころがしたときに

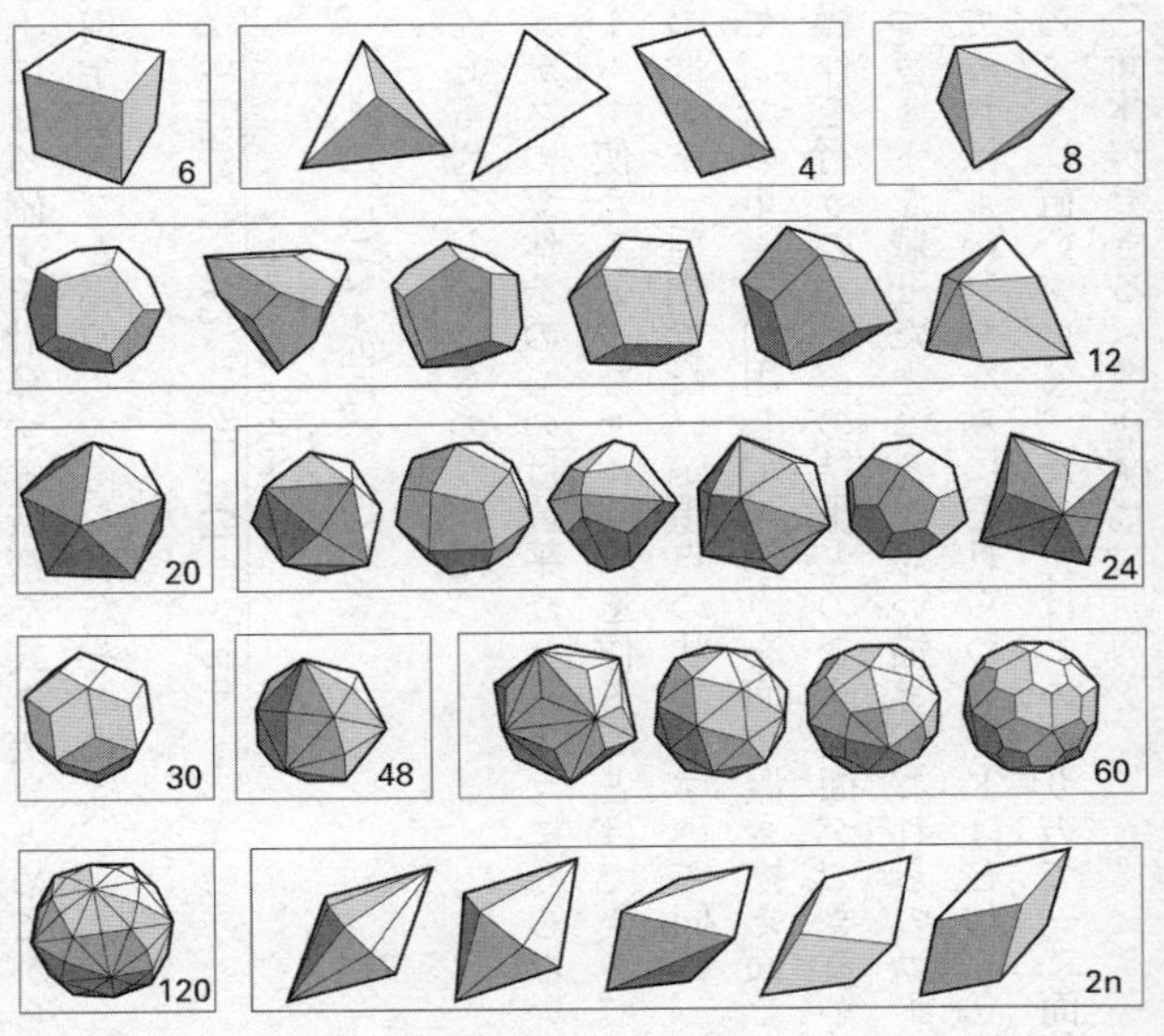

図 3-05　よいサイコロの元になるシンメトリーな立体。

五角形が上になる確率を計算する厳密な式を突きとめてからはまだ一〇年も経(た)っておらず、幾何学をみごと駆使して得られたその式は、

$$12\times\frac{-3+30r\{1-(2/\pi)\sin^{-1}(1/2r\sqrt{3})\}}{-116+360r}$$

ただし、$r=(1/2)\{2+\sin^2(\pi/5)\}^{-1/2}$

というなんとも恐ろしげなものだった。

アルキメデスの立体そのものは公平なサイコロにならないが、これらの立体から、新たにゲームで使える公平なサイコロを作ることはできる。その際にポイントとなるのが、面の形こそ一種類でないが頂点の状況はすべて同じ、というアルキメデスの立体の特徴で、この事実を利用して、頂点を面で置き換え面を頂点に変える「双対(そうつい)」と呼ばれる操作を行うのだ。その結果どのような面ができるかが知りたければ、各頂点に一枚ずつカードを載せたところを思い描き、これらのカードが互いにどう切り込むかを考えてみればよい。ちなみにそれらのカードはどれも立体の中央と頂点を結ぶ線に直交するように置いていく。たとえばこのやり方で一二面体の頂点に面を置いていくと、二〇面体ができる（図3-06）。

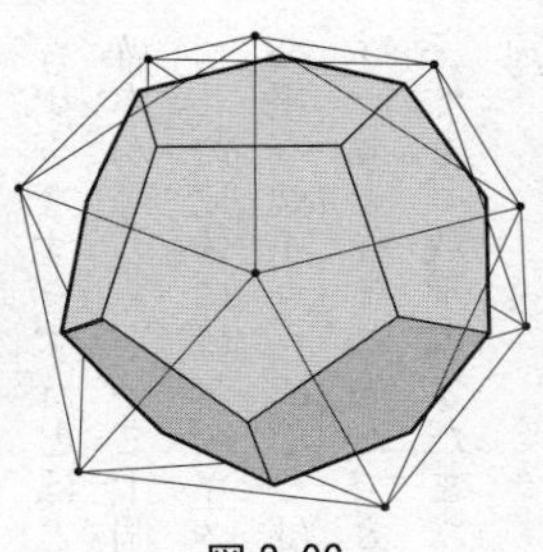
図 3-06

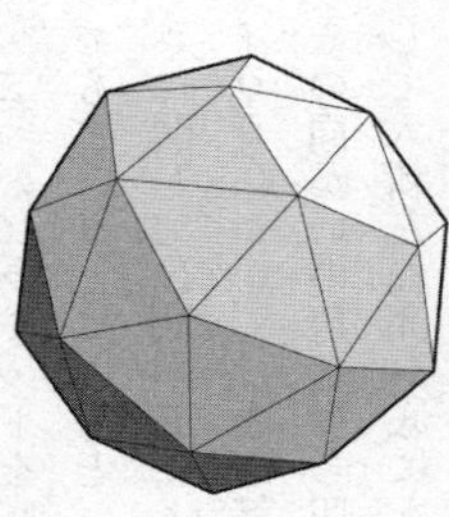
図 3-07

アルキメデスの立体のそれぞれの点を面に置き換えていくと、新たに一三種類のサイコロが生まれる。古典的なサッカーボールの頂点は全部で六〇個あって、これらの頂点を面に置き換えると、六〇枚の三角形からなるサイコロができる。ただし、これらの三角形は正三角形ではなく二等辺三角形に（すなわち三つの辺すべてではなく、二つの辺だけが等しく）なる。双対性を利用して古典的なサッカーボールから作り出したこの図形は、プラトンの立体にはならないが、どの面が出る確率もすべて六〇分の一だからゲームでも使える公平なサイコロになる。ちなみに専門家は、この図形を五方一二面体と呼んでいる（図3-07）。

アルキメデスの立体のひとつひとつからこうして新たなサイコロが生まれるが、なかでもいちばん印象深いのが六方二〇面体だろう。一二〇枚の不等辺三角形からなるこの立体が公平なサイコロになるというのだから、これはもう驚くほかない。

二つのピラミッドを底で貼り付けるという着想を押し広げて、底の辺の数がいくつでもよいことにすると、無数のサイコロの族ができる。シンメトリーで公平なサイコロに関しては数学者による分類整理が完全に終わっているが、不規則なのに公平なサイコロについてはまだ謎が残っている。たとえば、正八面体を持ってきて一つの角とその向かいの角を少し切り落とすと、新たに二つの面ができる。この立体を投げたとしても新たな面が底になるとは考えにくいが、大きく切り落とせば、今度は新たな面のほうが前からの八つの面より出やすくなるはずだ。したがって、これらの角を多すぎず少なすぎずほどほどに切り落とせば、新たな面が出る確率と元からある面が出る確率が等しくなって十個の面からなる公平なサイコロができると考えられる。

この立体にはアルキメデスの立体のような整ったシンメトリーはないが、それでも公平なサイコロになるはずだ。数学者たちは今なおこのような加工によって公平なサイコロを作ることができる図形の完全な分類方法を探している。このことひとつをとっても、数学にまだまだ未解決の謎が残っていることは明らかだ。

数学を知っているとモノポリーで有利になるのか

モノポリーはかなりランダムなゲームのように見える。サイコロを二つ振り、車で、あるいは山高帽をかぶってこれ見よがしに闊歩（かっぽ）しながら盤上を進み、ここで土地を買っては、あちらにホテルを建てる。たまに、共同募金（コミュニティーチェスト）カードを引いたおかげで美人コンテストで二位になったり、「飲んだくれ」たせいで二〇ポンド支払わなければならなくなる。出発点であるGO（一周）のマス目を通過するたびに、さらに二〇〇ポンドもらえる。こんなゲームと数学の知識がどこでどう関係するというのだろう。

ところで、このゲームのなかでコマがもっとも頻繁にたどり着くのはどのマス目なのだろう。スタート地点のGOなのか、あるいはその対角線上にあるフリーパーキングなのか、はたまたロンドン版でいうとオクスフォード通りやメイフェアーといった繁華街なのか。正解は、刑務所だ。それはまたどうして？　サイコロを投げて「見学のみ」のマス目に進む可能性もあれば、その対角線上のマス目に進んで、警察官に刑務所に入れといわれることもある。それどころか悲惨なことに、チャンスカードか共同募金（コミュニティーチェスト）カードを引いたらそのまま刑務所に直行という場合もある。しかもそれだけではない。このゲームでは二つのサイコロの目がそろうともう一度サイコロを振ることができるが、三度続けて目がそろうと、サイコロ投げの達人への褒美どころか、罰としておつとめが待っている。

かくして平均的なプレイヤーが刑務所のマス目に進む頻度はほかのマス目の三倍になる。そんなことを知ったところで、たいした役には立たんだろう。なんせ、刑務所を買うわけにはいかんのだから。ところがどっこい、ここで数学が威力を発揮する。刑務所暮らしは仕方がないとして、刑期が明けたときに次に進む可能性が一番高いのはどのマス目なのだろう。刑期明けにどこに行くかは、当然刑務所を出るときに振るサイコロの目によって決まる。

サイコロには面が六つあって、どの面も上になる確率は同じだ。サイコロが二つあれば、目の出方は6×6=36通りあって、そのすべてが同じ確率で出ると考えられる。ところが二つの目の合計がどれくらいになりやすいかを考えると、2や12にはめったにならないことがわかる。なぜなら、合計が2になる出方も12になる出方も、それぞれ1通りしかないからだ。これに対して目の数の合計が7になる出方は6通りある(図3-08)。

したがって、七つ進める確率は36分の6=6分の1でもっとも大きく、次に大きいのが6や8が出る確率となる。刑務所の七つ先は共同募金(コミュニティーチェスト)のマス目で、これまた

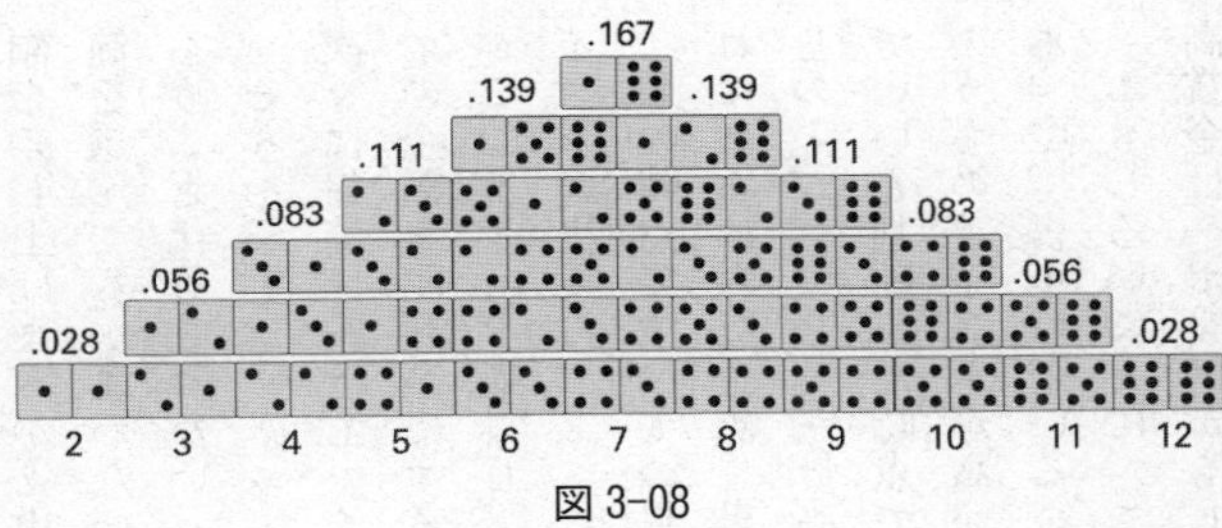

図 3-08

買うわけにはいかないが、それに近い確率で両側のオレンジ色の地所（ロンドン版でいうと、ボウ通りとマルボロー通り）にたどり着く可能性がある。

だから、もしも運良くオレンジ色の地所にたどり着いたらぜひともその地所を買ってホテルをたくさん作り、安楽椅子にふんぞり返って部屋代を集めるべきだ。なにしろ、刑務所から出はしたものの、その地所に直行させられるプレイヤーが大勢いるはずなのだから。

数字の国のゲームをしよう

このゲームは二人で行う。まず二〇枚の封筒を用意して、1から20まで番号を打っていく。プレイヤーその1は二〇枚の紙切れにばらばらな金額を書きこんで、番号を打った封筒に一枚ずつ入れていく。そのうえでプレイヤーその2が封筒をひとつ選ぶと、その1は中の紙に書かれている金額を差し上げようかと申し出る。その2はそのまま金を受け取ってもいいし、別の封筒を選んでもかまわない。ただし、ほかの封筒を選んでおいて、遡って前の賞金をもらうことは許されない。

そうやってプレイヤーその2は、この金額なら満足できるという金額が出るまで次々に封筒を開けていく。その2がこれと定めたところで、プレイヤーその1はすべての金額を明らかにする。プレイヤーその2が要求したのが最高賞金であればその2が二〇ポイント獲得し、二番目の賞金なら一九ポイント獲得というふうにその2のポイントが決まる。

この時点ですべての封筒が空になるから、今度はプレイヤーその2が二〇枚の紙切れにばらばらな金額を書き、改めて一枚ずつ封筒に収める。そして今度はプレイヤーその1が、できるだけ高額の賞金を獲得すべく封筒を選んでいく。その1がこの封筒でいいと判断した時点で、先ほどと同じようにその1の獲得ポイントが決まり、二人のうちのポイントが高い方が勝つ。ただし、勝敗はあくまでもポイントで決まるのであって、書かれている金額とは関係ない。

おもしろいことに、このゲームでは賞金の範囲がまったくわからない。つまり、最高賞金は一ポンドかもしれないし、一〇〇万ポンドかもしれないのだ。このような場合、はたしてゲームに勝つ可能性を大きくする数学的な戦略が存在するのだろうか。──実はeが絡んだ秘密の公式という形で存在する。eはeでも、幻覚剤のエクスタシーではなく数学に登場するeである。この$e=2.71828\cdots\cdots$はおそらく数学のなかでもっとも有名な数のひとつで、これをしのぐものといえば、謎めいたπぐらいだろう。しかもこのeは、成長という概念が鍵となる場面にちょくちょく顔を出し、銀行口座の利子の増え方などとも深く関わっている。

今、手元に投資できる金が一ポンドあって、銀行の利率を見比べているとしよう。ある銀行は一年後に100パーセントの利子を払うという。つまり、一年後には投資した金が二ポンドになるわけで、これはなかなかいい話だ。ところが次の銀行は、半期ごとに50パーセントの利子を払うという。これなら六ヶ月後には一・五〇ポンドになり、一年後には$1.50+0.75=2.25$ポンドになるから、最初の銀行より利回りがよい。三番目の銀行は、四ヶ月ごとに33.3パーセントずつ利子を付けるというから、一二ヶ月後には$(1.333)^3=2.37$になる計算だ。ようするに、複利の場合一年を小分けにすればするほど預けた側に有利になるのである。

あなたのなかの数学者もすでにお気づきだろうが、この場合もっとも好ましいのは一年を無限に小さな単位に分けた無限銀行で、こうすると預けたときの利子が最大になる。実際、一年を細かく割れば割るほど利子は増えるが、だからといってどこまでも無限にふくらむわけではなく、$e=2.71828\cdots\cdots$ という魔法の数字に近づいていくのだ。π同様eも小数展開が（〝……〟からもわかるように）無限に続き、いっさい繰り返しが現れない。そしてこの数が、実は今紹介したゲームに勝つ鍵となる。

数学を使ってこのゲームを分析するためにまず$1/e$を計算すると、約〇・三七という値が得られる。そこでまず全封筒の37パーセント、つまり七つくらいの封筒を開ける。そのうえでさらに封筒を開けていくのだが、引き当てた封筒の中の紙に書かれている金額がそれまでに確認した金額のなかで最高となった時点で開けるのをやめる。数学を使った分析によると、このときその封筒に書かれていた金額が最高金額になる確率が三分の一であることが保証される。この戦略は賞金ゲームだけではなく、わたしたちが日々行うさまざまな決断にも役立つ。

たとえば、みなさんは初恋の人を憶（おぼ）えておいでだろうか。きっと、なんてすばらしい人なんだろう、と思って、この人と一生をともにしようとロマンチックに夢見たことがおありだろう。ところがそのうちに、もっとすばらしい人がいるかもしれないというしつこい疑念に悩まされるようになる。やっかいなことに、現在のパートナーを振ってしまうと、ふつうは後戻りがきかない。ではどのタイミングで、多少のことには目をつぶって、自分が得たもので落ち着くことにすべきなのだろう。あるいは部屋探しの場合。はじめて見た瞬間に、なんてすばらしい部屋だろうと思ったものの、すぐにもっといろいろ見てから決めなくてはという気になり、結果として最初のすばらしい部屋を借り損なったというのはよくある話だ。

ところが驚いたことに、先ほど紹介した戦略に従うと、最高のパートナーや最高の部屋に落ち着く可能性が最大になる。五〇歳になるまでには一生愛情を注げる相手を見つけるという目標を立てて、一六の歳からデートを始めたとしよう。さらに、パートナーがそこそこ規則的に見つかるとすると、数学的には、自分が最初に決めた期間の最初の37パーセントは様子をうかがうべきだ。そして37パーセントが過ぎて二八歳くらいになったら、それまでに出会ったどの人よりもすばらしいと思えた最高の人を選ぶ。こうすれば、三人に一人は望みうる最高のパートナーを得ることになる。ただし、生涯の愛を誓った人にはくれぐれもこの方法を明かさないように。

チョコレート・チリ・ルーレットに勝つ方法

かりに数学の知識があったとしても、モノポリーや今紹介した数字の国のゲームの結果はしょせん運次第。そこで今度は、数学を知っていれば必ず勝てる簡単な二人ゲームを紹介しよう。チョコレートバーを13本と激辛の唐辛子を1本、テーブルの上に山積みにして、この山から交互に1本ないし2本または3本のチョコレートバーを抜いていく。みごと相手に唐辛子を引かせられれば、あなたの勝ちだ。

このゲームには先手必勝の戦術があって、後攻側が唐辛子を引かざるをえない形に持ち込むことができる。どうするかというと、自分が取るチョコレートバーの数を、常に相手が取ったチョコレートバーとの総和が4本になるように調節していくのだ。たとえば敵がチョコレートバーを3本取ったら、こちらは1本取って計4本にし、敵が2本取ればこちらも2本取って、やはり4本にする。

早い話が、テーブルの上のチョコレートバーを4列に並べられるということに気づけば勝てる（ただし、実際に並べてしまうとゲームに負ける）。チョコレートバーは最初13本あったから、4本ずつの山が3つできて1本余る（そしてもちろん唐辛子も残る）。そこで先攻側は、まず余りのチョコレートバー1本を取ってしまう。そのうえで今説明したように、相手の取り方にあわせて、常に合計が4本になるようにバーを取っていく。こうすると、毎回二人がかりでチョコレートバーの山を一つずつどけていくことになるから、三回戦が終わった段階で、相手はテーブルに残った唐辛子を

図 3-09　チョコレート・チリ・ルーレット。

図 3-10　確実に勝てるように、チョコレートバーを並べ直す。

取るしかなくなる（図3-10）。

ただしこの戦略が使えるのは、こちらが先攻のときに限られる。では、相手が先攻の場合はどうすればよいのだろう。実はその場合も、相手が一手まちがいさえすれば、こちらの必勝パターンに持ち込むことができる。たとえば、相手が最初の一手でチョコレートバーを2本以上取ったら、4本のチョコレートバーでできた第一の山に手をつけたことになるから、自分が先攻の時と同じように、その山の残りのチョコレートバーを取り去ればよい。

ちなみに、最初に用意するチョコレートバーの本数を変えたり、一度に取れるチョコレートバーの制限を変えたりすると、さまざまなバリエーションを作ることができる。しかも、先ほどのように頭の中でチョコレートバーをいくつかの山に分ければ、バリエーションに応じた必勝戦略を作ることも可能だ。

このゲームの変種の一つに、ニムと呼ばれるゲームがある。ただしこのゲームで確実に勝つには、もうすこし高等な数学が必要になる。今、バーの山が四つあるとしよう。第一の山にはチョコレートバーが5本、二つ目には4本、三つ目には3本、そして最後の山には唐辛子しかないとする。このゲームでは、第一の山の5本をすべて取ってもよいし、第三の山から1本だけ取ってもかまわない。つまり一回に取るバーの本数は制限されていないが、複数の山にまたがって取ることは許されないのだ。そしてこの場合も、唐辛子を取るしかなくなった側が負ける。

このゲームに勝つには、2進法の知識が必要だ。わたしたちが10進法を使っているのは手の指が10本あるからで、9まで数えあがると、新たな位を立てて10の束が一つと1単位はゼロという意味で10と書く。ところがコンピュータは数を二つずつの束にしたがる。これがいわゆる2進法で、2進法のそれぞれの位は、10の冪（べき）ではなく2の冪の個数を示している。たとえば101は、2の2乗＝4の束が一つと2の束がゼロ個と1単位が一つだから、4＋1＝5の2進法表示になる。次の表は、いくつかの数を2進法で表したものだ。

10進法	2進法
0	0
1	1
2	10
3	11
4	100
5	101
6	110
7	111
8	1000

表3-02　2進数。

さて、ニムで勝つために、それぞれの山にあるチョコレートバーの数を2進数で表してみる。たとえば最初の山には二進法で101本、二番目の山には100本、三番目の山には11本のバーがあるとする。そこでさらに、この最後の数を011と書き直して三つの数を縦に並べると、

1 0 1
1 0 0
0 1 1

となる。今、いちばん上の段には1が偶数個、二段目には奇数個、三段目には偶数個あることに注意しておく。このとき、毎回いずれかの山のチョコレートバーを各段の1の数が偶数になるように取り去れば、必ず勝てる。したがってこの場合には3本のバーからなる最後の山からバーを2本取り除き、バーの数を001にすればよい。

なぜ1の数を偶数個にすれば勝てるのかというと、こうすることによって、続いて敵がバーを取ったときにすくなくともどこかひとつの段の1の数が必ず奇数個になるからだ。そこでこちらは、ふたたびどの段もすべて偶数個になるようにバーを取る。

こうしてチョコレートバーの数はどんどん減り、最後には、どちらかがチョコレート

を取り去った時点で山に残されたバーの数が000、000、000になる。ところがこちらは相手がバーを取った後に最低でも一つの山に1が奇数個残るように立ち回っているから、最後のチョコレートバーはこちらが取ることになって、相手は最後に残った唐辛子を取ることになる。

この戦略は、それぞれの山にバーが何本あっても通用するし、山の数をさらに増やしても通用する。

魔方陣には、出産を楽にし、洪水を防ぎ、ゲームに勝たせる力があるのか

数学をするときは、水平思考ができるととても役に立つ。物事を別の角度から眺めてみると、解けそうになかった問題の答えが手に取るように見えてくる。その問題を眺めるのに適した方向さえ見つかれば、すべてが解決するのだ。ここで一つ、一見難しそうだが、別の角度から眺めるとぐんと簡単になるゲームを紹介しよう。自分でもゲームをしてみたいという方は、この本の図を拡大コピーして、切り取っていただきたい。

各プレイヤーの手元には、一五切れ分のケーキを載せられるケーキスタンドがある。

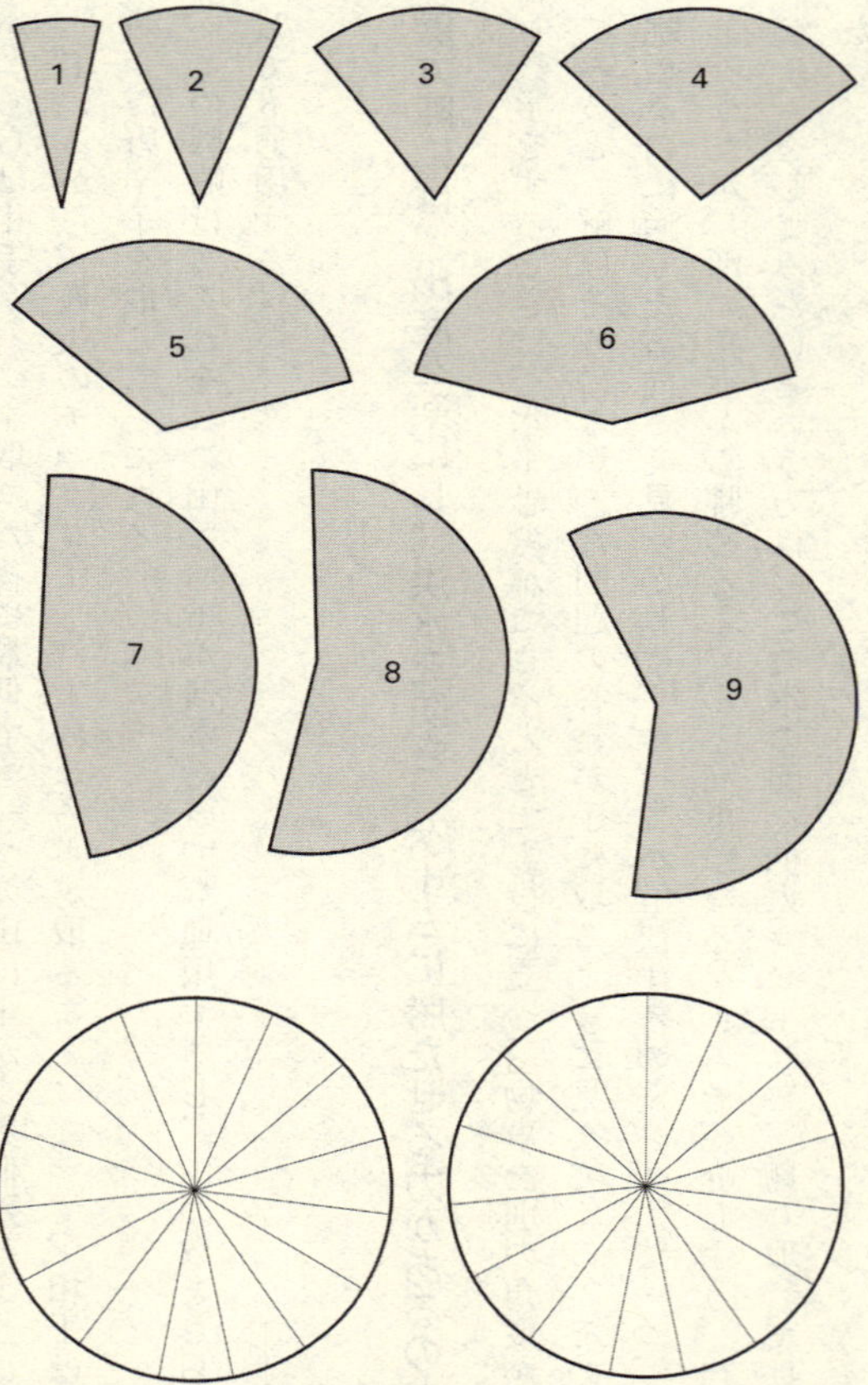

図 3-11　ケーキを 3 つ載せて、敵より先に自分のケーキスタンドをいっぱいにする。

このとき、大きさがまちまちな九つのケーキのなかから三つを選んで、先にケーキスタンドをいっぱいにしたプレイヤーが勝つ。なお、ケーキの大きさは一切れ分から九切れ分まであって、一度に取れるのは一つだけだ（図3-11）。

このゲームに勝つには、1から9までの数のなかから総和が15になるように三つの数を選び、しかも相手の動きを妨害する必要がある。したがって、相手が三切れ分と八切れ分の塊を取った場合は、一五切れにされないように四切れ分の塊を取るしかない。さらにまた、こちらが狙（ねら）っていた塊を取られた場合には、手元の塊と残りの塊をうまく使って、別のやり方で一五切れ分にする必要がある。ところがこのゲームにはぴったり三個の塊でスタンドをいっぱいにするという決まりがあるから、九切れ分と六切れ分の二つの塊でスタンドをいっぱいにしたり、一切れ分と二切れ分と四切れ分と八切れ分の四つの塊でスタンドをいっぱいにしても勝つことはできない。

このゲームがはじまったとたんに、ケーキスタンドをいっぱいにする方法を追うのがきわめて困難になる。ところがこのゲームが実は別の古典的なゲームの別の姿であることに気がつくと、ぐんと考えやすくなる。実はこれは、形を変えた三目並べなのだ。ただし、ふつうの三目並べでは3×3のマス目に○と×を入れていって、敵より先に三目を並べるが、この場合は次のような魔方陣の上で三目を並べる。

もっとも基本的な魔方陣では、3×3の格子に1から9までの数を入れていって、縦横斜めの数の和がすべて15になるようにする。つまりこの魔方陣の配列には、1から9までの九つの数のなかから三つを選んで総和を15にする組み合わせがすべて示されているのだ。そこで、先ほどのケーキ・ゲームをこの魔方陣の上での三目並べに置き換えると、先に三目並べた方が、総和が15になる三つの数を見つけたことになる。

ある伝説によると、世界最古の魔方陣は紀元前二〇〇〇年に中国の洛水という河から這い出してきた亀の背中に書かれていたという。その当時、大規模な氾濫が起きたことから、禹皇帝が河の神をなだめるためにたくさんの生け贄を捧げると、河の神が皇帝の治水に役立つようにと甲羅に数の模様を描いた亀を使わしたというのである。このような数の配置が見つかると、中国の数学者たちはさらに大きな魔方陣を作りはじめた。魔方陣には偉大な魔法の力があると信じられ、広く占いに使われるようになった。そしてついに、9×9の魔方陣を作るという偉業を成し遂げたのだった。

2	9	4
7	5	3
6	1	8

表 3-03

魔方陣が香辛料だけでなく数学のアイデアも取り扱っていた中国の商人たちによってインドに持ちこまれたことを示す証拠が今も残っている。数をみごとに編みこんだ魔方陣は再生を信じるヒンズー教の教えと強く響きあい、やがてインドでは香りの調合法の記録からお産の助けまで、ありとあらゆることに魔方陣が使われるようになった。魔方陣は中世イスラム文化でも人気があり、インド人よりはるかに体系的に数学に取り組んだイスラム教徒たちは、魔方陣を作る賢い方法を編み出した。そして一三世紀にはなんと15×15の魔方陣を発見した。

ヨーロッパでもっとも早く登場した魔方陣のひとつに、アルブレヒト・デューラーの銅版画「メランコリア」に描かれた4×4の魔方陣がある。この魔方陣では、1から16までの数が縦横斜めに加えたときにすべて34になるように配置されている。しかもこの正方形を四分割して2×2の小さな四角を作ると、そこに含まれる数の和もすべて34になり、中央の2×2の正方形に含まれる数の和も34になる。さらにデューラーは、一番下の行の真ん中の数字二つがこの銅版画を完成した一五一四年になるようしくんだ。

昔から、異なる大きさの魔方陣は太陽系の惑星と結びつけられてきた。古典的な3×3の魔方陣は土星を、「メランコリア」に登場する4×4の魔方陣は木星を、そし

16	3	2	13
5	10	11	8
9	6	7	12
4	15	14	1

図 3-12　アルブレヒト・デューラーの魔方陣。

て最も大きな9×9の魔方陣は月を表すとされ、デューラーが銅版画に4×4の魔方陣を描いたのは、この版画を覆っている憂鬱な感じを木星の陽気さで中和できるという神秘主義的な信念によるともいわれている。

これとはまた別の有名な魔方陣が、アントニオ・ガウディの設計になるバルセロナの未完成の聖堂、きらびやかなサグラダ・ファミリアの入り口に埋めこまれている。この4×4の魔方陣では磔刑に処せられたときのキリストの年齢である33という数が鍵になっているが、デューラーの魔方陣ほどうまくできておらず、14と10が二回出てくる一方で12と16はどこにもない。

魔方陣は、常に数学者の関心を引きつけてやまない。ここでひとつ、魔方陣に関する未解決の問題を紹介しておこう。3×3の魔方陣は本質的には一種類しかない（本質的にというのは、その魔方陣を回転させたり鏡に映してできるものはすべて同じと見なす、ということだ）が、フランス人のベルナール・フレニクル・ド・ベッシーは一六九三年に、計八八〇種類にのぼる4×4の魔方陣の一覧を作った。そして一九七三年には、リチャード・シュローペルがコンピュータ・プログラムを使って5×5の魔方陣が全部で二億七五三〇万五二二四種類あることを突きとめた。ところがこれより大きな6×6以上の魔方陣に関しては、総数を推定するのが関の山で、数学者たちは今も正確な個数の計算式を探し求めている。

数独を発明したのは誰か

ある数学者が魔方陣に魅せられて作ったパズルに、数独の基となるアイデアを見てとることができる。それは、トランプの絵札とエースをどの絵柄も位も縦横に重ならないように4×4の格子に並べるというパズルだった。一六九四年にはじめてこの問題を出題したのはフランスの数学者ジャック・オザナムだから、オザナムが数独を発明したともいえるかもしれない。

レオンハルト・オイラーもまた、このタイプのパズルにとりつかれていた。そして死ぬ数年前の一七七九年に、この問題のバリエーションを考え出した。六人の兵士からなる連隊が六つあって、制服は赤と青と黄色と緑と橙と紫というようにおのおの色が違っている。さらに各連隊の兵士の階級も、大佐、少佐、大尉、中尉、伍長、兵卒というふうにすべて異なっている。このとき、これらの兵士を6×6の格子に並べて、縦横に並んだ兵士の階級も兵士が所属する連隊もすべて異なるようにすることは、はたして可能か。オイラーがなぜ6×6の場合を問題にしたのかというと、当の本人はこの条件を満たす形で三六人の兵士を配置することはできないと考えていたからだ。この直感が正しかったことは、一九〇一年にフランスのアマチュア数学者ガストン・タリーによって証明された。

オイラーはさらに、6×6からはじまって縦横が四ずつ増えた10×10、14×14、18×18の格子でもそのような配置は不可能だと考えていたが、やがてこの推測は誤りだということが判明した。一九六〇年に三人の数学者がコンピュータの力を借りて、一〇個連隊から階級の異なる兵士を一〇名ずつ出してオイラーが指定した条件を満たす10×10の格子を作ることは可能だと証明したのである。この三人はさらに、オイラーの直感が実は完全に外れていて、配置が不可能なのは6×6の時に限ることも証明した。

5×5のオイラーのパズルをしてみたい方は、五つの連隊の五つの階級を表すコマを作って、どの行どの列をとっても同じ連隊、同じ階級の兵士が重ならないような形で5×5の格子に並べられるかどうか、ぜひ試してみていただきたい。このタイプの魔方陣はグレコ・ラテン方陣と呼ばれることがある。というのもラテン語とギリシャ語のアルファベットの最初のn個の文字で$n \times n$個のラテン文字とギリシャ文字のペアを作り、これらの組を縦にも横にも同じラテン文字やギリシャ文字が重ならないように$n \times n$の格子に配置するからだ。

そうはいっても、数独とオイラーの兵士パズルがまったく同じというわけでもない。古典的なタイプの数独では、1から9までの九つの数字を9×9の格子にならべて、どの行にも列にも3×3の正方形にも、同じ数字がダブらないようにする。格子にはすでに数がいくつか配置されていて、残りのマス目を埋めるのだが、誰かがこのパズルに数学など必要ないといったとしても絶対に信用しないこと。その人がいいたいのは、計算をしなくていいということであって、数独は煎じ詰めれば論理パズルなのだ。みなさんが右下の隅に3が入ると判断するとき、そこではまさに数学そのものともいうべき論理的な推論が行われている。

数独に関しては、数学の観点から見ていくつか興味深い謎がある。たとえば、数独のルールを満たす形で9×9の格子を埋める方法は全部で何通りあるのだろう（この場合も、問題になるのは「本質的に」異なる埋め方で、行の入れかえなどの単純な対称移動で互いに変換できる配列は同じと見なす）。二〇〇六年にエド・ラッセルとフ

魔方陣を使った小説

フランスの小説家ジョルジュ・ペレックは1978年に、10×10のグレコ・ラテン方陣に基づく、『人生　使用法』という小説をまとめた。この本は99章からなっていて、それぞれの章が、10階建てで各階に10の部屋があるパリのアパルトマンの一室に対応している。（ただし、66番目の部屋の章はない）著者は、各部屋を10×10のグレコ・ラテン方陣のマス目に対応させ、10のギリシャ文字と10のラテンアルファベットの代わりに、10人ずつ2グループの作家で魔方陣を作った。

ある部屋についての章を執筆する際には、その部屋に割り当てられたふたりの著者を確認し、その章のどこかで必ずこれらの著者の作品を引用するというルールがあって、たとえば、第50章ではギュスタヴ・フロベールとイタロ・カルヴィーノが引用されている。しかもこのような方陣は、著者だけに適用されているわけではない。著者は、家具、芸術スタイル、歴史の一時期や体位といったさまざまな項目のなかから10個を選んでグループを作り、そのような項目のグループ2つを組み合わせて作ったグレコ・ラテン方陣を計21個用意して、これらの項目と部屋を使っている人が関わるようにしたのである。

レイザー・ジャーヴィスは、異なる埋め方が全部で五四億七二七三万五三八通りあることを突きとめた。したがって新聞社にすれば、当面、数独の問題が不足する心配はしなくてよい。

このパズルを巡る謎のなかには、まだ数学的には完全に解決されていないものもある。たとえば、空いているマス目を埋める方法がただ一通りしかないようにするには、最初に少なくともいくつマス目を埋めておかなくてはならないのかという問題。少なすぎれば——たとえば三つしかいれておかなかったら——情報が足りずに答えをただひとつに定めることができず、格子を埋めるやり方が何通りも出てきてしまう。今のところ、数独パズルの完成図を一つに絞り込むには少なくとも一七個の数を入れておく必要がある、と考えられている。この問題が単なる暇つぶしだと思ったら大間違いで、数独の裏に潜む数学は、実は次の章で取り上げるエラー修正コードにも深く関わっている。

数学の知識を使ってギネスブックに載るには

なにがなんでもギネスブックに載りたいというのなら、それこそ突拍子もない方法がいくらでもある。イタリアの会計士ミケーレ・サンテリアは、六四冊の本をすべて後から原語でタイプして（計三三六万一八五一ワード＝一九五四万九三八二文字）、ギネスブックに載った。ちなみにサンテリアがタイプした本のなかには、ホメロスのオデッセイア、マクベス、ヴルガータ聖書〔カトリック教会の標準ラテン語訳聖書〕、二〇〇二年度版ギネス世界記録などが含まれていた。また、ダービーシャーのグロソップに住むケン・エドワーズは、一分間に三六匹のゴキブリを食べて世界最多記録保持者となり、アメリカのアシュリータ・ファーマンはポゴスティック〔日本ではホッピングとも〕で一二時間二七分かけて三七・一八キロメートル進んで、ギネスブックに載った。しかもファーマンは、世界記録の世界最多保持者という記録まで持っている！　だとすれば、数学を使ってうまくギネス記録の殿堂に潜りこむ方法があってもよさそうなものだ。

一九六一年以降ギネスブックに記録が載り続けている挑戦課題のひとつに、ロンドンの地下鉄の駅を最短時間でくまなく訪れるというものがある。二〇〇九年末現在、チューブ・チャレンジと呼ばれるこの課題の記録は、同年一二月一四日にマーティン・ヘイゼルとスティーヴ・ウィルソンとアンディ・ジェイムズが樹立した一六時間四四分一六秒である〔二〇一五年一〇月現在、ローナン・マクドナルドらが二〇一五年二月一九日に樹立した一六時間一四分一〇秒が最速記録〕。何を好きこのんでそんなことを……と思われる方もおいでだろうが、この記録を破りたいのであれば、地下鉄の地図を数学の視点で分析して、あらゆる駅を少なくとも一度は確実に通る最短の旅を作ったほうがいい。

　このタイプの問題は、なにもチューブ・チャレンジがはじめてではない。チューブ・チャレンジは、一八世紀にプロシアのケーニヒスベルクの町で楽しまれていたゲームのすこし複雑な子孫といってよい。ケーニヒスベルクの真ん中を流れるプレーゲル川は、島を挟んで二つに分かれ、ふたたび一つになって西に向かいバルト海に注ぐ。一八世紀にはこの川に七つの橋が架かっていて、日曜日の午後にはこの町の住人たちが、すべての橋をもれなくただ一度だけ渡る道筋を探して楽しんでいた。チューブ・チャレンジではスピードが問題だが、ケーニヒスベルクの橋の場合はそのような道筋を作れるかどうかが問題だった。しかしどうがんばってみても、渡れない橋が必ず一つ残った。はたしてこれはほんとうに解決不可能な課題なのか。それとも、じつはすべての橋を一度ずつ通る経路はちゃんと存在していて、まだ見つかっていないだけなのか。

　この問題に決着をつけたのは、あのグレコ・ラテン方陣の問題を作ったスイスの数学者レオンハルト・オイラーだった。当時、ケーニヒスベルクから北東に五百マイルほど行ったサンクト・ペテルブルクのアカデミーで教鞭（きょうべん）を執っていたオイラーは、概念の面でたいへん重要な飛躍を行って、みごとこの問題を解いた。経路の有無はじつは町の実際の寸法とは無関係で、橋同士のつながりかただけが問題になるということを見抜いたのだ（トポロジーに基づくロンドンの地下鉄の地図もこの原理で作られている）。七本の橋でつながっているケーニヒスベルクの町の四つの地域を点で表してこれらの点を結ぶ線を橋と見なすと、ごく単純な地下鉄地図のような図ができる（図3-13）。

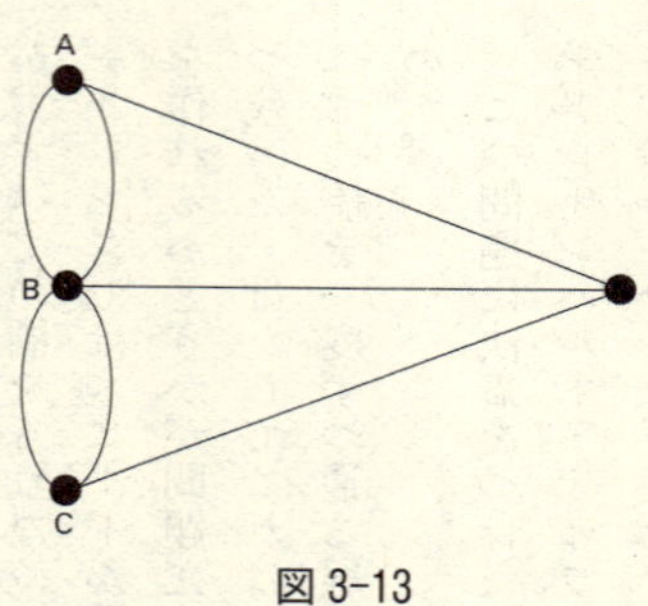

図 3-13

こうなると、すべての橋を一度だけ渡る経路があるかという問題は、ペンを紙から離さず、しかも二度同じ線を通らずにこの地図をなぞれるかという問題になる。ところがオイラーが切り開いた新たな数学の視点に立つと、七つの橋すべてを一度ずつ通る経路は存在しないことがわかるのだ。

なぜそういいきれるのだろう。この地図を実際になぞってみるとわかるが、途中で通過する点には、決って入る線と出る線が一本ずつある。しかも、ふたたび同じ点を通るときには前とは別の橋を通って入り、さらにそれとも別の橋を通って出るはずだから、出発点と終点以外の各点には偶数本の線がつながっているはずだ。

しかしケーニヒスベルクにある七つの橋の図を見ると、四つの点のすべてに奇数本の線、つまり橋がつながっている。したがって、すべての橋をもれなく一回だけ通って歩く経路は存在し得ない。オイラーはさらに分析を進めて、次のように結論した。もしも問題の地図に奇数本の線がつながっている点が二つだけあったなら、紙からペンを離さずに、しかも同じ線を二度通ることなくすべての線をなぞることができるが、その場合には、奇数本の線とつながっている点のどちらか片方からなぞり始めてもう一つの点で終わるようにする必要がある。

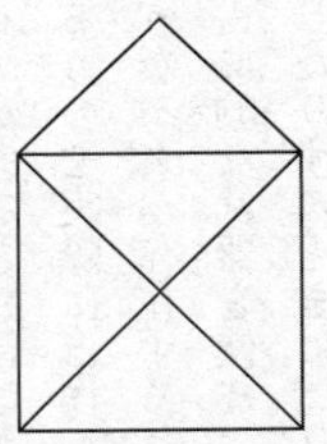

図3-14 オイラーの定理によると、この図を紙からペンを離さず、しかも2度同じところを通らずになぞることができる。

現在数学者たちがオイラーパスと呼んでいるこのような経路が存在する図は、あともう一種類ある。すべての点に偶数本の線がつながっている図も、一筆書きができるのだ。この場合は、どこを出発点にしてもかまわない。なぜならどの経路もすべて出発点と同じ点で終わり、閉じたループになるからだ。オイラーの定理のおかげで、たとえ実際に経路をたどるのが難しくても、地図がこのどちらかのタイプであれば必ずオイラーパスがあると断言できる。これが数学の威力で、数学は往々にして、問題となっているものを実際には作らずに、それが存在することを請け合ってくれる。

このようなパスが存在することを証明するには、数学者の武器庫に収められた帰納法という古典的な武器を使う。ちょうど、高いはしごに登ったりロープを使って滝を懸垂下降したりするときに、高さに対する恐怖を克服するために少しずつ歩みを進めるように、帰納法も一歩ずつ進んでいく。

大前提として、ある本数の線からなる地図であれば、どんな地図でも紙からペンを離さずになぞれるとする。ところが今、線の数がそれより一本だけ多い地図が見つかった。このときこの新たな地図を紙からペンを離さずになぞれるかどうかを確認するにはどうすればよいのか。

まず、この地図に奇数本の線がつながっている点がAとBの二つあったとする。そのうえで、奇数本の線がつながっている二つの点のどちらか片方から線を一本取り去る。たとえば、Bから別の点Cにいく線を取り去ったとすると、こうしてできた新たな地図は、線の数こそ一本減るが、奇数本の線がつながっている点の数は、AとCであいかわらず二つのままだ（Aにつながる線の本数は変わっていない。一方Bからは線を一本取ったから、つながっている線の数は偶数本になったが、BからCへの線を取ったので、今度はCにつながる線の数が奇数本になっている）。この新たな地図は前より線の数が一本少なくなっているから、〔その本数まではなぞれるという前提から〕AからはじまってCで終わる線でなぞることができる。したがってさっき取り除いた線をつけ加えてCとBを結べば、元の線が一本多い地図も簡単になぞることができる。ということで、一丁上がり！

BからAへの線が一本きりでAとCが実は同じ点である場合など、個別に検討する必要のあるケースがいくつか残っているのは事実だが、オイラーの証明の核に、オイラーパスが引ける理由を一歩一歩こつこつと積み上げていく、という着想があることはまちがいない。そしてこの手法を使えば、はしごを一段ずつあがるようにしてどんなに線の多い地図であってもオイラーパスを見つけることができる。

オイラーの定理の威力を知るために、ためしに友達に好きなだけ入り組んだ地図を描いてくれと頼んでみるといい。そうしておいて、できあがった地図に奇数本の線でつながっている点がいくつあるかを数えれば、たちどころにその地図を一筆書きできるかどうかを判断することができる。

最近わたしは、ケーニヒスベルク（第二次大戦後に名前が変更されてカリーニングラードになった）に詣でた。町は第二次大戦中に連合軍の爆撃によって徹底的に破壊され、オイラーの時代の面影はまったく残っていなかった。それでも、戦前からある橋のうち、「木の橋」と、「蜜の橋」と「高い橋」の三つの橋は、今もかわらず川に架かっていた。「くず肉の橋」と「鍛冶屋の橋」の二つは跡形もなく、「緑の橋」と「商人の橋」は戦争中にいったん壊されたが、後に町を貫く巨大な二車線道路を通すために再建された（図3-16）。

さらに、町の西の端には新たに鉄道橋が架けられていて、歩行者もプレーゲル川の二つの岸を繋ぐこの橋を使うことができる。また、古くからの「高い橋」と平行に、新たに「カイザー橋」と呼ばれる歩行者用の橋が架かっている。数学者であるわたしはすぐに、一八世紀のゲームの精神に則って、これらの橋を一つ残らず一度だけ渡って歩くことは可能だろうかと考えた。

オイラーの分析によると、奇数本の橋が出ている場所が二カ所あれば、片方から出発してもう片方に向かうオイラーパスが存在する。そこで実際に現在カリーニングラードにある橋の地図を見てみると、オイラーパスが存在することがわかった。

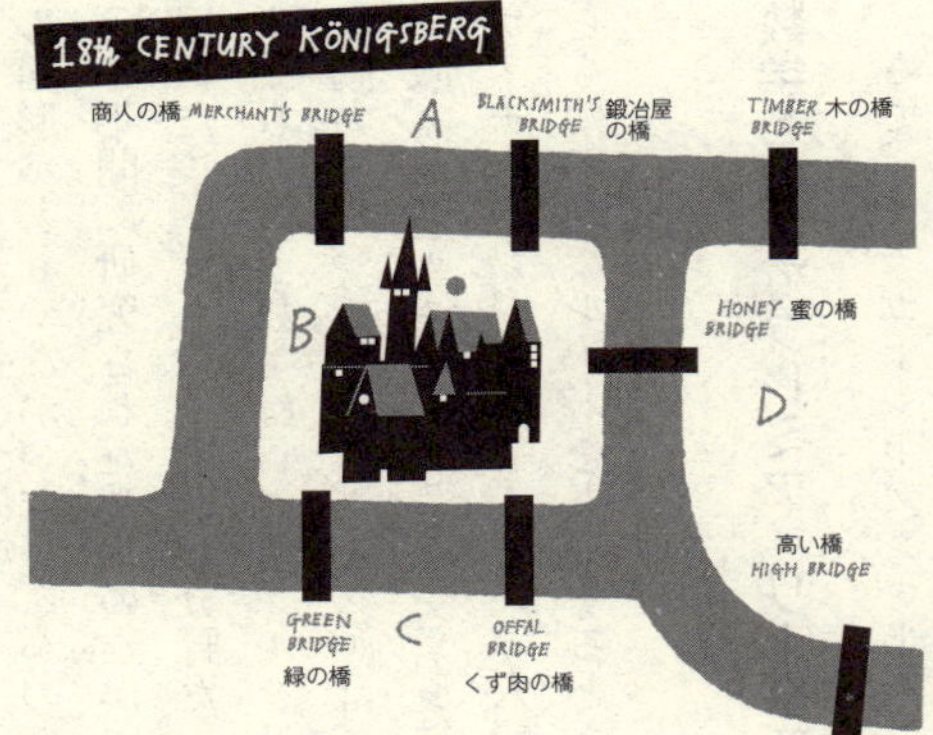

図 3-15　18 世紀のケーニヒスベルクの橋。

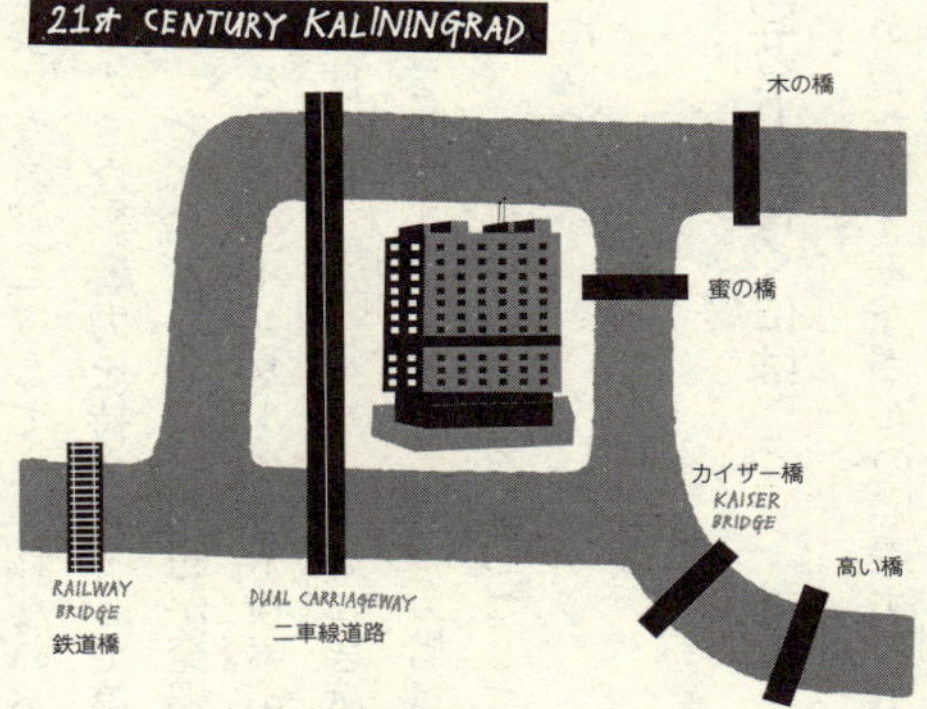

図 3-16　21 世紀のカリーニングラードの橋。

このケーニヒスベルクの橋の物語がきっかけとなり、数学者たちは幾何学や空間を見る新たな視点を獲得することとなった。その新たな視点に立つと、距離や角度よりも図形がどうつながっているかのほうが重要になる。こうして生まれたのが、過去一〇〇年間に研究された数学のなかでもっとも大きな影響力を持つ（そして第二章でも用いた）トポロジーという分野だった。ケーニヒスベルクの橋の問題が発端となって生まれたこの数学は、グーグルをはじめとする現代のインターネット検索エンジンの原動力になっている。グーグルはこの数学を使って、ネットワークをこぎ渡る方法を極限まで増やそうとしているのだ。おまけにこのトポロジーという分野は、チューブ・チャレンジをしようという人間が、ロンドンの地下鉄の駅をはしごして回るもっとも効率的なルートを立案するときにも役に立つ。

数学を使ってプレミア・リーグで一〇〇万ドル稼ぐには

さて、サッカーシーズンも半ばにさしかかった頃、みなさんの応援するチームが順位表の真ん中より少し下あたりにいたとしよう。あなたは、愛するチームがリーグチャンピオンになる可能性がまだ残っているかどうかをぜひとも確認したい。実はこの疑問を解決するのに必要な数学は、この章の一〇〇万ドル問題と密接な関係がある。

数学的にいって優勝する可能性があるかどうかを調べるために、まず贔屓（ひいき）のチームが残りのすべての試合で勝って一試合ごとに勝ち点三が加算される場合を考える。ところが、次にほかのチームに点を配分しようとしたところで問題が生じる。あなたの愛するチームは上位チームを追い越さなければならないから、上位チームもそこそこ負けないと困る。しかしその一方で上位チーム同士も戦うわけだから、上位チームを軒並み負けさせるわけにもいかない。こうなると、残るすべての試合に適当に勝ち点を振り分けて、「この組み合わせで愛するチームが一位になりますように」と天に祈るしかない。そんなばかな。愛するチームが勝利するような勝ち点配分があるかどうかをもっとじょうずに確かめる方法が、きっとあるはずだ！

ここはぜひとも、あの地図の問題でオイラーが使ったような賢い技がほしいところだが……。組み合わせの候補をしらみつぶしにあたらずにすますうまい方法はないものなのか。だが残念なことに、今のところそのような方法が存在するかどうかもわかっていない。実際、賢いやり方を最初に見つけた人か、この問題には本質的に複雑なところがあって問題を解決したければ可能性をしらみつぶしにあたるしかないということを最初に証明した人には、一〇〇万ドルが進呈されることになっている。

おもしろいことに一九八一年までは、シーズン半ばで自分の贔屓チームにまだプレミア・リーグ優勝の目があるかどうかを効率的に調べるプログラムを作ることができた。この年までは、チームが勝つたびに勝ち点二が加わり、引き分けた場合はこの二点を均等に分けることになっていたのだ。数学の観点からいうと、これはきわめて重要なことである。なぜならこのやり方なら、各シーズンの試合で得られる勝ち点の総数が変らないからだ。たとえばプレミア・リーグのように二〇チームからなるリーグで、それぞれのチームが三八試合した（残りの一九チームと、ホームゲームを一回行いアウェーゲームを一回行った）とすると、試合総数は20×38試合になる……が、これではそれぞれの試合を二回数えることになってしまう。たとえばアーセナル対マンチェスター・ユナイテッドの試合は、マンチェスター・ユナイテッド対アーセナルの試合と同じだから、実際の試合の総数は10×38で三八〇試合になるわけだ。一九八一年までは、シーズン終了時の総勝ち点数、2×380＝760点を二〇チームが分け合う形になっていた。このため、シーズン半ばで贔屓のチームに優勝の目があるかどうかを調べる効率的なプログラムを作ることができたのだ。

ところが一九八一年に、すべてががらりと変わった。勝ったチームに勝ち点三、引き分けると各チーム一点ずつで計二点という配点になったので、シーズンが終わったときの勝ち点の総数を前もって知ることができなくなったのである。全試合が引き分けなら勝ち点の数は計七六〇点になるが、ひとつも引き分けがなければ計一一四〇点になる。このように勝ち点の総数が変動するせいで、プレミア・リーグ問題を解くのはきわめて難しくなった。

これに似た問題は、プレミア・リーグに限らずいろいろあるので、サッカーに興味がない方はそちらに取り組んでみてもよいだろう。たとえば古典的な例として、旅するセールスマンの問題がある。今、自分がセールスマンだとして、一一名のクライアントの元を訪れなければならない。クライアントはすべて別々の町に住んでいて、町と町は道路で図3-17のようにつながっている。ところがあなたの車には二三八マイル分のガソリンしか入っていない。

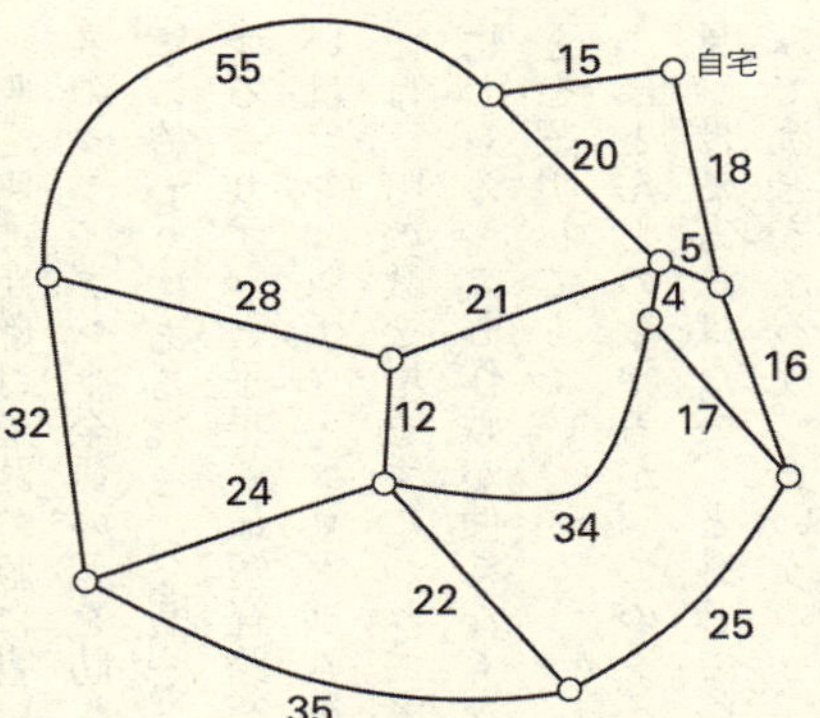

図 3-17　旅するセールスマン問題の一例。あなたは、この地図のあらゆる点を通って出発点に戻る計 238 マイル以下の経路を見つけることができますか。

町と町の距離は道路の脇に書いてある。このとき、はたしてガス欠にならずに一名のクライアント全員の元を訪れて家に戻ってくる経路が存在するのか（答えはこの章の終わりにある）。この問題でいうと、どんな地図を示されても、しらみつぶしにするよりずっと手早く最短経路を突きとめることができる一般的アルゴリズム、あるいはコンピュータ・プログラムを作った人に、一〇〇万ドルが進呈される。この問題では、町の数を増やすにつれて考えられる経路の数が指数関数的に増えるから、じきにしらみつぶし作戦が使えなくなる。あるいは、そのようなプログラムが作れないことを証明してもよい。

ほとんどの数学者が、このタイプの問題には固有の難しさがあって効率的に答えを見つける方法はない、と感じている。このような問題を「わら山の針」問題と呼んでみてはどうだろう。というのも、こういった問題には解になりそうな候補が無数にあって、そのうちの特定の一つを見つけることがポイントになるからだ。専門家はこのような問題をNP完全問題と呼んでいる。

これらのパズルには一つ大きな特徴がある。いったん針が見つかってしまえば、それがほんとうに針かどうかを調べるのはごく簡単なのだ。たとえば、セールスマン問題で実際に距離の合計が二三八マイル以下の経路が見つかれば、すぐに条件を満たしているかどうかを確認できる。同様に、サッカー・シーズンの残り試合の結果の正しい組み合わせが見つかれば、数学的に見て贔屓チームが優勝する可能性があるかどうかはすぐにわかる。これに対して、解を効率的に求めることのできるプログラムが存在する問題をP問題という。したがってこの一〇〇万ドル問題は次のように言い換えられる。「NP完全問題は、実はP問題なのか」数学者はこの問題を、NP v Pと呼んでいる。

さらにもうひとつ、これらすべてのNP完全問題を結びつける奇妙な性質がある。NP完全問題のなかのどれかひとつで効率的なプログラムが見つかりさえすれば、ほかのすべての問題にもそのようなプログラムが存在するといえるのだ。たとえば、旅するセールスマンに最短経路を教える賢いプログラムが見つかったなら、そのプログラムにちょっと手を加えただけで、贔屓チームに優勝の目があるかどうかをチェックする効率的なプログラムを作ることができる。なぜそういえるのかを、これとは別の一見まるで異なる「わら山の針」問題――NP完全問題――の例で見てみよう。

そつのないパーティー問題

友達を招いてパーティーを開きたいのだが、そのうちの何人かは互いに犬猿の仲なので、同席させると面倒なことになる。そこで一計を案じてパーティーを三つ開き、この三つの間で招待する相手を調整することにした。はたしていがみあっている人たちがパーティーで鉢合わせをしないように招待状を送ることはできるのか。

三色地図問題

第二章で、どんな地図でも最大で四色あれば必ず塗り分けられることがわかった。では、どんな地図を示されたとしても、その地図をぴったり三色で塗り分けられるか否かを判定できる効率的な方法ははたして存在するのか。

この三色地図問題の解が、なぜそつのないパーティー問題を解決する役に立つんだ？　そこでまず、友達の名前をすべて書き出して、仲の悪い友人同士を線で結んでみる（図3-18）。

全員を三つのパーティーのどれかひとつに招くわけだから、パーティーごとに色を変えて全員の名前を色分けすることができるはずだ。この視点で見ると、どの友達をどのパーティーに呼ぶかという問題が、上の図の線でつながっている友達が同じ色にならないような色分けを考えるという問題になる。そこでさらにこの友達の名前のと

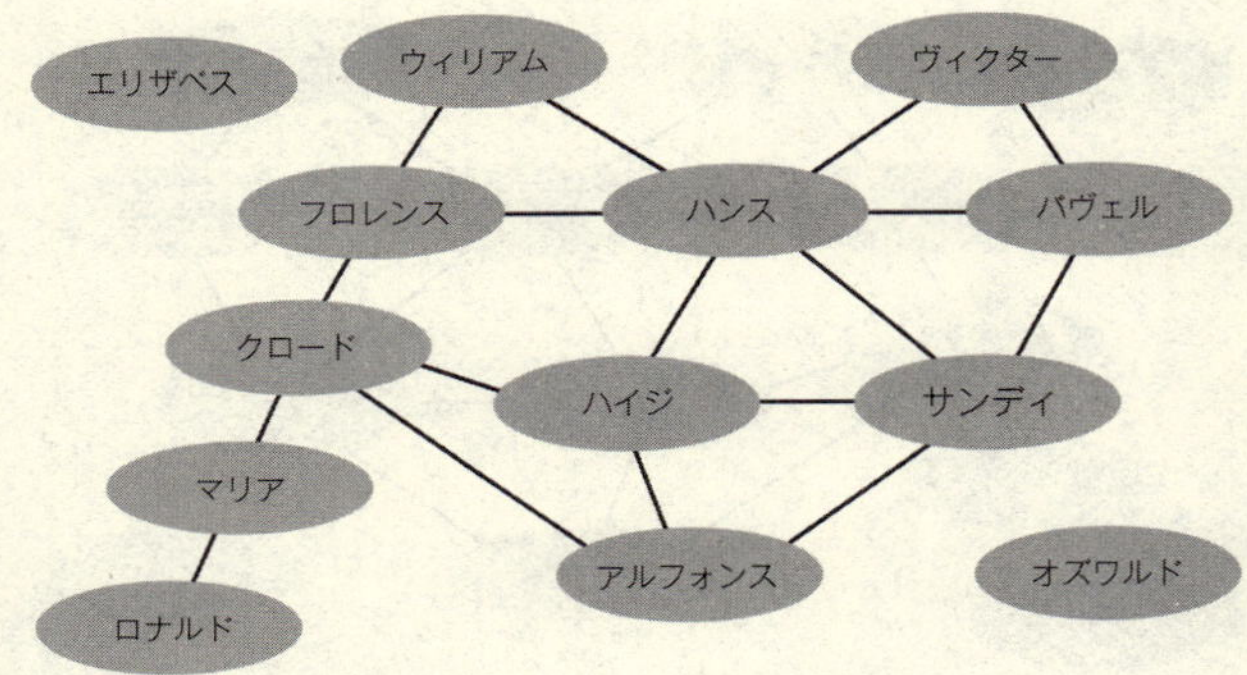

図 3-18　同じパーティーに呼べない人同士を線で結ぶ。

ころに別のものを入れるとどうなるか（次ページ図3-19）。

互いに犬猿の仲の友達はヨーロッパの国々となって、二人を結ぶ線は二つの国が共有する国境になる。かくして友人を三つのパーティーのどれに呼ぶかという問題が、ヨーロッパの国の地図を三色で塗り分けるという問題になる。

そつのないパーティー問題と三色地図塗り分け問題は、形こそ違え実は同じ問題だったのだ。したがって、どれかひとつのNP完全問題を解く効率的な方法が見つかれば、すべての問題を解くことができる。ではここで一〇〇万ドルを狙いたいという方のために、さらにいくつかの腕試し用の問題を紹介しておこう。

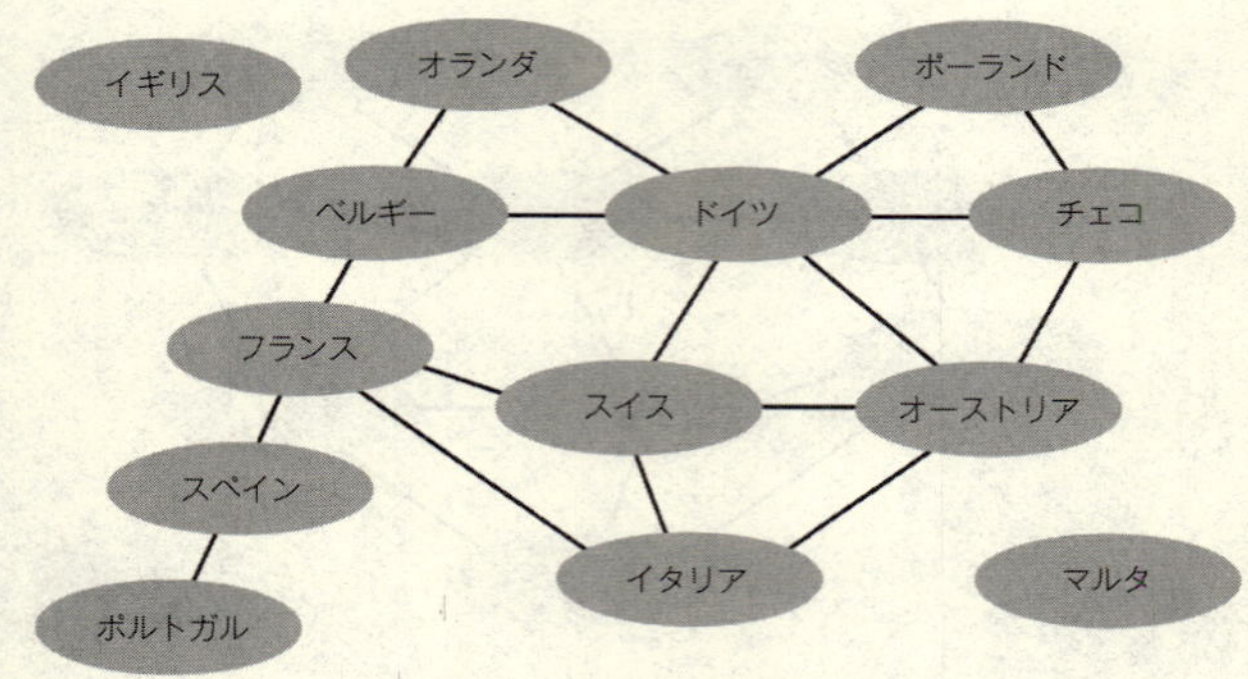

図 3-19 国境で接している国同士を線で結ぶ。

マインスイーパ

これはマイクロソフトのOSに必ずついてくる一人遊びのコンピュータ・ゲームで、ゲームの目的は、格子のマス目から地雷を撤去することにある。マス目をクリックしてみて、そのマス目に地雷が埋まっていない場合は、周囲のマス目に地雷がいくつあるかが表示される。そのマス目に地雷があれば、一巻の終わり。ところが、一〇〇万ドルがかかった地雷撤去問題では少しばかり違うことを要求される。次にあげた図は、実際のゲームのものではありえない。なぜなら、1という数字は、まだクリックしていないマス目のどちらか一つに地雷があることを意味しており、2という数字は両方に地雷があることを示しているが、地雷をどう配置してみてもこういう数字にはなり得ないからだ。

図 3-20

では次の図はどうだろう。実際のゲームの画面がこうなることがあるのだろうか。

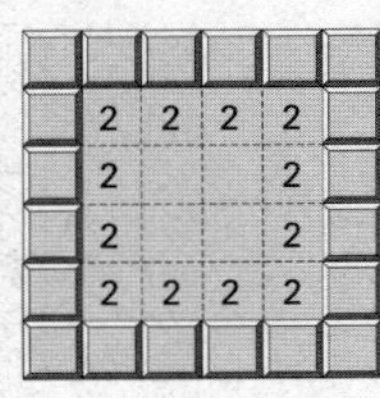

図 3-21

地雷の埋め方次第でこのような数字が並ぶことがあるのか。それともどんな埋め方をしてもこのような数字は絶対に現れず、したがってこの図はほんとうのゲームの画面ではありえないのか。というわけで、問題です。どんな図を出されても、ほんとうの画面であり得るか否かを判別することができる効率的なプログラムを作っていただきたい。

数独

どんなに大きな数独パズルを出題されても効率的に解けるプログラムを作る、というのもNP完全問題だ。ひじょうに難しい数独では、ひとまず推論を立てておいて、とりあえずそれを展開していくことになる。ところが、どうやらこの推論を立てる上手な方法は存在しないらしく、試行錯誤をくり返して正しい答えにつながる推論を見つけ出すしかないようなのだ。

パッキング問題

みなさんが運送業を営んでいるとしよう。梱包用の箱は高さも幅も同じで、トラックの荷台の内法とぴったり同じになっている（実際には、ほんの少し小さくしておかないと荷台に収まらない）が、箱の長さはまちまちだ。トラックの長さを150フィート、箱の長さをそれぞれ、16、27、37、42、52、59、65、95フィートとすると、これらの箱をトラックにもっとも効率よく積む方法は如何に。一般に、どのような数Nと小さな数の組$n(1), n(2), \cdots n(r)$に対しても、合計が与えられた数Nになるような小さな数の組を決定するアルゴリズムを見つけていただきたい（次ページ図3-22）。

これらの問題は単なるゲームではない。実際の経済活動や生産活動で企業が具体的な問題のもっとも効率的な解を見つける必要に迫られる場面には、往々にしてこの手の問題が絡んでくる。無駄な空間や無駄な燃料は無駄な経費につながるので、経営者はしばしばこのタイプのNP完全問題を解決しなければならなくなるのだ。さらに、電気通信業界で使われている暗号のなかにも、わら山に紛れた針が見つからないと解けないものがある。そのためこの一〇〇万ドル問題の展開には、ゲームにとりつかれた人々や数学者とは別の方面からも注目が集まっている。

サッカーリーグを数学的に分析するか、あるいはパーティーを準備するか、はたまた地図を塗り分けるか、地雷を撤去するか。この章の一〇〇万ドル問題はじつにさまざまな姿をしていて、どなたの心にもひとつくらいぐっと迫るものがあったのではなかろうか。だがここで一つご忠告申し上げておきたい。この問題は出で立ちこそゲー

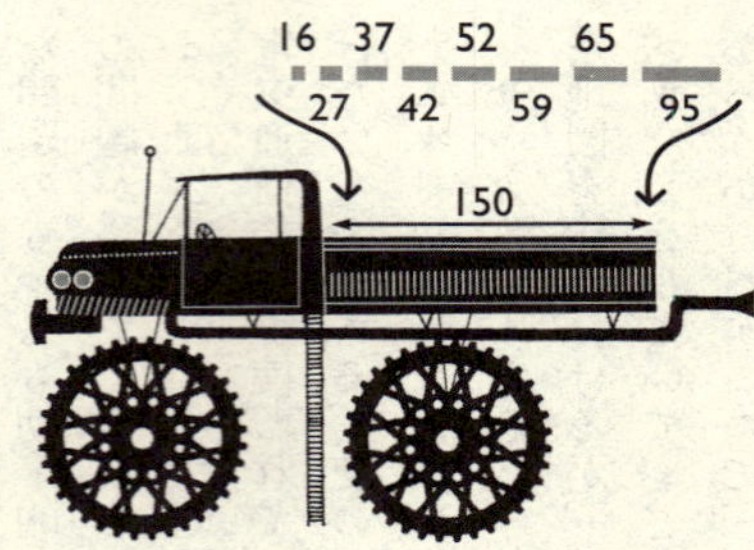

図 3-22　箱を積み込むというのは、数学的には複雑な問題である。

ムのようでおもしろそうに見えるが、実は一〇〇万ドル問題のなかでももっとも難しいものの一つとされている。数学者たちは、これらの問題にはどれも本質的な難しさがあってこれらを解く効率的なプログラムは存在しない、と考えている。ところがやっかいなことに、なにかが存在することを示すよりも存在しないことを証明するほうがはるかに難しい。とはいえ、この章の一〇〇万ドルを勝ち取ろうとがんばれば、少なくとも楽しい時間を過ごすことはできるはずだ。

解　答

ナンバーミステリー宝くじ

当たりくじは、2、3、5、7、17、42

旅するセールスマン問題

二三八マイルで回る経路は次の通り。

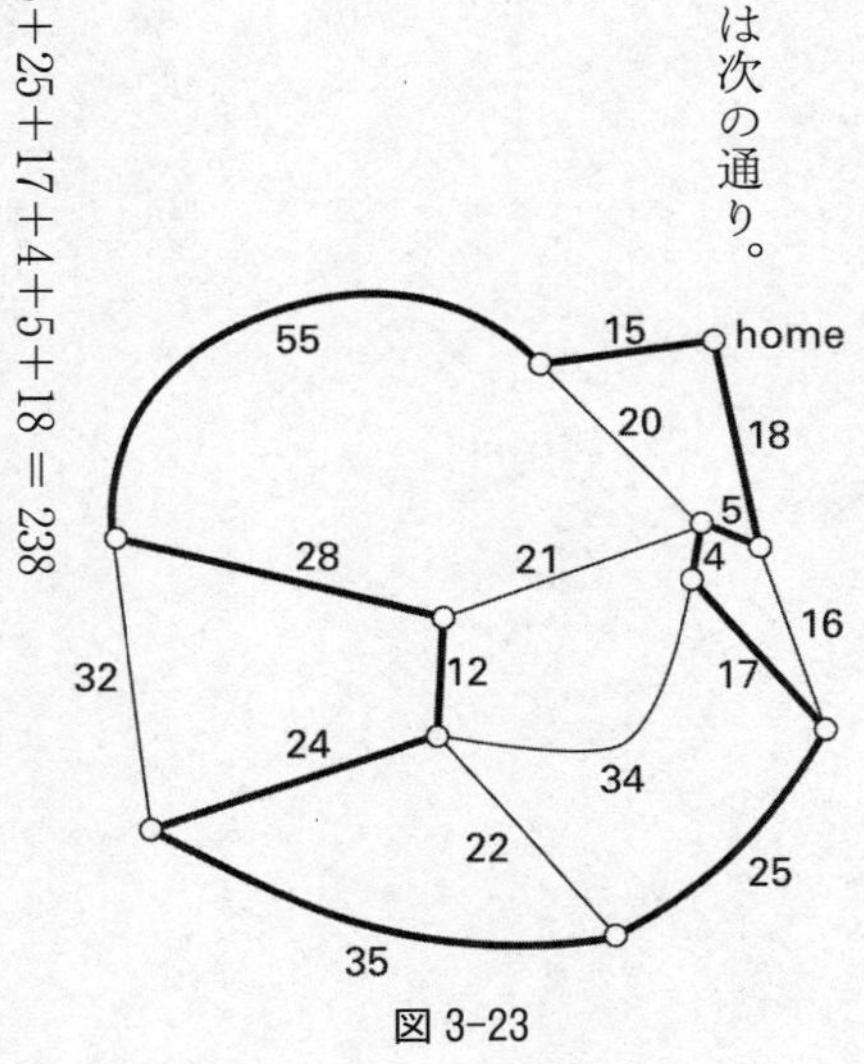

図 3-23

15＋55＋28＋12＋24＋35＋25＋17＋4＋5＋18 ＝ 238

第四章　解けない暗号(コード)事件

人々は、互いに意思を疎通（そつう）できるようになってからずっと、自分のメッセージを敵から隠そうと、あれこれ骨を折ってきた。皆さんのなかには、きょうだいに日記を読まれないように、レオナルド・ダ・ヴィンチばりの自作コード（暗号）を使っておられた方もおいでだろう。だがコード（記号）は必ずしも物事を隠すためのものではなく、情報が確実に届くことを保証するためのものでもある。しかも数学をうまく使えば、送り出されたメッセージと受け取られたメッセージがまったく同じ形であることを保証する巧みな方法を作ることができる。——電子商取引が盛んな今日、これはきわめて大きな意味を持つ。

コード（記号体系）とは、ひとそろいの記号を並べて特定の意味を伝える体系的な方法のことである。その気になって探してみると、コードは身の回りの至る所にある。わたしたちが買うものすべてにバーコードがついているし、ＭＰ３プレイヤーに音楽を保存できるのもコードのおかげなら、インターネットのウェブページをさらさらとめくっていけるのもコードのおかげ。この本自体も、コード（記号）を使って書かれている。英語はアルファベット二六文字からなるコード（記号体系）であって、「このコードで使うことが認められている単語」は、『オクスフォード英語辞典』に収められている。そのうえ人間の体にも、コードが含まれている。ＤＮＡは、生き物を再生産するための、アデニン、グアニン、シトシン、チミン（略してＡ、Ｇ、Ｃ、Ｔ）の四つの有機化学物質からなるコードなのだ。

この章では、きわめて巧妙なコードを作ったり解き明かしたりする際に数学がどう使われてきたのか、それによって情報を、いかに安全かつ効率的にしかも秘密を保持しつつ伝達できるようになったのかを紹介する。宇宙船が惑星の画像を送ったり、わたしたちがｅＢａｙで買い物をしたりできるようになったのも、これらのコードのおかげなのだ。そのうえでこの章の締めくくりとして、なぜ一〇〇万ドルの数学問題が解けると暗号を解読することが可能になるのかをご説明する。

秘密のメッセージを卵に託す

一六世紀のイタリア人ジョヴァンニ・ポルタは、一パイントの酢に一オンスのカリ明礬(みょうばん)を溶かしたインクを使えば、固ゆで卵に秘密のメッセージを書けることに気がついた。このインクは殻を突き抜けてゆでた白身に届き、殻のインクは消えて白身に届いたインクだけが残るのだ。卵を割れば(クラックすれば)、暗号を解ける(クラックできる)というのだから、秘密のメッセージを伝えるのにうってつけの方法といえそうだ。メッセージを隠すための突拍子もない方法は、このほかにもいろいろある。

紀元前四九九年にミレトス〔小アジアにあったギリシャの植民市〕の僭主(せんしゅ)ヒスティアイオスは、甥(おい)のアリスタゴラスに宛(あ)ててペルシア王に反旗を翻せとけしかけるメッセージを送ることにした。その当時ヒスティアイオスは(現在のイランにある)スーサの町に駐屯し、甥は故郷の(現在のトルコにある)ミレトスにいた。ペルシア当局に邪魔されずにこっそり甥にメッセージを送るには、いったいどうすればよいのだろう。ヒスティアイオスはある巧みな方法を思いついた。忠実な召使いの頭を剃(そ)って、丸坊主(まるぼうず)になった頭にメッセージを入れ墨し、髪の毛が伸びたところで甥の元に遣わしたのだ。召使いがミレトスにつくと、甥はその頭を剃ってメッセージを読み、彼(か)の地を支配していたペルシア王に反乱を起こした。

この甥の場合は召使いの頭を剃りさえすればメッセージを回収することができた。しかし中国では昔から、絹の切れ端にメッセージを書いてきつく巻き上げ、蠟で覆って使いの者に呑みこませていたというから、このようなメッセージを受け取った人には同情するほかない。再び体内から出てきたメッセージを回収して中身を改めるのは、決して愉快な作業ではなかったはずだ。

紀元前五世紀にはスパルタで、メッセージを隠すきわめて洗練された方法が開発された。スキュタレーという特殊な木の円柱のまわりに細い紙切れを螺旋状に巻き付けておいて、筒の縦方向に沿ってメッセージを書き付けるのだ。こうすると、筒から紙をほどいたが最後、メッセージはまるで意味のない文字の羅列にしか見えなくなり、直径が元の円柱とまったく同じスキュタレーに紙を巻き付けない限り、文字を正しく並べることができない。

秘密のメッセージを送るこれらの方法は隠された書き物であって暗号化ではない。これまでに紹介したやり方では、どう工夫を凝らしてみても、メッセージが見つかれば秘密が漏れる。そこで人々は、たとえメッセージが見つかっても意味がわからないようにする方法を考えはじめた。

カーマ・スートラの謎(なぞ)は数えて解く

B OBDFSOBDLNLBC, ILXS B QBLCDSV MV B QMSD, LE B OBXSV MH QBDDSVCE.

LH FLE QBDDSVCE BVS OMVS QSVOBCSCD DFBC DFSLVE, LD LE ASNBGES DFSJ BVS OBTS ZLDF LTSBE. DFS OBDFSOBDLNLBC'E QBDDSVCE,ILXS DFS QBLCDSV'E MV DFS QMSD'E OGED AS ASBGDLHGI; DFS LTSBE ILXS DFS NMIMGVE MV DFS ZMVTE, OGED HLD DMUSDFSV LC B FBVOMCLMGE ZBJ. ASBGDJ LE DFS HLVED DSED: DFSVS LE CM QSVOBCSCD QIBNS LC DFS ZMVIT HMV GUIJ OBDFSOBDLNE.

まるで意味をなさないように見えるこの文字の列は、実はこれまでに作られたなかでもいちばん広く普及したコードで書かれたメッセージである。換字暗号と呼ばれるこの暗号では、たとえばaをPに、tをCにするといった具合に、アルファベットの文字をそれぞれ別の文字で置き換える（ここでは、暗号にする前の平文を小文字で、暗号文を大文字で表す）。送り手と受け手が置き換えのやり方を前もって打ち合わせておけば、受け手にはメッセージが解けるが、それ以外の人々にとっては無意味な文字列にしか見えない。

このタイプのコードのなかでもっとも単純なのが、シーザー暗号だ。これはユリウス・カエサル（シーザー）がガリア戦争で将軍たちと連絡を取るのに使った暗号で、すべての文字を同じ数だけずらしていく。たとえば三文字ずらすと、aはDになりbはEになる。www.maths-resources.net/enrich/codes/caesar/caesarwheel.pdf に単純なシーザー暗号に使う暗号ホイールがあるので、ためしに切り出して使ってごらんになるとよい。

文字を同じ数だけずらすとすると、暗号は全部で二五種類しかできない。そのためシーザー暗号だということさえわかれば簡単に解読できる。これに対して、すべての文字も同じ数だけ動かすのではなくごちゃ混ぜにして、どの文字で置き換えてもかまわないとするとより複雑な暗号ができる。この暗号法が考案されたのは、実はユリウス・カエサルの何百年も前のことだった。しかも驚いたことに軍事に関する手引き書ではなく、カーマ・スートラに載っていた。太古のサンスクリット文書であるカーマ・スートラは、肉体的な喜びについて語られていることでつとに有名だが、この文書には、快楽だけでなく、女性が知っておくべき呪文（じゅもん）やチェスや製本や大工仕事といった技が網羅されている。その第四五章では秘密の文書を作る技が取り上げられ、恋人がこっそりメッセージをやりとりするのにうってつけの方法として換字暗号が紹介されている。

シーザー暗号がたった二五種類しかないのに対して、どの文字からいくつ引いてもかまわないとなると、かなりの数の暗号を作ることができる。aを変換する先は二六種類あって、そのそれぞれについて、bを変換する相手が二五種類ある（aを暗号化するときにすでに一文字使っているので、一つ減る）。したがってaとbを暗号化するやり方だけでも26×25通りになる。こうしてそれぞれの文字を異なる文字に割り当てると、

26×25×24×23×22×21×20×19×18×17×16×15×14
×13×12×11×10×9×8×7×6×5×4×3×2×1

通りのカーマ・スートラ・コードができる。すでに74ページでも見たように、これは、

26!と書くことができる。ただし、最後にこの数から1を引くことをお忘れなく。なぜなら、aをAに、bをBに、zをZに移すコードは暗号でも何でもないのだから。実際に26!を計算して1を引くと、作りうる暗号の個数は、四〇〇秄(じょ)〔秄は10の24乗〕より大きな、

403,291,461,126,605,635,583,999,999

となる。

先ほどのちんぷんかんぷんな文字列はこのコードで暗号化したメッセージなのだが、あの一段落をありとあらゆるカーマ・スートラ・コードで暗号化して書き連ねると、その長さは地球から優に銀河系の外側まで達する。このことからも、カーマ・スートラ・コードの種類の多さをおわかりいただけよう。ビッグバンの瞬間に動き出したコンピュータがまったく休まずに一秒につき一つのコードをチェックしたとしても、一三〇億年後の今現在、その確認作業のごく一部——きわめてわずかな部分が終ったにすぎないのだ。

こうなると、このコードは事実上解けないように思える。いったいどうすれば、この膨大な数のなかから、メッセージを暗号化するのに使ったのはこれだ！　というものを拾い出すことができるのだろう。ところが驚いたことに、数を数えるというきわ

	a	b	c	d	e	f	g	h	i	j	k	l	m
%	8	2	3	4	13	2	2	6	7	0	1	4	2
	n	o	p	q	r	s	t	u	v	w	x	y	z
%	7	8	2	0	6	6	9	3	1	2	0	2	0

表 4-01　通常の英語における文字の使用頻度分布を四捨五入したもの。この情報があれば、換字暗号を使ったコードの解読にとりかかれる。

めて単純な数学的作業をすれば、この暗号を解くことができる。

暗号解読と呼ばれる暗号破りの科学を世界ではじめて展開したのは、アッバース朝のアラブ人だった。九世紀の博識家ヤアクーブ・アル＝キンディーは、文書のなかに頻繁に出てくる文字とあまり使われない文字があることに気がついた（表4-01）。スクラブル〔クロスワードのように盤面を単語で埋めていってポイントを競うボードゲーム〕をする人はよくご存じだろうが、Eは英語ではもっともよく使われる文字なので1ポイントにしかならないが、あまり使われないZは10ポイントになる。文章に出てくるそれぞれの文字には、どれくらいの頻度で現れるか、どんな文字といっしょに現れるかなどのはっきりとした特徴がある。アル＝キンディーは分析の結果、文字そのものがほかの記号で置き換えられてもその特徴は変わらない、という重要な事実をつきとめた。

ではここで、この章の冒頭に載せた暗号文を解読してみ

	A	B	C	D	E	F	G	H	I	J	K	L	M
%	1	10	5	12	7	6	3	2	2	1	0	8	5

	N	O	P	Q	R	S	T	U	V	W	X	Y	Z
%	2	4	0	3	0	13	1	1	7	0	1	0	1

表 4-02　暗号化された文における文字の使用頻度分布。

よう。表4-02は、各文字が暗号化された文にどれくらいの頻度で現れているかを細かく書き出したものだ。

表を見ると、Sという文字の登場頻度は13パーセントで、ほかのどの文字よりも多い。したがってこの文字はeを表している可能性が高い（ただしこの文章が、ジョルジュ・ペレックがeという文字をいっさい使わずに書いた『煙滅（*La Disparition*）』という小説の一節から引用されているのなら話は別だ）。次によく登場しているのがDで、頻度は12パーセント。英語で二番目によく使われるのはtだから、Dはtの代わりである可能性が大きい。三番目によく使われているのがBで頻度は10パーセント。したがってこれは、英語で三番目によく使われるaである可能性が高い。

そこで問題のメッセージに含まれるこれら三つの文字を置き換えてみると、

a OatFeOatLNLaC, lLXe a QaLCteV MV a QMet, LE a OaXeV MH QatteVCE.

LH FLE QatteVCE aVe OMVe QeVOaCeCt tFaC tFeLVE, Lt LE AeNaGEe tFeJ aVe OaTe ZLtF LTeaE. tFe OatFeOatLNLaC'E QatteVCE, ILXe tFe QaLCteV'E MV tFe QMet'E OGEt Ae AeaGtLHGI; tFe LTeaE ILXe tFe NMIMGVE MV tFe ZMVTE, OGEt HLt tMUetFeV LC a FaVOMCLMGE ZaJ. AeaGtJ LE tFe HLVEt teEt: tFeVe LE CM QeVOaCeCt QIaNe LC tFe ZMVIT HMV GUIJ OatFeOatLNE.

となる。あいかわらずわけがわからないじゃないか、という方もおいでだろうが、aという文字が単独で出てくる箇所があるのをみると、たぶんここまでの推論はあっているはずだ（むろんBがiの代わりである可能性は残っていて、もしも実際にそうであれば、前に戻ってやり直さねばならない）。それに、tFeという単語がしょっちゅう出てくるところをみると、これはtheという単語と考えてよさそうだ。実際、Fはこの暗号文に6パーセントの頻度で登場しているが、英語におけるhの登場頻度も6パーセントだ。

これとは別に、二番目の文字だけが解読されたLtという単語があるが、二文字の単語で二番目がtといえばatかitだろう。aはすでに解読済みだから、Lはiの代わりとみてまずまちがいない。しかも、この暗号文の頻度表によるとLは暗号文に8パーセントの頻度で現れているが、一方iは英語の文章に7パーセントの頻度で現れるので、これまたかなり近い。そうはいっても、この方法は厳密には科学といえない。文書が長ければ長いほど頻度は一致しやすくなるが、それでもこの手法には柔軟性が欠かせないのだ。

そこで、新たに突きとめた二種類の文字を入れると、

a OatheOatiNiaC, liXe a QaiCteV MV a QMet, iE a OaXeV MH QatteVCE.

iH hiE QatteVCE aVe OMVe QeVOaCeCt thaC theiVE, it iE AeNaGEe theJ aVe OaTe Zith iTeaE.the OatheOatiNiaC'E QatteVCE, liXe the QaiCteV'E MV the QMet'E OGEt Ae AeaGtiHGl; the iTeaE liXe the NMlMGVE MV the ZMVTE, OGEt Hit tMUetheV iC a haVOMCiMGE ZaJ. AeaGtJ iE the HiVEt teEt: theVe iE CM QeVOaCeCt QlaNe iC the ZMVlT HMV GUlJ OatheOa-

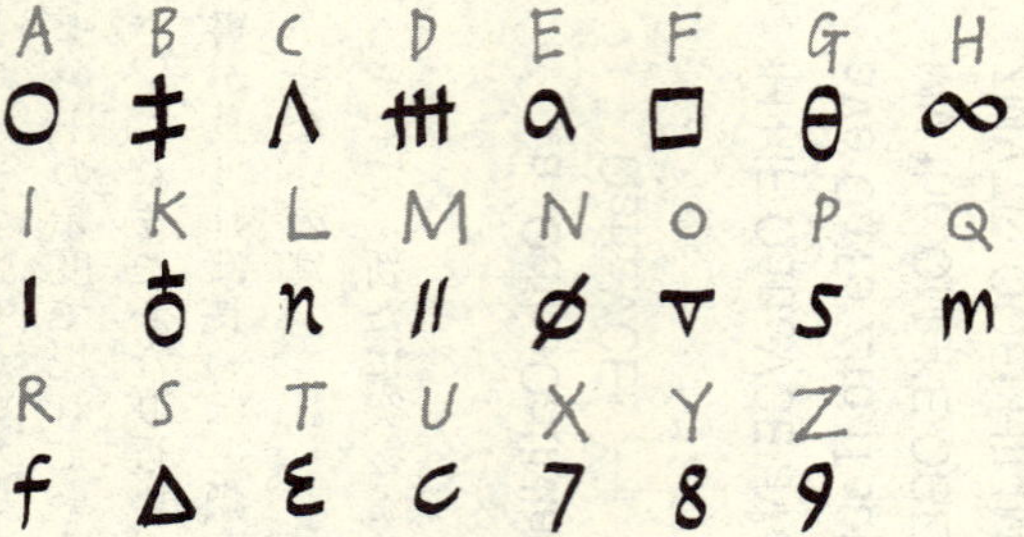

図 4-01　バビントン・コード。

tiNE.

となる。どうやらメッセージが明らかになりはじめたようなので、あとは皆さんにお任せしよう。ご自分の解釈が正しいかどうか確かめたい方は、この章の末尾にある平文をごらん頂きたい。そうそう、ヒントを一つさしあげよう。これは、ケンブリッジの数学者G・H・ハーディーの著作『ある数学者の弁明』から抜粋したわたしのお気に入りの二つのパラグラフである。わたしは、学生時代にこの本を読んで数学者になろうと決意した。

文字を数えあげるということの単純な数学がある以上、いくら文字を置き換えてメッセージを暗号化してみても、秘密を保つことは不可能だ。しかしスコットランド女王メアリーはそのことを知らなかったために、命を失うこととなった。エリザベス一世暗殺計画についての伝言を、文字を奇妙な符号で置き換えた暗号を使って共謀者のアンソニー・バビントンに送ったのだ(図4-01)。

メアリーが送ったメッセージは一見解読不能だったが、エリザベス一世は宮廷に、ヨーロッパ一の暗号解読の達人トーマス・フェリペスをかかえていた。トーマスは決してハンサムではなかったらしく、「背は低く、あらゆる意味で細く、髪は干し草色で、ひげは明るい黄色、疱瘡(ほうそう)のせいで顔にあばたがあって目が悪い」という記述が残っている。フェリペスがこんな判じ物のような文書を読めるのは悪魔と手を組んでいるからだ、と信じる者も多かったが、ここでも、鍵(かぎ)となったのは頻度分析の原理だった。フェリペスは暗号で書かれた手紙を解読し、メアリーは捕らえられて裁判にかけられた。そして、解読されたその手紙が証拠となって死刑に処せられたのだった。

数学者たちはどのようにして第二次大戦の勝利に貢献したか

換字暗号に固有の弱点があるとわかると、暗号制作者たちは数え上げでは解読できない暗号を探しはじめた。たとえば、置き換え先を変えてみたらどうだろう。丸ごとひとつの文書をひとつの置き換え方でコード化するのではなく、二種類の置き換え方を交替で使ったらどうか？　この場合はたとえばbeefという単語のふたつのeが異なる暗号によって別々の文字に置き換えられることになり、beefがPORKとコード化される可能性が出てくる。こうして使う暗号の数を増やせば、メッセージの秘密はぐんと堅牢になるはずだ。

とはいえ何事もバランスが肝要で、堅牢一辺倒になると、今度は使用に耐えなくなる。ワンタイムパッドと呼ばれるもっとも安全なタイプの暗号では、一文字ごとに異なる換字暗号が使われる。こうなると、たとえ暗号文が手に入ったとしても手がかりは皆無に等しくほぼ解読不可能となるが、その一方で一文字ごとに異なる換字暗号を使うとなると途方もなく手間がかかる。

一六世紀フランスの外交官ブレーズ・ドゥ・ヴィジュネルは、二、三種類の換字暗号を順繰りに使いさえすれば、うまく頻度分析の裏をかけると考えた。のちにヴィジュネル暗号と呼ばれるようになったこの暗号はひじょうに強力だったが、それでも解読不可能ではなく、やがて、英国の数学者チャールズ・バベッジがその解読方法を編み出した。機械を使えば計算を自動化できると主張したバベッジは、コンピュータ時代の草分けとされており、ロンドンの科学博物館にはバベッジの「階差機関」を復元したものが展示されている。バベッジは元来物事に体系的に取り組む質で、一八五四年にヴィジュネル暗号の解読法にたどり着いたのもそのおかげだった。バベッジの解読法の決め手となったのは、数学者のすぐれた能力の一つであるパターン認識だった。ヴィジュネル暗号を解読するには、まず換字暗号が何種類使われているのかを突きとめなくてはならない。英語の平文のメッセージにはよく the という単語が使われるので、三文字の列が何度も出てくれば、そこから、何種類の暗号が使われているのかを推理できる。たとえば AWR が繰り返し出てきて、しかも AWR と次の AWR との間隔が常に四の倍数分だけ開いていれば、使われている暗号は四種類だろうと見当がつく。

そこで今度は元の暗号文を、一文字目、五文字目、九文字目……を第一のグループ、二文字目、六文字目、一〇文字目……を第二のグループというふうに四つのグループに分ける。このとき、同じグループに属する文字は同じ換字暗号で暗号化されているとみてよいから、続いて各グループに頻度分析を行えば暗号が解ける。

こうしてヴィジュネル暗号が解読されるとすぐに、絶対に解けない新たな暗号を求めて再び研究がはじまった。そして一九二〇年代にドイツで「エニグマ」という機械が開発されると、多くの人が、ついに解読不可能な暗号ができたと考えた。

エニグマは、文字をひとつ暗号化するたびに換字の方式を取り替えるという原理に基づいて暗号化を行う。（たとえば、痛いということを表す）叫びを意味するaaaaa（あああああ）という文字列をこの機械で暗号化すると、六つのaはすべて違う文字に変わる。エニグマはじつに見事な機械で、換字方式の変更がきわめて効率的に自動化されている。メッセージはキーボードに打ち込まれるが、そのキーボードの奥には「ランプ・ボード」と呼ばれる二段目の文字列があって、キーボードのキーが押されると、奥の列の文字がひとつ光って、暗号化された文字が表示される。ところが実はキーボードとランプ・ボードは直接つながっておらず、その間に迷路のような配線が施された三枚のディスクが挟まっていてそれが回る。

エニグマの働きを理解するために、回転する三枚のディスクからなる大きなシリンダーを思い描いてみるのもいいだろう。シリンダーのてっぺんには縁に沿って二六個の穴が開いており、アルファベットの文字のラベルが貼（は）ってある。一枚目のディスクの上と下の縁には二六個の穴が開いていて、上と下の穴はチューブでつながっているが、チューブがねじれたり曲がったりしているので、文字をコード化するために最初のディスクのその文字の穴に球をひとつ落とすと、上から入ったボールは下のまるで違う場所にある穴から出てくる。二枚目と三枚目のディスクも一つ目と同じような構造なのだが、チューブのつなぎ方はまちまちですべて異なる。こうして三つのディスクを経由して底の穴から出たボールはしかけの最後の部分に入り、シリンダーの底に開いたアルファベットの文字に対応する二六個の穴のどれかから出てくる（図4-02）。

さて、もしもこの装置の状態が常に同じであれば、換字暗号がすこし複雑になっただけの話だが、エニグマの場合は、ボールがひとつシリンダーを通るたびに、一つ目のディスクが二六分の一回転する。そのため次に落とされたボールは、一つ目のディスクのまるで別の穴から出てくるのだ。たとえばaという文字が最初はCという文字に変換されたとして、最初のディスクが一段階動くと、同じaの穴に落ちたボールがC以外の穴から出てくる。つまりエニグマを通ることで同じaが別の文字に置き換え

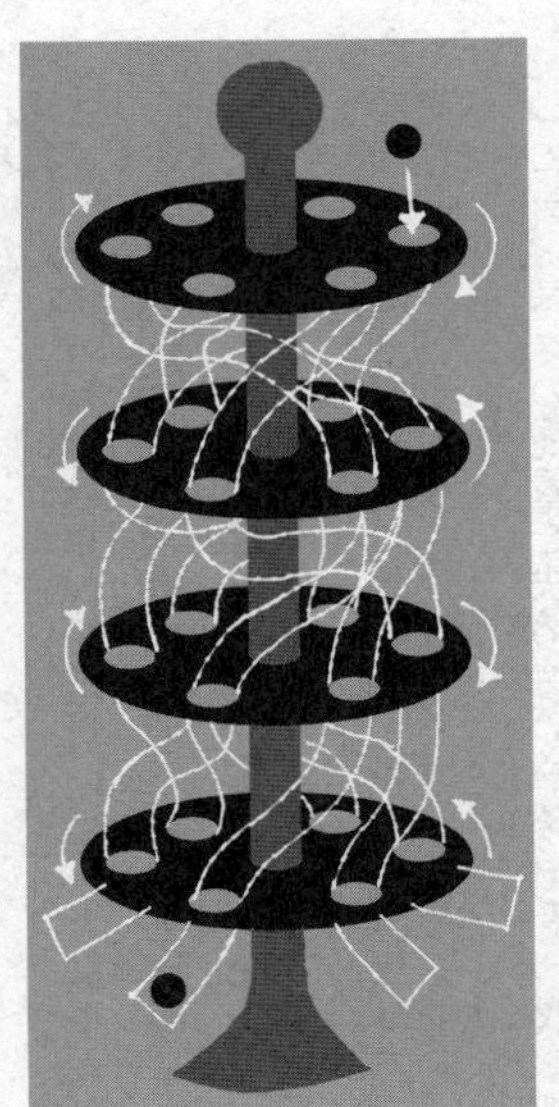

図4-02　エニグマの原理。ボールをチューブに落として、文字をコード化する。コード化が終わるたびにシリンダーが回るので、文字はそのつどばらばらな文字に割りふられる。

られるのだ。

この回転ディスクは車の距離計のような構造になっていて、一枚目のディスクがカチカチと二六回動いて最初の位置に戻ると同時に、二番目のディスクが二六分の一回転する。このため、文字をごちゃ混ぜにする方法は計26×26×26通りにのぼり、そのうえオペレーターもディスクの順番を変えることができるから、作り出せる換字暗号の数はさらにその六倍になる（なぜなら三つのディスクの並べ方は3!通りあるから）。

各オペレーターはコードブックを持っていて、一日のはじまりにその指示に従って三つのディスクの配置を決める。暗号を受け取る側も、コードブックの指示に従ってエニグマのディスクの配置を送信側とそろえてメッセージを解読する。エニグマの造りは次第に複雑になり、ついにこの機械の設定の仕方は一垓五八〇〇京通りを超えた。

一九三一年にドイツがこの機械を作ろうとしているのを知ったフランスは、文字通り震え上がった。いくらメッセージをかすめ取っても、その日のディスクの設定を突きとめることはできそうになかった。設定がわからなければメッセージは解読できない。だがフランス政府はポーランド政府とのあいだに集まった情報はすべて交換するという協定を結んでいて、ドイツ軍が侵攻してくるかもしれないという恐怖に駆られたポーランドの人々はひたすら暗号解読に集中した。

暗号化する文字	a	b	c	d	e	f	g	h	i	j
最初の球	D	T	E	R	F	A	Q	Y	S	I
二番目の球	Z	S	B	Q	X	G	L	V	K	A
暗号化する文字	k	l	m	n	o	p	q	r	s	t
最初の球	P	B	N	C	G	Z	J	H	M	U
二番目の球	J	D	Y	H	C	W	E	O	I	M
暗号化する文字	v	w	x	y	z					
最初の球	K	O	W	L	V					
二番目の球	P	F	N	R	U					

表4-03

やがてポーランドの数学者たちは、ディスクの各設定状況に独特の特徴があることに気づいた。そのパターンさえわかれば、そこから逆にたどっていって暗号を解読できるはずだ。たとえばオペレーターがaとタイプしたときに、その文字がディスクの配置にしたがってDで置き換えられたとする。それから第一のディスクがカチリと一目盛り分進んで、次のaがZで置き換えられたとすると、ある意味でDとZはディスクの設定状況を介して結びついているといえる。

いったいどういうことなのか、実際の例で見てみよう。ディスクをリセットしては、アルファベット順にひとつの文字について二度ずつボールを落とした結果、上のような表が得られたとする(表4-03)。

この場合、どの文字も各行に一回しか出てこない。なぜなら各行が一つの換字暗号にあたるからだ。

ではポーランド人たちは、これらの関係をどのように利用したのだろう。エニグマのドイツ人オペレーターは、毎日全員がコードブックの指示に従って同じようにディスクを設定することになっていた。そのうえで自分が選んだ設定を、コードブックに載っている設定を使って相手に送る。このとき万一のことを考えて、自分が選んだ配置を二度タイプすることになっていた。ところが念には念を入れたことが逆に仇となって、それぞれの文字がディスクによってどう結びつけられているのかを探る手がかり——すなわち、その日エニグマがどう設定されているかを突きとめるためのヒント——をポーランド人に提供する恰好となった。

英国ではある数学者の一団が、オクスフォードとケンブリッジの中間に位置するブレッチリー・パークというカントリーハウスを拠点として、ポーランドの数学者たちがつきとめたパターンを研究していた。そして暗号機の設定を自動的に調べる方法を見つけ、ついに爆弾と呼ばれる機械を作った。彼らのおかげで第二次大戦は二年ほど早く終わり、無数の命が救われたという。しかも、このときに作られた機械が元となって、やがて現代生活に欠かせないコンピュータが生まれることとなった。

メッセージを遠くに伝える

メッセージがコード化されていてもいなくても、そのメッセージをある場所から別の場所に何らかの方法で伝えないことには、なんの役にも立たない。古代中国人からネイティブ・アメリカンまで、多くの古代文明で遠く離れた人に連絡をする手段として煙の信号が使われていた。中国の万里の長城に作られた塔の上で火をたくと、数時間のうちに城壁沿いの三〇〇マイル〔約四八三キロメートル〕先までメッセージが届いたという。

一方、旗を使った視覚的な信号の起源は、著名な科学者ロバート・フックがロンドンのロイヤル・ソサエティーで旗を使うというアイデアを発表した一六八四年にさかのぼる。当時すでに望遠鏡が発明されていて、はるか遠くに視覚的な信号を送れるようになっていたのもさることながら、フックは戦争が起こるかもしれないという予感に駆り立てられていた。戦争はそれまでもその後も幾度となく、新たな技術の発展を後押ししてきた。その前年にウィーンが危うくトルコ軍に制圧されそうになったにも拘(かかわ)らず、ヨーロッパのほかの都市はまるでそのことを知らずにいた。これはなんとしても大至急、遠くに素早くメッセージを送る方法を見つけなくては。

そこでフックは、ヨーロッパのあちこちにたくさんの塔を建てることを提案した。

図 4-03　シャッペ兄弟の信号は、ちょうつがいでつないだ木の腕を使って届けられた。

ひとつの塔でメッセージが発せられると、目視できる範囲にあるあらゆる塔がそのメッセージをくり返す。いわば、中国の万里の長城を使ったメッセージ伝達の二次元版とでもいったところだろうか。メッセージの送り方はかなりおおざっぱで、大きな文字をロープで引き上げて伝えることになっていた。しかしフックのこの提案はけっきょく実現されず、これに似たアイデアが現実のものとなったのは、その一〇〇年後のことだった。

クロードとイグナースのシャッペ兄弟は、フランス革命政府の内部での意思疎通をより迅速にするために、一七九一年にいくつかの塔を作った（ところがそのうちのひとつは、この塔を使って王党派が連絡を取り合っていると思いこんだ群衆に襲われてしまったという）。このシステムの基になったのは、幼いころにふたりが寄宿していた厳格な学校の寮で互いにメッセージを送るのに使っていた仕組みだった。メッセージを目に見える形で伝えるにはどうすればよいのか、ふたりはあれこれ試した末に、

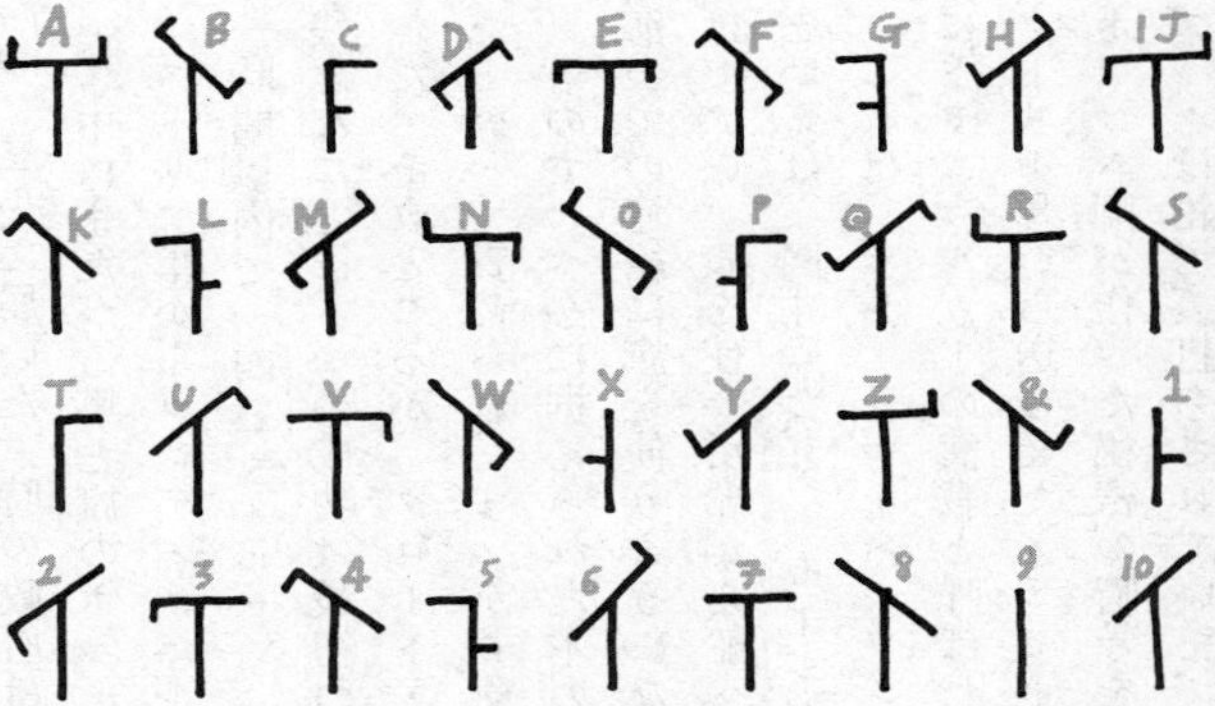

図 4-04　シャッペ兄弟のコミュニケーション・システムを使って送られた文字と番号。

木の棒をさまざまな角度に固定するという方法にたどり着いた。これなら目で見て簡単に判別できる。

そこでシャッペ兄弟は、木の腕をちょうつがいでつないだものを使って文字や単語を表す符号体系を作った。真ん中の腕は四つの角度に設定でき、両側の小さな腕は七つの角度に設定できたので、この装置で計7×7×4＝196通りの符号を伝えることができた。符号の一部は公のコミュニケーションに使われたが、ふたりは九二種類の符号を二つ組にして、92×92＝8,464通りの単語や語句を表す秘密の暗号を作った。

一七九一年三月二日の最初の試験では、「うまくいったら、すぐに栄光に包まれる」というメッセージが、見事一〇マイル〔約ンス中にまたがる塔と旗のネットワークを作った。一七九四年には、フランス軍がオーストリア軍からコンデ・シュル・レスコーの町を奪還しおおせたというニュースが、一時間以内で一四三マイル〔二三〇キロメートル弱〕をカバーする塔の列の端まで伝わった。だが残念なことに、この成功は最初のメッセージで予言されていた栄光には結びつかなかった。それどころか、クロード・シャッペは既存の信号システムのデザインを剽窃したといって責められ、すっかり気落ちしてついに井戸に身を投げたのだった。

塔のてっぺんに据えられた木の腕はじきに旗と取り換えられた。そして船乗りは、海上での連絡に旗を使うようになった。旗であれば、ほかの船に見えるように振るだけでいい。旗を使って船から船へと伝えられたメッセージの中でもっとも有名なものといえば、図4-05のメッセージだろう。

これは、ホレーショ・ネルソン提督が一八〇五年一〇月二一日一一時四五分に、後にトラファルガーの海戦と呼ばれることになる決戦に向かうイギリス海軍の軍艦ヴィクトリー号から送らせたメッセージである。海軍は当時、やはり提督だったホーム・ポファム卿が作った秘密の暗号を使っていた。また、海軍の各軍艦に配られたコードブックは鉛で裏打ちされていて、船が乗っ取られたときには、船外に放り出して英国

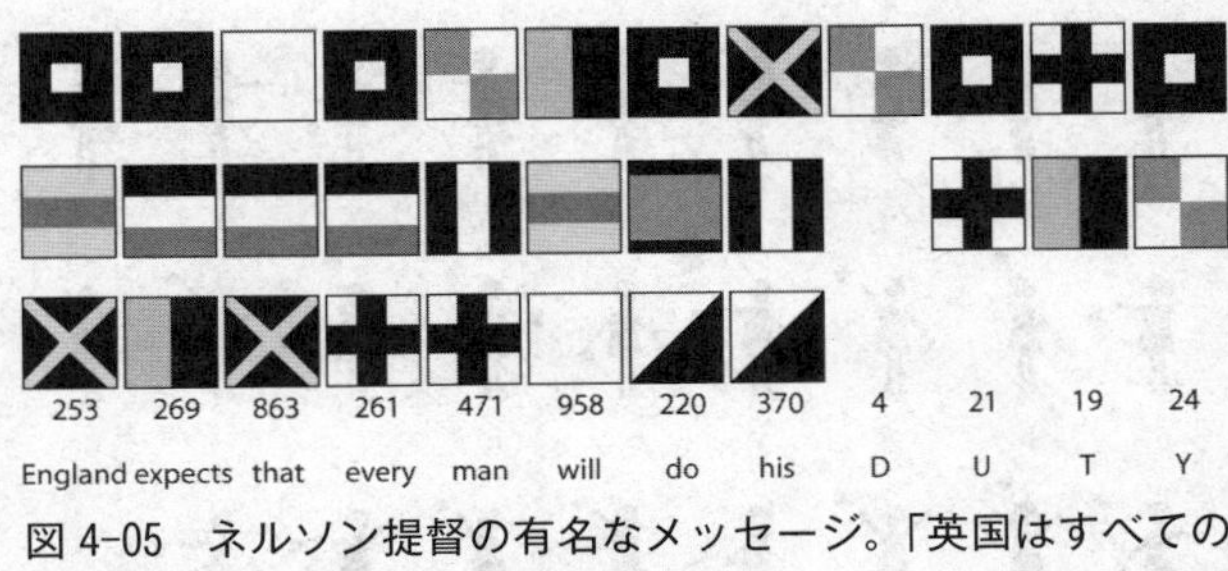

図 4-05　ネルソン提督の有名なメッセージ。「英国はすべての人がその義務を果すことを期待する」。

の暗号の秘密を守るきまりだった。

このコードは、異なる柄の旗十枚と白旗を組み合わせたもので、柄のある旗が0から9までの異なる数字を表し、これらの旗を船のマストに三枚同時に掲げて000から999までの数字を表すことになっていた。メッセージを受けた側は、コードブックを参照してその数に対応する言葉を見つける。この暗号では、「英国」は253、「人」は471となっていた。しかしたとえば「義務」という言葉のように、コードブックには単語がなく、一文字ずつ綴りを伝えなければならないものもあった。

当初ネルソンは英国は確信しているという意味で、「英国はすべての人がその義務を果たすものと信じている」というメッセージを送るつもりだった。ところが信号係のジョン・パスコ中尉がコードブックを調べたところ、「信じている」という言葉が載っていなかった。そこで綴りを全部書き出すかわりに、ネルソン

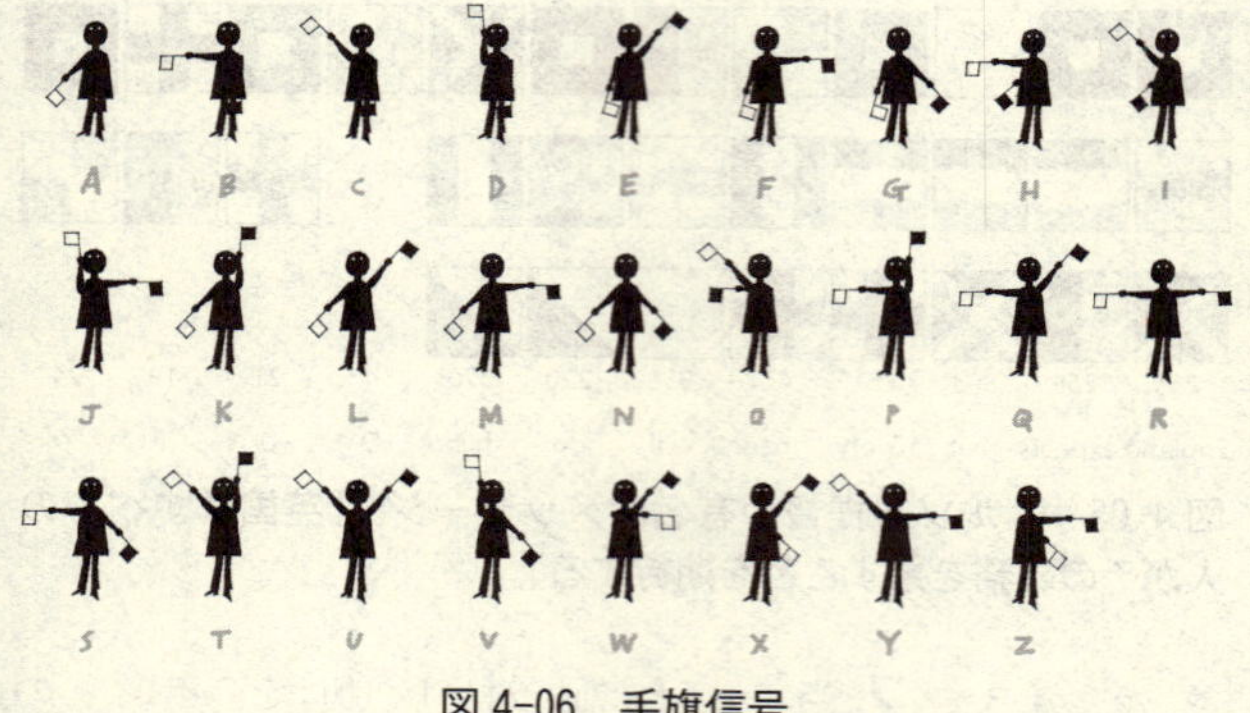

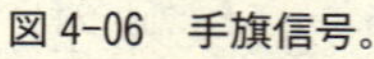
図 4-06　手旗信号。

図 4-09　核軍縮（Nuclear Disarmament）キャンペーンに使われているピースマークが、実は手旗信号だということをご存じだろうか。このマークは、実は N と D を組み合わせた信号になっている。

NUJV!

図 4-07

ビートルズの『ヘルプ！』というアルバムの表紙を見ると、メンバーはどうやら手旗信号でタイトルを伝えているように見える。ところが、たしかに手旗信号ではあるのだが、メッセージを解読するとHELPではなくNUJVになる。カバーに手旗信号を使おうと言い出したロバート・フリーマンは、「写真を撮る段になって、HELPでは腕の格好が悪いことに気がついた。そこであれこれやってみたあげく、いちばんバランスのいい腕の位置を選んだんだ」と述べている。ほんとうは、図 4-08 のようにすべきだったのだ。

図 4-08

アルバムの表紙にまちがった暗号を使ったのはビートルズだけではないのだが、その話はまた後ほどご紹介しよう。

に向かって「コードブックに載っている『期待する』という言葉を使われたほうがよろしいのでは」と恭しく進言した。

旗を使った信号はやがて電気通信に取って代わられることとなったが、船乗りは今でも両手に旗を持って行う近代的な信号システム、すなわち手旗信号を教わることになっている。このシステムでは、それぞれの腕の角度が八通りにわかれているので、8×8＝64通りの記号を表すことができる。

ベートーベンの交響曲第五番に託された暗号メッセージ

ベートーベンの交響曲第五番は、音楽史上もっとも有名なフレーズからはじまる。ジャ、ジャ、ジャ、と短音が三つ続いて、その後に、ジャーン！　と長音がひとつ。では、なぜBBCは第二次大戦中にあらゆるラジオニュースの冒頭で、ベートーベンのこの有名な出だしを流したのか。なぜなら、この一節にコード化されたあるメッセージが含まれていたからだ。新たに登場したこのコードは、信号を電磁パルスに変えて電線伝いに送る技術を使ったものだった。

このタイプのコミュニケーション手段を最初に実験した人物のひとりに、カール・

フリードリッヒ・ガウスがいる。第一章で素数に関する業績を紹介した、あのガウスである。ガウスは数学だけでなく、当時生まれようとしていた電磁気学の分野をはじめとする物理学にも関心があった。ガウスと物理学者のヴィルヘルム・ヴェーバーは、ゲッチンゲンにあるヴェーバーの実験室からガウスが暮らす天文台までの一キロメートルを電線で結び、それを使ってメッセージをやりとりした。

それにはまず、メッセージを信号に変えるための記号体系（コード）を作らねばならなかった。長い電線の両端に磁石にくっつけた針を置き、この磁石に針金を巻き付けると、電流の方向を変えることによって、磁石を左に向けたり右に向けたりすることができる。そこでふたりは、左や右への回転を組み合わせて文字を表すコードを作った（次ページ表4-04）。

ヴェーバーはこの発見がもたらすであろう可能性にすっかり興奮して、次のように宣言した。

> 地球上に鉄道と電線のネットワークが張り巡らされたあかつきには、その網が人間の体の神経系に匹敵するサービスを提供することになるであろう。輸送手段の面においても、また、人々の考えや感情を光速で広めるという意味においても。

右＝a	右右右＝c, k	左右左＝m	左右右右＝w	左左右右＝4
左＝e	右右左＝d	右左左＝n	右右左左＝z	左左左右＝5
右右＝i	右左右＝f, v	右右右右＝p	右左右左＝o	左左右左＝6
右左＝o	左右右＝g	右右右左＝r	右左左右＝1	左右左左＝7
左右＝u	左左左＝h	右右左右＝s	左右右左＝2	右左左左＝8
左左＝b	左左右＝l	右左右右＝t	左右左右＝3	左左左左＝9

表 4-04

電磁気を使ってメッセージを伝えるために、じつにさまざまなコードが考案された。しかし、一八三八年にアメリカのサミュエル・モールスが作ったコードが圧倒的な支持を受けると、それ以外のコードは市場から姿を消した。モールスのコード（図4-10）では、ガウスやヴェーバーのコード同様、ひとつひとつの文字を長短の電気の流れ――ダッシュやドット――の組に置き換える。

モールスはこのコードを作るにあたって、暗号解読者が換字暗号を解くときに用いる頻度分析とよく似た観点から出発した。英語のアルファベットではeとtがもっともよく出てくるから、理屈からいってこのふたつをもっとも短い列で表すべきだ。したがってeは短い流れ、つまりドットひとつで、tは長い流れ、つまりダッシュひとつで表される。これに対して頻度の低い文字は長い列で表わされる。たとえばzはダッシュ・ダッシュ・ドット・ドットになる

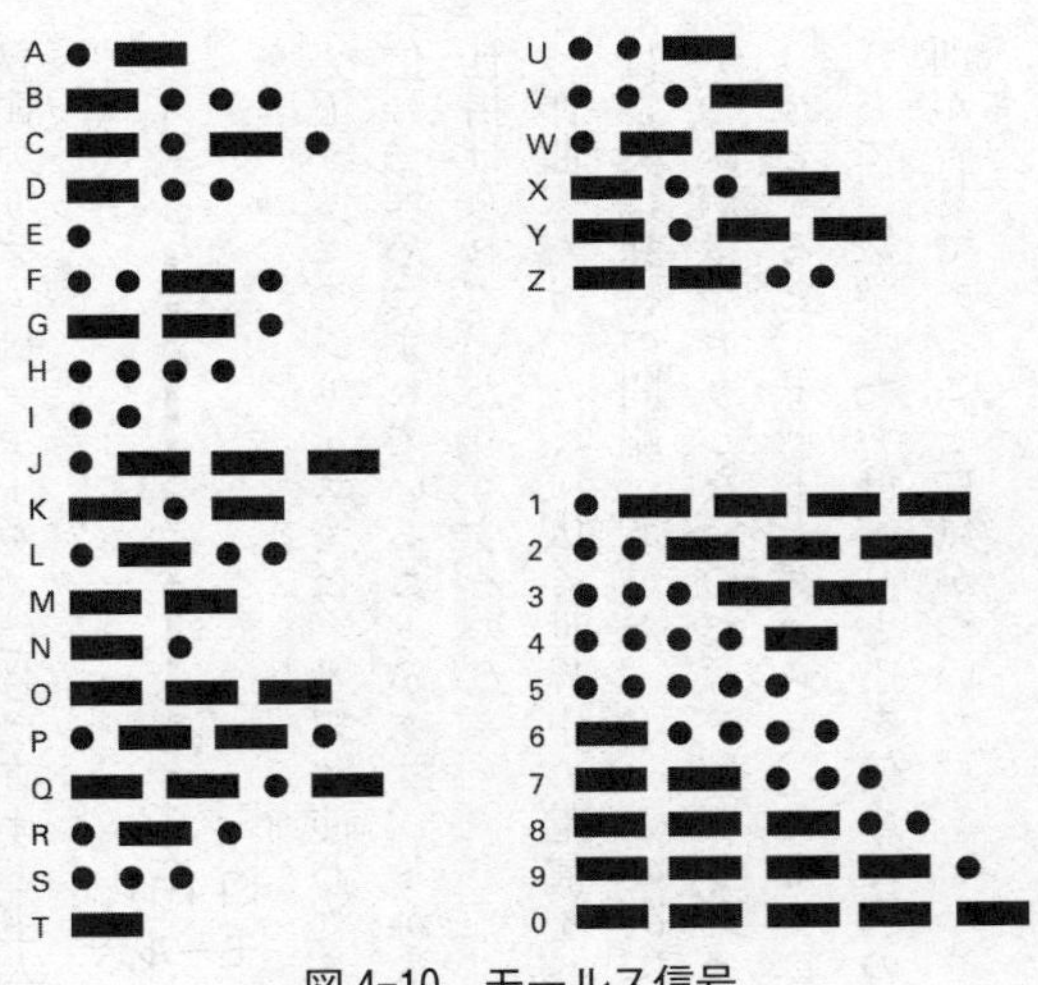

図 4-10　モールス信号。

のだ。

モールス信号を使うと、ベートーベンの第五番に潜むメッセージを解読することができる。今かりに、あの劇的な冒頭の部分がモールス信号だとするとドット・ドット・ドット・ダッシュはモールス信号のvになる。そこでBBCは、この文字を勝利（ヴィクトリー）の象徴としたのである。

ベートーベンは、モールス信号が発明される前に死んでいるので、当然自分の作品にモールス信号のメッセージを隠すつもりなどなかったはずだ。しかしなかには、モールス信号のリズムを取り入れて自分の作品を重層的にしようと考える作曲家もいる。たとえば、有名な探偵ものの連続ドラマ『モース警部〔モースとモールスは共にMorseで同じ綴り〕』の冒頭のリズムは、モールス信号に直すと主人公の探偵の名前になる（図4-11）。

▬ ▬ ▬ ▬ • ▬ • • • •

図4-11 モールス信号でモースを表す。

しかもこのシリーズでは、番組で使われる音楽にその回の殺人者の名前がモールス信号で埋めこまれていることがあり、しかも、そのスコアに人を惑わす偽（にせ）のヒントが仕掛けられていたりもするのだ。

作曲家だけでなく、広く世界中の電信オペレーターに使われてきたモールス信号には、実は独特の問題があった。ドットの次にダッシュが来たときにどう解読すればよいのかがはっきりしないのだ。ドット・ダッシュはモールス信号では〝a〟だが、ひょっとすると、ドットとダッシュ、つまりeとtかもしれない。この問題に取り組むうちに、数学者たちは、0と1を使った別のタイプのコードのほうがはるかに機械判別が容易であることに気がついた。

ロックバンド「コールドプレイ」の三枚目のアルバムのタイトルは？

二〇〇五年にコールドプレイの三枚目のアルバムが発売されると、大勢のファンがこのアルバムを買いに走り、さまざまな色のブロックが格子状に並んだアルバムジャケットの話題でおおいに盛り上がった。いったいこの絵は何を意味しているのだろう。ジャケットに描かれていたのは、実はフランス人技術者エミール・ボードが一八七〇年に発明し七四年に特許を取った最古の2進コードで表したアルバム・タイトルだった。色はメッセージとは無関係で、各ブロックが1を、隙間が0を表している。

一七世紀ドイツの数学者ゴットフリート・ライプニッツはずいぶん早くから、情報を効率的に符号化する際に0と1が威力を発揮することに気づいていた。そのヒントとなったのは、対極にある二つのもののダイナミックな均衡について述べた中国の変化の書、『易経』だった。易経には、六十四卦と呼ばれる六四本の線の配列が載っている。ライプニッツは、それぞれの配列が異なる状態や過程を表すとされるこれらの図を見て、2進の数学（前の章でニムの必勝法に登場した数学）を思いついた。これらの図は六本の水平な線からなっており、どの線も一本につながっているか二本に切れていて、易経には、棒や貨幣を投げて得られたこれらの図を用いた占いのやり方が載っ

図4-12

図4-13

ている。

たとえば、図4-12のような卦が出れば、これは「衝突」を意味するが、図4-13のような卦であれば、「隠れた知性」を意味する。

ライプニッツは占いよりもむしろ、これらの図が数と結びつくという一一世紀中国の学者邵雍(しょうよう)の指摘に興味を引かれた。二つに割れた線を0、割れていない線を1とすると、最初の卦は上から下へ１１１０１0と読める。10進法では各位が10の冪(べき)に対応し、その位の数がその束の個数を表す。したがって234は下の位から、1が四個と10の束が三個と100の束が二個あることになる。

だが、ライプニッツや邵雍が考えていたのは10進法ではなく2進法だった。2進法では、各位が2の冪に対応する。そのため、たとえば１１１０１０という数は、1単位のかけらはゼロで、2の棒が一束と、4の束がゼロ、8の束が一つ、16の束も32の束も一つずつあることになり、これらをすべて加えると2＋8＋16＋32＝58になる。10進法では記号が十個必要だが、2進法ではどんな数でも二つの記号で表すことができる。(10進法でいう) 16の束が二つあれば、もう一段大きな2の冪の束――すなわち32の束が一つになるのだ。

ライプニッツは、計算を機械化する際にこのような数の表し方がきわめて強力な武器になることに気がついた。２進数のたし算の法則はきわめて単純で、おのおのの位で、０＋１＝１、１＋０＝１、０＋０＝０が成り立つ。さらにもう一つ、１＋１＝０が成り立って、１が一つ玉突き式に繰り上がって、次の位に加わる。したがって、たとえば１０００と１１１０１０を足すと、ドミノ現象で１がどんどん繰り上がり、

1,000＋111,010 ＝ 10,000＋110,010
＝ 100,000＋100,010
＝ 1000,000＋000,010 ＝ 1000,010

となる。ライプニッツは、すぐれた機械式の計算機をいくつも設計した。そのうちの一つを見ると、ベアリングのボールがあれば1、なければ0を表すという取り決めのもとで、足し算の過程がみごとな機械的ピンボールマシンに変換されている。ライプニッツは、「優れた人物が、まるで奴隷のように計算に何時間もの時間を費やすのは無駄だ。機械を使えば安心して計算をほかの人にゆだねられるのだから」と述べているが、この意見にはほとんどの数学者が賛成するはずだ。

やがて、数だけでなく文字も0と1で表そうという試みがはじまった。モールス信

図4-14　ライプニッツの２進計算機を再現したもの。

号は人間にとっては大変強力なコミュニケーションの手段だったが、機械にすれば文字を綴るときに使われるドットとダッシュの微妙な差を認識するのはそう簡単ではなく、そのうえひとつひとつの文字のくぎりもうまく判別できなかった。

エミール・ボードは一八七四年に、アルファベットをすべて０と１の列で表すシステムの特許を取った。どの文字も同じ長さの列にしておけば、一つ一つの文字のくぎりがはっきりするはずだ。ボードは０と１を五つ使って、計２×２×２×２×２＝32種類の文字を表すことにした。このコードを使うとＸは１０１１１になり、Ｙは１０１

01になる。これはきわめて大きな一歩だった。なぜならこのコードを使うと、穴が開いていれば1、開いていなければ0を表すというとりきめのもとで、コード化したメッセージを紙テープに打ちこむことができるからだ。機械はできあがったテープを読みとって高速で電線に信号を送り出し、電線の向こうの端につながっているテレタイプライターが、送られてきたメッセージを自動的にタイプする。

やがて、ボード・コードに代わるさまざまなコードが登場し、今では文書や音波、静止画像のデータ圧縮の国際標準規格であるジェイペグから動画まで、ありとあらゆるものが0と1を使ってコード化されている。アイチューンズを立ち上げてコールドプレイの曲をダウンロードすると、手元のコンピュータにはそのたびに膨大な0と1が押し寄せて、MP3プレイヤーがそのコードを解読する。これらの数の奔流には、クリス・マーティンが作った甘いメロディーを聴くためにこう振動せよといったスピーカーやヘッドホンへの指示メッセージが含まれているのだ。ひょっとするとコールドプレイの三枚目のアルバムのジャケットがあのようなデザインになったのも、音楽が0と1の流れにすぎなくなったこのデジタル時代に触発されてのことだったのかもしれない（次ページ図4-15）。

このアルバムのカバーに潜むメッセージを解読したければ、ボード・コードを参照

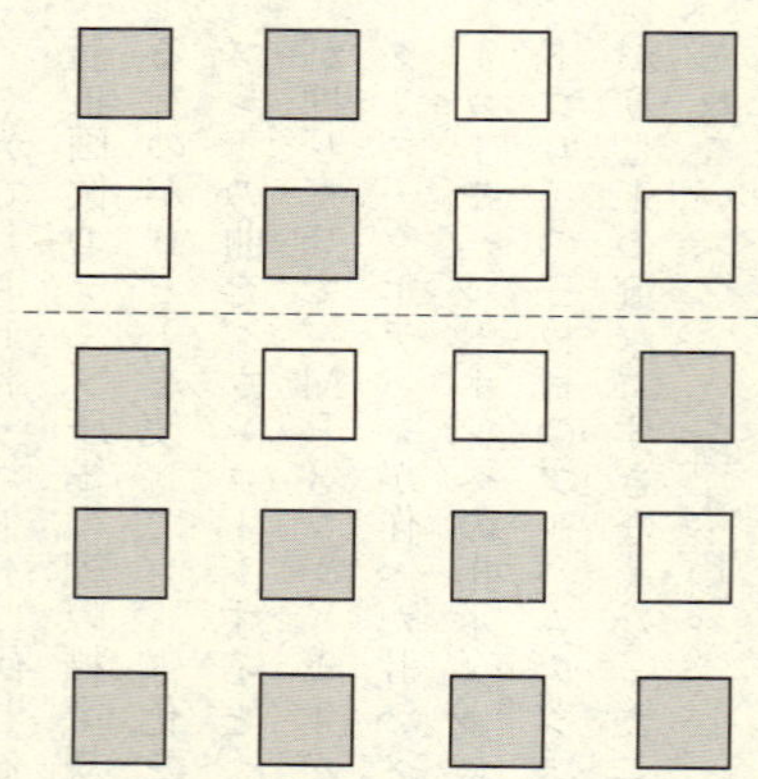

図4-15　コールドプレイの3枚目のアルバムのジャケットには、ボード・コードが使われている。

するとよい。まず、問題のジャケットの模様を、それぞれ五個のブロックからなる四本の列と見なす。色のついたブロックが1で、色のついていないものは0。ボード・コードの送信機では、テープの上下をはっきりさせるために、上二つのブロックと下三つのブロックの間に細い線を打つ。このためこのアルバムのジャケットでも、上のほうの灰色のブロックと下の色つきのブロックのあいだに細い線が引いてある。

ジャケットの最初の列は、色・空白・色・色・色となっているから、10111と読めて、ボード・コードのXになる。最後の列は、同じくボード・コードのYになっている。しかし、中央の二列はそう単純ではない。0と1を計五つ並べれば記号を計32個作ることができるわけだが、数字や句読点までいれると、これだけでは足りない場合が多い。そこでボードはこの問題を巧みなやり方でクリアすることにした。0と

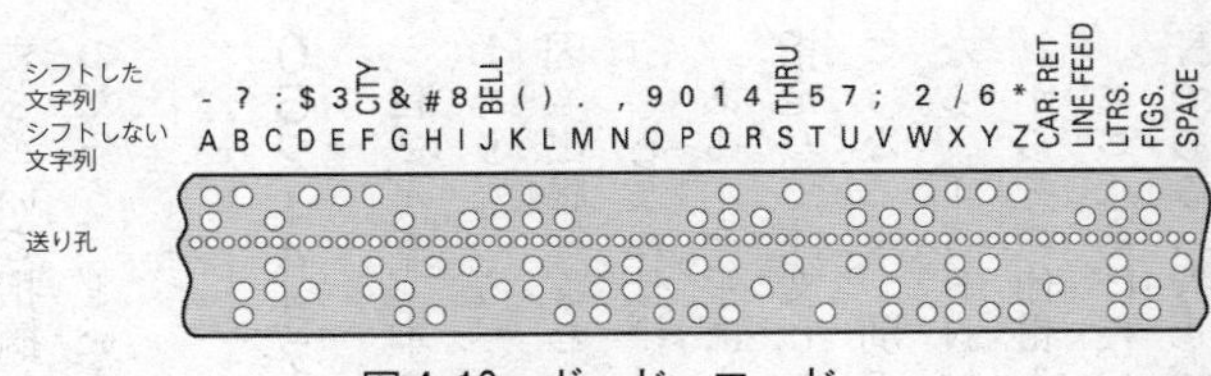

図4-16　ボード・コード。

1の特定の配列にキーボードのシフトキーの役割を持たせて、同一のキーにまったく別の符号を割りふることにしたのだ。このため11011という列が登場すると、その次の列はシフトした記号になる。

実際、このジャケットの二列目はボード・コードのシフトキーだから、三列目の空白・空白・空白・色・色というコードを解くには、図4-16のシフトした文字の組を参照しなくてはならない。たぶんほとんどの方が、これは&を意味するコードにちがいないと思われたことだろう。ところが00011は&ではなく数字の9を意味している。つまり、コールドプレイの三枚目のアルバムのジャケットは、X&YではなくX9Yをボード・コードで符号化したものになっているのだ。これはなにかの冗談なのだろうか。たぶんそうではあるまい。ボード・コードで表した9と&が一カ所しか違わないことを考えると、たぶんまちがいだ。この例は、これらのコードがしばしばかかえる問題をくっきりと浮き彫りにしている。このタイプのコードは、たとえまちがったとしても、まちがいを指摘しづらい。では、このようなまちがいを検出するにはどうすればよいのだろう。というわけで、いよいよコードの数学の出番となる。

0521447712と0521095788、どちらが本のコードでしょう

皆さんも、本の裏表紙に印刷された国際標準図書番号、ISBNを目にしたことがおありだろう。ISBNの一〇桁の数字を見れば、それがどういう本なのかも、出版国も出版社もわかる仕組みになっている。しかもそれだけでなく、このコードにはちょっとした仕掛けがある。

ある本を手に入れたいと思い、そのISBNもわかっているとしよう。ISBNを指定して注文したはいいが、あわてたせいでISBNの番号をまちがえてタイプした。こうなると、別の本が届いてしまうとお考えかもしれないが、そうはならない。なぜなら、ISBNは自分でまちがいを検出することができるからだ。ということで、これからその仕組みをご説明する。

ここにあげたのは、わたしのお気に入りの三冊の本についているほんもののISBNである（表4-05）。

ISBNの数字	0	5	2	1	4	2	7	0	6	1	計
桁数をかけると	0	45	16	7	24	10	28	0	12	1	143
ISBNの数字	1	8	6	2	3	0	7	3	6	9	計
桁数をかけると	10	72	48	14	18	0	28	9	12	9	220
ISBNの数字	0	4	8	6	2	5	6	6	4	2	計
桁数をかけると	0	36	64	42	12	25	24	18	8	2	231

表4-05

各数字の下にあるのは、それぞれの数とその数がこのコードのなかで右から何番目にあるかを示す値との積で、たとえば最初のＩＳＢＮでは、０に10をかけ、５に９をかけ、２に８をかけという具合に計算していく。下の行の末尾にあるのが、これらの積をすべて加えた総和だ。さて、このようにして得られた三つの数を見て、なにかお気づきのことはないだろうか。これまた本物のＩＳＢＮである２６４９９２５３でも同じことが成り立つのだが……。

どうだろう。なにかパターンが見つかっただろうか。ここで種明かしをすると、こうして得られた数は常に11で割り切れる。といっても別に驚くべき偶然ではなく、そうなるようにうまく仕組んである。本についての情報ははじめの九桁にしか含まれておらず、一〇桁目の数字は、このＩＳＢＮ番号から得られる合計が11で割れるようにするためのものなのだ。この一〇桁目の数の代わりにＸと書かれている本があることにお気づきの方もおいでだろう。わたしのお気に入りのなかにも、ISBN番号が080501246Xになっている本がある。このXは実は10の代わり(ローマ数字の10)で、このISBNから得られた和が11で割れるようにするには10を足さなければならないのだ。

ISBNをタイプするときに数字をひとつでもまちがえると、さきほどの計算で得られた数が11で割り切れなくなる。そのためこちらのミスに気づいたコンピュータが、入力し直すようにいってくる。二つの桁をひっくり返しただけでも——これはよくある入力ミスだが——やはりまちがいに気づいて、別の本を送りつけることなく、正しいISBNを入力せよといって寄こす。なんて賢い奴なんだ! というわけで、もう皆さんにも、この節の見出しの番号のどちらが本物でどちらが偽物なのかおわかりのはずだ。

だが、絶えず膨大な数の本が出版されているため、さしものISBNもついに枯渇しはじめた。これをうけて、ISBNは二〇〇七年一月一日から一三桁になった。新しいコードでも、本や出版国や出版社の情報は一二桁に含まれていて、一三桁目がまちがいをチェックする桁になっている。ただし現在出版社が使っている一三桁のISBNでは、合計は11ではなく10で割り切れるようになっている。この本のカバーにもISBNが印刷されているので、それをごらんいただきたい。一三桁ある数字のうち、二つ目と四つ目と六つ目と八つ目と一〇個目と一二個目の数字を足して、得られた和に3をかけてから残りの数字を足すと、答えは10で割り切れるはずだ。ISBNを書きまちがえると、最後に得られる値が10で割り切れなくなることが多い。

コードを使って読心術を

この手品ではコインを三六枚使う。友達にコインを二五枚無造作に渡して、裏表はごちゃまぜでいいから、5×5の格子に並べてくれと頼む。友達が、たとえば次のように並べたとしよう。

表	表	裏	裏	裏
裏	裏	表	裏	裏
表	表	表	裏	表
裏	表	表	裏	裏
裏	裏	裏	裏	裏

表 4-06

そのうえで、「これから、どのコインでもいいから一枚だけ裏表をひっくり返してほしいんだ。そうしたら、わたしが君の心を読んで、どのコインをひっくり返したのか当ててみせるから。でも、二五個だけだとコインの配列を憶えられそうだから、念のため、正方形を一回り大きくしておこう」という。

そして、一見でたらめにコインを付け足して行と列を一つずつ増やし、6×6＝36個の正方形を作る。といってもじつはコインはでたらめに加えているわけではなく、各列にある裏の枚数を数えたうえで、それぞれの列にある裏の数が奇数枚なら裏向けのコインを、偶数枚だったら（0も偶数とする）表向けのコインをいちばん下に置いていく。

次に各行について同じ手順を行うと、右下に一つだけ穴が残る。そこで今できたばかりの縦の列を見て、裏向きのコインが偶数枚なら表向きのコインを、奇数枚なら裏向きのコインを置く。こうするとおもしろいことに、一番下の横向きの行にある裏向きのコインの偶奇（パリティー）と一致する。では皆さんは、このふたつが常に一致することを証明することができますか？　この数が、実は5×5の正方形全体に含まれている裏向きのコインが偶数枚か奇数枚かを示しているということに気がつけば、証明はできたも同然だ。

なにはともあれ、この時点で格子は次のようになっている。これで準備完了！

表	表	裏	裏	裏	裏
裏	裏	表	裏	裏	表
表	表	表	裏	表	裏
裏	表	表	裏	裏	裏
裏	裏	裏	裏	裏	裏
裏	表	表	裏	表	表

表4-07

そこであなたは後ろを向いて、友達にコインを一枚だけひっくり返してくれと頼む。ひっくり返し終わったところで向き直り、格子をじっと見つめてから、「ではこれから君の心を読んで、どのコインをひっくり返したのか当ててみせよう」という。

むろん相手の心を読むわけではなく、まずは元々の5×5の格子に戻って、各行各列の裏の枚数を数えていく。そうやって裏が偶数枚か奇数枚かを調べては、先ほど付け足したコインと矛盾していないかどうかを確認する。さっき付け足した行列には、元々の各行各列の裏の枚数が偶数か奇数かが記録されている。ところが相手はコインを一枚だけひっくり返しているから、どこかの行と列で、後からつけ加えたコインに記録された状態と現在のコインの状態とが食い違っているはずだ。そのような行と列を見つけ出せば、そのふたつが交わるところにひっくり返されたコインがあるはずだ。

ではためしに、表4-08を見て、どのコインがひっくり返されたのかを推理してみてほしい。

裏	裏	裏	裏	表	表
表	裏	裏	表	裏	表
裏	表	裏	表	表	表
裏	裏	裏	表	表	裏
裏	裏	裏	裏	裏	裏
表	表	裏	表	表	裏

表4-08

左端の縦の列には裏が偶数枚あるが、列の一番下につけ加えられたコインは裏向きだから、もともとこの列には裏が奇数枚あったはずだ。したがって友達がひっくり返したコインはこの一列目に含まれている。

次に行を上から見ていくと、二行目がおかしくなっている。前もって置いてある「チェック・デジット」によると偶数枚だったはずなのに、実際には裏が奇数枚ある。かくして友達の心は読めた。「君は、第一列二行目のコインをひっくり返したね」そしてあなたは、感心した見物人から拍手をちょうだいするというわけだ。

では、相手が後からつけ加えられたコインをひっくり返した場合はどうなるのか。

まったく問題なし。その場合は、右下隅のコインと、一番下の行の偶数奇数ないしはいちばん右の列の偶数奇数に食い違いがでる。もし一番下の行と食い違っていれば、ひっくり返されたコインは最後の行に含まれていることになるので、そこからひとつひとつの列を調べていって、矛盾する箇所を探り出せばよい。その結果、たとえば六列目に矛盾があったなら、右下隅のコインがひっくり返されたとわかる。

さて、ここにもうひとつ格子がある。ただしこの場合は、後で置いたコインが一枚ひっくり返されている。どのコインかおわかりになるだろうか。

表	表	裏	裏	裏	表
裏	裏	表	裏	裏	表
表	表	表	裏	表	裏
裏	表	表	裏	裏	裏
裏	裏	裏	裏	裏	裏
裏	表	表	裏	表	表

表 4-09

正解は、右上の一枚。右下隅が表になっているのだから、いちばん右の列には裏が偶数枚あったはずだが、実際には奇数枚ある。そこで今度は行を調べる。最初の行のいちばん右のコインを見ると、裏は偶数枚なはずなのに、実際には奇数枚で矛盾が起きている。したがって、ひっくり返されたのは端のコインだとわかる。

今紹介した考え方は、実はコンピュータが情報を伝達している最中に忍びこんだエラーを修正するためのエラー修正コードの基礎になっている。表を0、裏を1とすると、この格子がそのままデジタルメッセージになる。行と列を付け足す前の5×5の格子の各列がたとえばボード・コードの文字に対応するとすれば、偶数奇数を記録する一行一列を付け足してできた6×6の格子が五文字分のメッセージを表す。余分な行と列は、エラーをチェックするためにコンピュータがつけ加えたものなのだ。

コールドプレイのアルバムのジャケットにあるコード化されたメッセージを送るときにも、5×4の格子にさきほどのような偶数奇数を記録した行と列をつけ加えておけば、いつどこにエラーが生じたのかがはっきりしたはずだ。次に示すのは、本来あるべきアルバムのジャケットのメッセージである。ただし、色つきブロックは1で、色なしブロックは0で表してある。

この表の右端と一番下に、各行各列の1の個数が偶数か奇数かに応じて0か1をつけ加えていく。

1	1	0	1
0	1	1	0
1	0	0	1
1	1	1	0
1	1	1	1

表 4-10

1	1	0	1	1
0	1	1	0	0
1	0	0	1	0
1	1	1	0	1
1	1	1	1	0
0	0	1	1	0

表 4-11

今、伝達している最中に一カ所エラーが生じたとしよう。そのためにどこかの番号が変わって、グラフィック・デザイナーには次のようなメッセージが届いた。

1	1	0	1	1
0	1	0	0	0
1	0	0	1	0
1	1	1	0	1
1	1	1	1	0
0	0	1	1	0

表4-12

このとき受け手は、最後の行と列にあるチェック・デジットを使ってまちがいのありかを確認することができる。この場合は二行目と第三列が違っている。

このようなエラー修正コードは、ＣＤから衛星通信まで、ありとあらゆるものに使われている。皆さんも電話で話しているときに、相手のいっていることがよく聞き取れなかったという経験がおありだろう。

コンピュータ同士のおしゃべりでもこれと同じような問題が起きるが、数学を使ってデータをうまくコード化すれば、そのような問題を回避できる。ボイジャー二号がはじめて土星の画像を送ってきたときも、ＮＡＳＡがエラー修正コードを使ったおかげで、曖昧（あいまい）な画像をくっきりした画像に変えることができたのだ。

インターネットで公平なコイントスをするには

エラー修正コードを使うと、情報をはっきりと伝えることができる。そうかと思うと、コンピュータを使って秘密の情報を送りたいという場合も多い。昔は——スコットランド女王メアリーにしろネルソン提督にしろ——秘密のメッセージを送ろうとすると、あらかじめ諜報員（ちょうほういん）と会って、どのようなコードを使うか打ち合わせをする必要があった。

わたしたちが暮らすこのコンピュータ時代にも、秘密のメッセージを送る必要に迫られることはよくある。オンラインで買い物をすると、一面識もない人や今クリックしたばかりのウェブサイトにクレジットカードの詳細を送らねばならない。もしも事前の顔合わせが欠かせない古いタイプの暗号しかなかったら、インターネットでの商取引などとうてい不可能だ。しかしありがたいことに、数学を使えばこの問題を解決できる。

いったいどのようなしくみなのかを説明するために、まず、単純な筋書きからはじめることにしよう。今わたしが、インターネット経由でチェスをしたいとする。こちらはロンドンに、相手は東京に住んでいて、先攻を決めるためにコイントスをしなければならない。わたしが「表か裏か」とメールすると、相手は「表」と書いてきた。そこでコインを投げあげて、わたしは「裏だ。だからぼくが先攻だ」とメールする。この場合に、はたしてわたしがずるをしていないということを保証するなんらかの方法が存在するのだろうか。

驚いたことに、インターネットでも公平にコイントスを行うことができる。そしてそれには素数の数学が使われる。素数は2以外すべて奇数で、それらの奇数の素数を4で割ると、17を4で割ると1が余り、23を4で割ると3が余るというふうに、余りは必ず1か3になる。

第一章でも見たように、素数が無限にあることは二〇〇〇年前に古代ギリシャ人によって証明されている。だったら4で割ったときに余りが1になる素数も無限にあるのだろうか。さらにまた、余りが3になる素数も無限にあるのだろうか。ピエール・ド・フェルマーがこの問題を数学者につきつけたのは今から三五〇年前、一六〇〇年代のことだったが、それがきちんと解けたのは、一八世紀のオイラーの研究を経由して、一九世紀になってからのことだった。ドイツの数学者グスタフ・ルジューヌ・ディリクレが途方もなく複雑な数学を編み出し、それを使って素数の半分は余りが1になり、あとの半分は余りが3になることを証明したのだ。早い話が、余りが1になる可能性と余りが3になる可能性は五分五分なのである。数学者が無限について語る場合、「半分」という言葉はかなり複雑な意味を持つ。だがこの場合は単純に、適当な数を指定してその数より小さい素数を調べると、そこに含まれる素数のほぼ半分は4で割った余りが1になっているということを意味している。

つまり、素数を4で割ったときに余りが1になるか3になるかは、公正なコインをトスしたときの表裏と同じで、どちらにも偏(かたよ)っていないのだ。そこで、余りが1の素数を表、余りが3の素数を裏として、インターネットでコイントスを行うわけだが、ここで数学を使った工夫の出番となる。今、17と41のように表の山――すなわち余りが1の山――から素数を二つ取ってきて掛けあわせると、たとえば41×17＝697＝174×4＋1のように、その積を4で割った余りも1になる。では、23と43のように裏の山――すなわち余りが3の山――から数を二つ取ってきて、その積を4で割るとどうなるか。意外なことに、やはり余りは1になる。この例でいうと、23×43＝989＝247×4＋1となるのだ。したがって、二つの素数の積を見ただけでは、元の素数が表の山のものなのかそれとも裏の山のものなのかは判断できない。そこでこの事実を利用して、「インターネットのコイントス」を行う。

わたしはコインをトスして、表が出たら表の山から二つの素数を選んで掛けあわせ、裏が出たら裏の山から選んだ素数を掛けあわせて、その値を東京にいる相手に送る。今、その値が6,497だとしよう。二つの素数の積を4で割った余りは必ず1になるから、積を見ただけでは、わたしが選んだ素数が表か裏かを判断することはできない。そこで今度は相手が表か裏かを決める。

そのうえで相手が勝ったかどうかを確認するには、こちらが選んだ素数を送ればよい。この場合の素数は89と73で両方とも表の山に属していて、積が6,497になる素数の組はこれしかない。したがって6,497という数には、自分がインチキしていないことを保証するには十分で、しかも相手がインチキするには不十分な量の情報が盛り込まれることになる。

そうはいっても6,497を89×73と因数分解することができれば表だったことがわかるので相手が有利になってしまうが、こちらが十分に大きな素数（二桁よりもはるかに大きな素数）を選びさえすれば、現在の計算能力でその積を因数分解することはほぼ不可能となり、ほどよい情報になる。実はインターネットを通じて送られるクレジットカード番号のセキュリティー・コードに使われているのも、これと同じ原理なのだ。

簡単な問題

わたしがコインを投げ、表か裏の山から２つの素数を選んで掛けあわせたら、積が 13,068,221 になった。このコイントスで出たのは表か、それとも裏か。この問いに、コンピュータを使わずに答えよ（答えは章の末尾にある）。

難しい問題

もしも積が、5,759,602,149,240,247,876,857,994,004,081,295,363,338,151,725,852,938,901,132,472,828,171,992,873,665,524,051,005,072,817,707,778,665,601,229,693 だったらどうだろう。

今度はコンピュータを使ってもかまわない。

数を分割できれば暗号が解ける

ボブはイギリスでサッカーのシャツを売るウェブサイトを経営していて、オーストラリアのシドニーに住んでいるアリスは、ボブのウェブサイトでシャツを買うために、インターネット経由で誰にも知られずにクレジットカードの詳細を送りたい。ボブはウェブサイトで特別なコードナンバー、たとえば126,619という数を公開している。これは、アリスのメッセージをロックして安全に保管する鍵(かぎ)のようなもので、ボブのサイトを訪れたアリスは、公開されている鍵のコピーを使ってクレジットカードをロックする。

実はこのとき、アリスのコンピュータは126,619というコードナンバーとアリスのクレジットカード番号を使って特殊な計算を行う。そのうえで、暗号(コード)化されたクレジットカード番号をインターネット経由で公然とボブのサイトに送るのだ(計算の内容は、次の節で詳しく説明する)。

いやいや……ちょっと待ってくれ。それでは問題が起きるだろう。もしもわたしがハッカーだったら、ボブのサイトに行って鍵のコピーを手に入れて、メッセージを解くところだが……。ところがこのようなインターネットのコードでは、メッセージを解読するための鍵は別にあって、店の本部に厳重に保管されている。

そしてその鍵とは、積が126,619になる二つの素数なのだ。実はボブは、暗号化用の鍵を作るのに127と997のふたつの素数を使っていて、このふたつの素数がわからないと暗号化されたクレジットカード番号を逆算で元に戻すことができない。だから126,619という暗号化の鍵をウェブに公開する一方で、解読に必要なふたつの素数、127と997は大切にしまっておくのである。

今かりに、積が126,619になるようなふたつの素数を突きとめることができれば、ボブのウェブサイトに送られてくるカード番号を盗むことができる。実際、126,619程度ならさして大きくないから、しらみつぶしに割り算をくり返していけば、じきに127と997を見つけられそうだ。しかし本物のウェブサイトでははるかに大きな数――事実上、試行錯誤では元の素数が見つけられないくらい巨大な数――が使われているので、このやり方は通用しない。

このコードを発明した数学者たちは、誰にも解けるはずがないという確信のあまり、ずいぶん前に、積が次のような六一七桁の数になる素数の組を見つけた人に二〇万ドルを提供すると申し出た。

25,195,908,475,657,893,494,027,183,240,048,398,571,429,282,126,204,032,027,777,137,
836,043,662,020,707,595,556,264,018,525,880,784,406,918,290,641,249,515,082,189,298,
559,149,176,184,502,808,489,120,072,844,992,687,392,807,287,776,735,971,418,347,270,
261,896,375,014,971,824,691,165,077,613,379,859,095,700,097,330,459,748,808,428,401,
797,429,100,642,458,691,817,195,118,746,121,515,172,654,632,282,216,869,987,549,182,
422,433,637,259,085,141,865,462,043,576,798,423,387,184,774,447,920,739,934,236,584,
823,824,281,198,163,815,010,674,810,451,660,377,306,056,201,619,676,256,133,844,143,
603,833,904,414,952,634,432,190,114,657,544,454,178,424,020,924,616,515,723,350,778,
707,749,817,125,772,467,962,926,386,356,373,289,912,154,831,438,167,899,885,040,445,
364,023,527,381,951,378,636,564,391,212,010,397,122,822,120,720,357

素数をひとつひとつしらみつぶしにあたっていってこの数を因数分解するとなると、宇宙全体に存在する原子の個数を超える数に当たらなくては正解にたどり着けない。それを思えば、我こそはという人物がひとりも出ないまま、二〇〇七年にこの申し出が引っ込められたのも当然といえよう。

素数を使ったこのような暗号は、事実上解けないだけでなく、かなり斬新な特徴を持っている。このタイプの暗号には、従来の暗号につきものだった問題がないのだ。従来のコードは、いわば開閉に同じ鍵を使う錠前のようなものだった。ところが今紹介した新しいインターネットのコードでは、閉めるときに使う鍵と開けるときに使う鍵が異なる。そのためウェブサイトは、メッセージをロックする鍵をおおっぴらに配りつつ、ロックを解く鍵を安全に保管しておくことができるのだ。ではここで気概のある皆さんのために、このインターネットのコードが実際にどのように機能するのかを細かく説明してみよう。まずは奇妙な算術の紹介から。

時計の算術とは?

インターネットで使われているこの最新式のコードの元になったのは、実はまだインターネットが夢想だにされていなかった数百年前に作り出された時計の算術という数学だった。時計の算術がインターネットのコードにどう使われているのかは次の節で説明することにして、はじめにこの算術がどのようなものなのかを見ていこう。

まずはごくふつうの12時間時計から。12時間時計の足し算なら皆さんもおなじみだろう。たとえば9時の4時間後は1時になるが、実はこれは、得られた和を12で割って余りを出しているのと同じことで、次のように表される。

4+9＝1(modulo 12)〔「1モデュロ12」あるいは「12を法として1」と読む〕

modulo 12という但し書きがつくのは、その数を超えると目盛りがゼロにセットし直される点――すなわち法――が12であるからだ。そうはいっても12時間という値にこだわる必要はなく、法を変えても同じような足し算ができて、たとえば10時間時計で計算すると、

9+4＝3(modulo 10)

になる。では、この算術のかけ算はどうなるのだろう。たとえば4×9は、9の束を四つ取ってきてすべて加えるのと同じことだ。このようにかけ算を足し算のくり返しと見なして、9の束を四つ合わせたときに12時間時計の針で何時になるのかを調べてみる。9+9は6時。さらに9を足すたびに、時計の針は3時間ずつ後じさりして、最後に12時を指す。数学では0はきわめて重要な数なので、時計の算術でもこの場合は0時と呼ぶ。こうして、

$$4 \times 9 = 0 \pmod{12}$$

という奇妙な式ができる。ではさらに考えを進めて、同じ数を何度もかけたらどうなるのか。たとえば、9を四回かけた9の4乗は？　時計の算術でのかけ算のやり方はわかっているから、四回かけるのも簡単だ。そうはいっても四回もかけると積がひどく大きくなるので、盤面での移動を考えるのはやめて、12で割った余りに注目することにしよう。まず、9×9は81。81を12で割った余りは、12時間時計での81時のことだから、9時になる。さらに何回9を掛けても、結果はすべて9。

$$9 \times 9 = 9 \times 9 \times 9 = 9 \times 9 \times 9 \times 9 = 9^4 = 9 \pmod{12}$$

時計算術の計算機では、普通の計算機で積を求め、その積を盤面の時間数で割って余りを求めれば答えが得られる。ところがありがたいことに、時計計算機では往々にして従来型の計算機で計算する必要がなくなる。7の99乗が12時間時計計算機で何時になるか、皆さんにはおわかりだろうか。ためしに7×7を計算して、その答えにもう一度7をかけてみていただきたい。どうだろう、なにかパターンが見つかりましたか。

2のべき	2^1	2^2	2^3	2^4	2^5	2^6	2^7	2^8	2^9	2^{10}
これまでの計算機で計算すると	2	4	8	16	32	64	128	256	512	1,024
5時間時計の計算機では	2	4	3	1	2	4	3	1	2	4
6時間時計の計算機では	2	4	2	4	2	4	2	4	2	4

表4-13

フェルマーは、盤面が素数時間pの時計計算機を使った計算に関する基本的な事実を発見した。この計算機にどんな数を入れても、p乗すると常に元の数に戻るのだ。この事実は、かの有名な「最後の定理」と区別するために、「フェルマーの小定理」と呼ばれている。

表4-13にあるのは、時計の盤面が素数の場合とそうでない場合の計算の例である。

さて、5は素数だから、盤面が5時間の時計計算機で2を5乗すると、答えは2になる。つまり$2^5 \equiv 2 \pmod{5}$がなりたつ。素数時間の時計では決まってこういった不思議なことが起きるが、素数時間でない時計計算機ではそうはならない。たとえば6は素数ではないので、盤面が6時間の時計算術では、2の6乗は2ではなく4になる。

時計の針がぐるぐる回るうちに、ひとつのパターンが見えてくる。素数pに対して、冪を取る操作を$p-1$ステップ行うと、次の操作で必ず出発点に戻るのだ。よってこのパターンは、$p-1$ステップ周期でくり返される。しかも時には、$p-1$ステップの間に幾度かこのパターンがくり返される。13時間時計で3を累乗して、3の1乗、3の2乗……と3の13乗まで計算すると次のようになる。

3、9、1、3、9、1、3、9、1、3、9、1、3

つまり、時計の針はすべての数字を指すわけではなく、一定のパターンをくり返したあげくに一三回目で3時に戻るのだ。

第三章のポーカーの参加者をだますのに使えるパーフェクト・シャッフルの話でも、これとよく似た数学が登場した。あのときは、カードの枚数を変えるとカードの順番を元に戻すのに必要なパーフェクト・シャッフルの回数がどうなるかを考えた。カードの枚数が$2N$だとして、めいっぱい――つまり$2N-2$回――シャッフルしなければならない場合もあれば、それよりはるかに少なくてすむ場合もあった。たとえば五二枚のカードはパーフェクト・シャッフルをたった八回行うだけで元の順番に戻るが、カードが五四枚の場合はパーフェクト・シャッフルを五二回も行わなくてはならない。

フェルマーの小定理

ここで、フェルマーの小定理の説明をしておこう。この定理によると、素数p時間の時計では、

$$A^p = A(\text{modulo } p)$$

が成り立つ。この証明は手強い(てごわい)が決して専門的ではないので、集中すれば追えるはずだ。

まずは簡単な場合から考えよう。A＝0なら、0を何回かけても常に0だからこの定理が成り立つ。そこで、Aはゼロではないとする。そうしておいて、この時計でAを$p-1$回かけたときに1時に戻ることを示そう。それを示せれば、定理そのものが証明できたことになる。なぜなら、1にAをかければAになるからだ。

まず、盤面のゼロ以外の時間をすべて並べてみる。盤面の時間は全部で$p-1$個あって、

1、2、……$p-1$となっている。

そこでこれらの数にAをかけると、

$A\times1, A\times2, \ldots, A\times(p-1)\ (\mathrm{modulo}\ p)$

となる。そこで、こうして得られた一覧が元々の1、2、……$p-1$という一覧の順序を変えたものでしかないことを示す。今かりに、元々の一覧と積の一覧の違いが順序だけではないとすると、時計の盤面にはp時間しかないのだから、得られた積のうちのどれかがゼロになっているか、あるいは同じ数が二つできたことになる。

そこで、1から$p-1$までに含まれる二つの数nとmについて、p時間時計ではA×nとA×mが同じ時間だとしよう（このときに、$n=m$であることを示したい）。すると当然、$(A\times n)-(A\times m)=A(n-m)$は時計計算機でゼロになる。つまり、ふつうの計算でいうと$A\times(n-m)$はpで割り切れる。

証明の次の段階では、pが素数であるという事実を使う。$A\times(n-m)$を化学分子と見なすと、この分子はAを構成する素数原子と$(n-m)$を構成する素数原子からなっている。ところがpは算術の元素——すなわち素数だから、これ以上細かく分けられない。しかも$A\times(n-m)$はpで割りきれるというのだから、素数を掛けあわせて数を作る方法が一通りしかないことを考えると、pそのものが$A\times(n-m)$を構成する原子のどれかに含まれているはずだ。ところがAはpでは割り切れなかった〔＝Aはゼロではなかった〕から、pは$n-m$を構成する原子になっているはずだ。つまり$n-m$はpで割り切れる。これは、p時間時計の盤面でnとmが同じ時間になることを意味している。これと同じ議論を展開すると、$n\times A$がゼロ時になるのはnかAがゼロ時のときに限ることがわかる。

今、時計の盤面の時間が素数であるという事実がこの議論の決め手になっていることに注意しておく。すでに見てきたように、12時間時計では4も9もゼロ時でないのに4×9はゼロ時になる。

というわけで、元々の1、2、……$p-1$と積の$A\times1$、$A\times2$、……$A(p-1)$が同じ数の順序を入れかえたものでしかないことがはっきりした。そこで、おそらくフェルマー自身が発見したと思われるすばらしい手を使う。今、それぞれの一覧に出ている数をすべて掛け合わせると、かけ算の順序を変えても積の値は変わらないから、両方の積は一致する。元々の一覧から得られる積は$1\times2\times\cdots\cdots\times(p-1)$で、これは$(p-1)!$と書くことができる。二番目の一覧は、Aの$p-1$乗に1から$p-1$までをかけたものになるから、かけ算の順序を入れかえると、$(p-1)!\times A^{p-1}$となる。このとき、この二つの積は時計計算機で同じ答えになるのだから、

$$(p-1)!=(p-1)!\times A^{p-1}\ (\mathrm{modulo}\ p)$$

が成り立つ。つまり、$(p-1)!\times(1-A^{p-1})$はpで割り切れるのだ。そこで、前に使った論法をふたたび使う。1、2、……$p-1$までのどの数もpでは割り切れないから、$(p-1)!$はpでは割り切れない。よって、$(1-A^{p-1})$のほうがpで割り切れるはずだ。これはつまり、素数pの時計計算機ではAの$p-1$乗が常に1になるということを意味する。というわけで、フェルマーが出した問題が解けた。

この議論には、いくつかおもしろい要素が含まれている。A×Bが素数pで割

り切れたらAかBがその素数で割りきれるという事実は素数の特別な性質から導きだされた結論で、たしかに大きな意味を持っている。しかしわたしがいちばんわくわくしたのは、1、2、……$p-1$という数の一覧を別々の方面から眺めた瞬間だった。これは水平思考のもっとも良い例なのだ。

フェルマーは、自分が突きとめたことの詳細をきちんと説明しなかったので、この発見を説明して素数の時計で必ず成り立つと証明することは、のちの数学者の課題となった。そして素数時間の時計では必ずフェルマーのいうとおりになることを証明したのが、レオンハルト・オイラーだったのである。

時計を利用して秘密のメッセージをインターネット経由で送る

これで、時計を利用して秘密のメッセージをインターネット経由で送る方法を紹介する準備がほぼ整ったことになる。

わたしたちがウェブサイトで買い物をすると、手元のコンピュータは、ウェブで公(おおやけ)

にされている時計計算機を使ってクレジットカード番号を暗号化するわけだが、それにはまず、ウェブサイトがコンピュータにこの時計の盤面が何時間なのかを教える必要がある。コンピュータが受け取るこの第一の数をNとする。ボブが経営するサッカー・シャツのウェブサイトでは、Nは126,619だった。さらに、コンピュータが計算を行う際に必要なもうひとつの数をEとすると、あなたのクレジットカードの番号Cは、盤面がN時間の時計計算機を使ってE乗される。そのうえでコンピュータは、C^E(modulo N)という暗号化された数をウェブサイトに送る。

では、ウェブサイトの側はこの数をどうやって解読するのだろう。このときに鍵になるのが、フェルマーの素数手品だ。今、Nを素数としてN時間制の時計を考える(後ほどこれだけでは安全とはいえないことが明らかになるが、とりあえずこうしておいたほうが、この先の話がわかりやすい)。このときCのE乗を何乗かすると……不思議なことにふたたびCが現れる。それにしても、いったい何乗(D乗)すればよいのだろう。時計の算術でいうと、p時間時計ではいつ(CのE乗)のD乗がCになるのか。

むろん、Dが$E \times D = p$を満たしていれば、Cが現れる。ところがpは素数だったから、そのようなDは存在しない。それでも、Cを繰り返しかけていけばやがて確実にCが現れる。実際、冪を$2(p-1)+1$まであげれば確実にクレジットカード番号が現れるし、$3(p-1)+1$でも同じ番号が現れる。したがってこの暗号の解読に必要な番号を見つけるには、$E\times D=1(\mathrm{modulo}(p-1))$となるDを見つければよい。これで問題はぐんとやさしくなった。ところがここにひとつ問題がある。Eとpが公表されているので、ハッカーもかんたんにDを見つけられるのだ。そこでカードの秘密をさらに厳重に守るために、p時間ではなく$p\times q$時間時計に関するオイラーの発見を使う。

$p\times q$時間時計のC時にCを繰り返しかけていったとして、C、$C\times C$、$C\times C\times C$……と進んだ針は、いつまたCに戻るのだろう。オイラーによると、$(p-1)\times(q-1)$回後にパターンの繰り返しがはじまるという。したがって元の時間Cに戻すには、Cを$(p-1)\times(q-1)+1$回――さらに一般的にいうと、kをパターン自体の繰り返しの回数として、$k(p-1)\times(q-1)+1$回かければよい。

ここまでで、盤面が$p\times q$時間の時計を使ったCのE乗というメッセージを解くには、$E\times D=1(\mathrm{modulo}(p-1)(q-1))$となるDを見つける必要があって、それには盤面が$(p-1)\times(q-1)$時間の秘密の時計で計算をする必要があるということがわかった。しかしハッカーにはNとEしかわかっておらず、謎（なぞ）の素数pとqを突きとめない限り、この秘密の時計を見つけることができない。つまりインターネットの暗号を破るには、Nという数字を素因数分解しなくてはならないのだ。ところがインターネット上でのコイントスでも触れたように、Nが大きくなると事実上素因数分解は不可能になる。

ではここで、何が起きているのかをわかりやすくするためにpとqをごく小さな数にして、インターネットの暗号がどう機能するのか見ていくことにしよう。今、ボブが自分の店のウェブサイトで、素数3と11を暗号にしたとしよう。すると、お客がクレジットカードの番号を暗号化するときに使う公の時計計算機の盤面は33時間になる。3と11はメッセージ解読の鍵だから、このふたつの番号は秘密にしておかなくてはならない。さらにボブは、暗号化に必要な二つ目の情報としてEという数をウェブサイトで公表する必要がある。そこでEを7としよう。ボブのオンラインの店でシャツを買う人は、ひとりのこらず33時間時計計算機を使ってクレジットカード番号を7乗する。

ボブが経営する店のウェブサイトを訪れたあるお客が、クレジットカードが登場したばかりのころからカードを利用していたとしよう。その人のカード番号が2番だったとすると、33時間時計計算機で2を7乗して29という数が得られる。

ここで、盤面が33時間の時計で2の7乗を楽に計算する方法を紹介しておこう。はじめのうちは順々に2をかけていく。2の2乗＝4、2の3乗＝8、2の4乗＝16、2の5乗＝32……。冪を大きくするにつれて、時計の針は盤面をどんどん進み、6乗したところで一回転を超す。そこでちょっと工夫して、針がさらに進むのではなく、逆回りしていると見なす。つまり32時をマイナス1時と読むのだ。すると、2の5乗＝32にさらに2を二回かけると、マイナス4で29時になる。こうすれば、2を7乗して得た128を33で割るという手間を省くことができる。膨大な数を扱う場合は、コンピュータの計算時間を短縮するためにも、このような省略がきわめて重要になる（図4-17）。

それにしてもなぜ、顧客が暗号化して得られた29という番号が安全だと断言できるのか。ハッカーはサイバー空間でこの番号を見ることができるし、ボブが公開している二つの鍵、すなわち使われている時計の盤面の33時間という数字とクレジットカードの番号の冪である7という数字も簡単に突きとめられる。これだけ情報がそろえば、あとは33時間の時計で七回かけたときに29になるような数字を探せばすむだろうに。

いうまでもなく、ことはそう簡単ではない。普通の計算でも、2乗、3乗をする程度なら封筒の裏にちょちょいとメモをすればすむが、逆演算の平方根を求める計算は

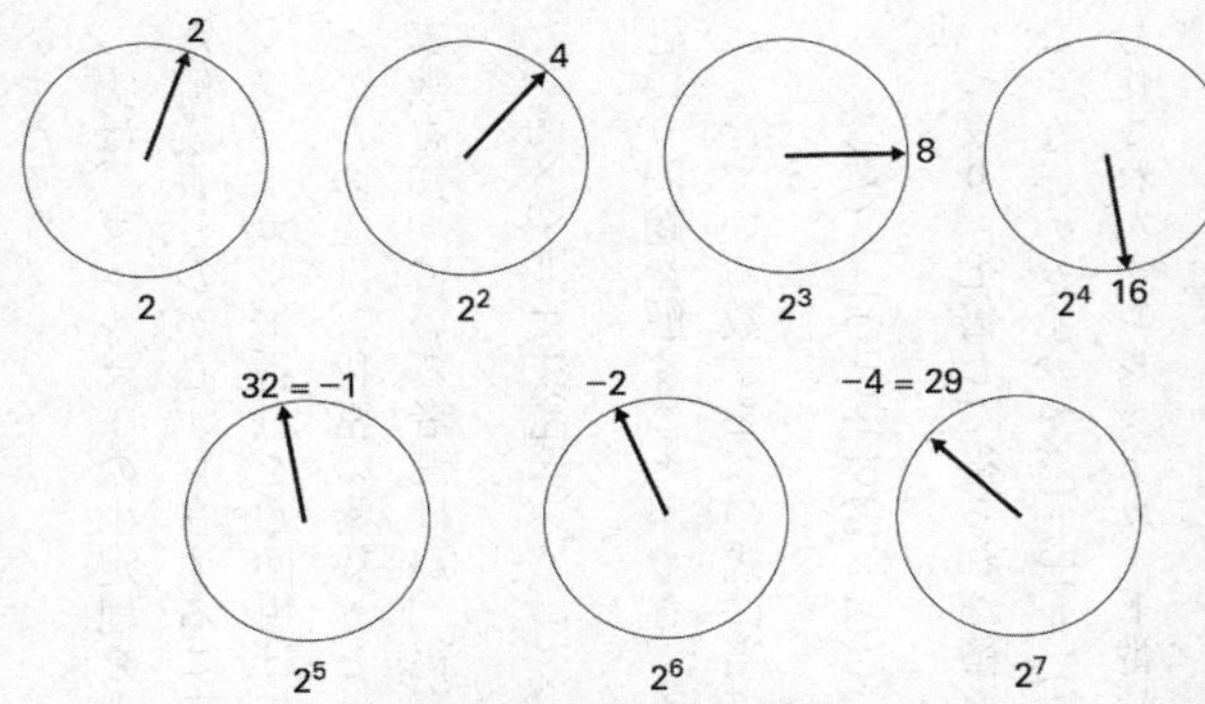

図 4-17 33 時間の時計計算機で冪を計算する。

ぐんと難しくなる。しかもこの暗号では時計計算機を使って冪を計算するため、ことはますますやっかいになる。時計計算機を使うと、計算で得られた答えの大きさと元の数の大きさとがまったく無関係になるので、すぐに出発点がわからなくなるのだ。

この例では数字を小さくしてあるので、ハッカーもしらみつぶしにあたって答えを見つけることができるだろう。しかし実際にウェブで使われている時計は盤面の時間が一〇〇桁を超えていて、片っ端から調べることなどとうてい不可能だ。そう申し上げると、33時間時計計算機ですらこの問題を解くのが難しいというのなら、インターネットで商売をしている会社はいったいどうやって顧客のクレジットカード番号を回復しているんだ？　と不思議に思われる方もおいでだろう。

実は、フェルマーの小定理をより一般化したオイラーの定理によって、まか不思議な解読番号Dが必ず存在することが保証されている。そのためボブは暗号化されたクレジットカード番号をD回掛けて、元々の番号を復元することができるのだ。ただしこのDの値は、秘密の素数pとqを知っている人間にしかわからない。これら二つの素数を知っている者だけが、秘密の時計計算機で、

$$E \times D = 1(\text{modulo}(p-1) \times (q-1))$$

という問題を解くことができ、インターネットの暗号を解けるのだ。そこで、今問題になっている数字をこの式に当てはめると、次のような方程式を解くことになる。

$$7 \times D = 1(\text{modulo}(2 \times 10))$$

つまり、七倍して得られた積を20で割った余りが1になるような数を探さなくてはならないのだが、$7 \times 3 = 21 = 1(\text{modulo } 20)$ だから、$D = 3$なら大丈夫。そこで、暗号化されたクレジットカード番号を三回掛けあわせると、

$$29^3 = 2 \pmod{33}$$

となって、元々のカード番号が現れる。このように、暗号化されたメッセージからクレジットカード番号が再現できるかどうかは、秘密の素数pとqを知っているかどうかにかかってくる。つまり、インターネットで使われている暗号を解くには、Nという数を素数に分解しなければならないのだ。みなさんがオンラインで本を買ったり、音楽をダウンロードするたびに、クレジットカードを安全に保つための素数の手品が行われているのである。

一〇〇万ドルの問題

暗号を作る人々は、常に暗号を解読する人々の先を行こうとする。そして数学者たちも、素数暗号が解読された場合に備えて、常に内密なメッセージを送るより巧妙な方法を探しつづけている。その結果見つかった新たな暗号の一つに、楕円(だえん)曲線暗号と呼ばれる暗号がある。つづめてECCと呼ばれることもあるこの暗号は、すでに飛行機の飛行経路を安全に保つために使われている。そしてこの章の一〇〇万ドルの賞金は、この暗号を支える楕円曲線の数学を理解した者に与えられる。

楕円曲線には実にさまざまな種類があるが、すべて$y^2=x^3+ax+b$という形の方程式で表される。たとえば$a=0$、$b=-2$であれば、$y^2=x^3-2$というように、aやbの値が変わるたびに曲線が定義される。

では、点（x、y）をいくつか取って、この式で定義される曲線をグラフ用紙に書いてみよう。点を取るには、xに適当な値を入れてx^3-2の値を計算し、その平方根を取ってyの値を求める必要がある。たとえば$x=3$なら、$x^3-2=27-2=25$で、$y^2=x^3-2$だから、yを求めるには25の平方を取らなくてはならず、yは5および-5になる（マイナスにマイナスをかけるとプラスになるから、平方根は常に二つある）。平方根はすべて鏡像の位置にあるマイナスの平方根とペアになっているので、得られたグラフは水平軸に対してシンメトリーになる。今見つかったのは、グラフ上の点（3、5）と（3、-5）である。

これら二つの点は、xとyが両方とも整数のきわめてたちのよい点だ。それならほかにもこのような点を見つけることができるのだろうか。ではまず$x=2$としてみよ

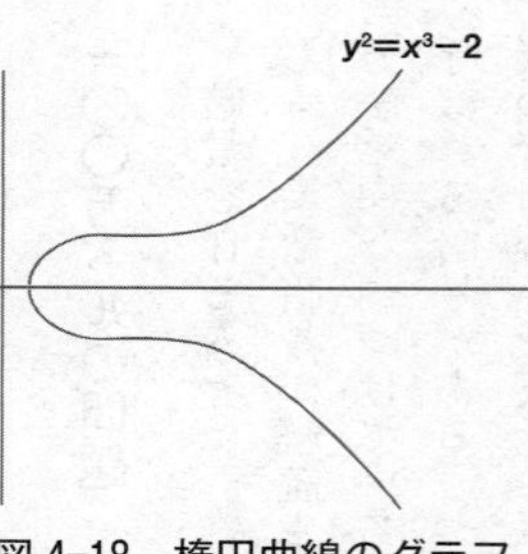

図 4-18　楕円曲線のグラフ。

う。すると$x^3-2=8-2=6$で、$y=\sqrt{6}$か$-\sqrt{6}$となる。先ほどの例では25の平方根が整数になったが、6の平方根はそれほどすっきりしていない。二乗すると6になる整数はおろか分数も存在しないことは、すでに古代ギリシャ人が証明済みだ。つまり、$\sqrt{6}$を小数で書くとどこまでいっても果てがなく、しかもまったくパターンが存在しないのだ。

$$\sqrt{6}=2.449489742783178\cdots\cdots$$

この章の一〇〇万ドル問題は、この曲線上のxとyが両方とも整数か分数である点を見つけることと関係がある。xに適当な値を入れても、ほとんどの数の平方根はすっきりした数にならないから、xとyが両方とも整数や分数の点はひじょうに珍しい。今回は運良く(3、5)と(3、−5)が見つかったが、はたしてほかにもこういう点があるのだろうか。

古代ギリシャ人は、xとyが両方とも分数になっている点(x、y)が一つ見つかったときに、その点を利用してさらに同じような点を見つけるすばらしい方法を編み出した。まず、最初に見つけた点で楕円曲線に接する線を引いてみる。ただし接するというのは、交差せず次ページの図4-19にあるように一点で触れているという意味

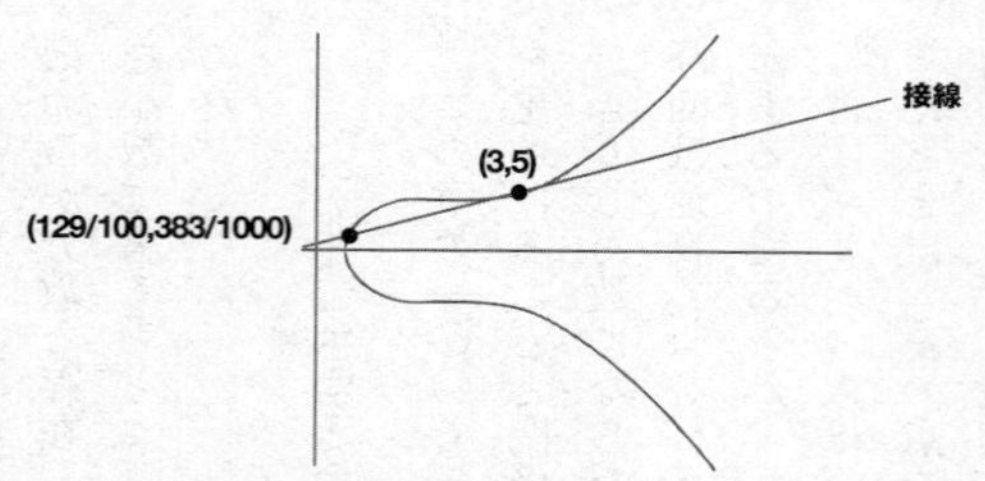

図 4-19　楕円曲線上で、さらに座標が両方とも分数になっている点を見つける方法。

で、このような線をその点における接線という。この線を延ばすと、やがて別の点で元の曲線と交わる。このとき、実はこの新たな点の二つの座標がやはり分数になる。たとえば、$y^2=x^3-2$という楕円曲線上の点（x、y）＝（3、5）で接線を引くと、その接線は座標が両方とも分数の$(x, y)=(129/100, 383/1000)$という点でふたたびこの楕円曲線と交わる。そこでこの新たな点で改めて接線を引くと、さらにもうひとつ、座標が両方とも分数の、

$$\left(\frac{2,340,922,881}{45,427,600},\ \frac{93,955,726,337,279}{306,182,024,000}\right)$$

という分数点が得られる。このような幾何学的な操作なしには、あの式に

$$x = \frac{2,340,922,881}{45,427,600}$$

という分数を入れたときにyが分数になるということはまずもってわかるまい。

この楕円曲線の場合は、同じ手順をくり返せば曲線上の分数点（x、y）をいくつでも得ることができる。一般に、楕円曲線$y^2=x^3+ax+b$でその曲線の上にある分数点（x_1、y_1）がひとつ見つかれば、

$$x_2 = \frac{(3x_1^2+a)^2-8x_1y_1^2}{4y_1^2}$$

$$y_2 = \frac{x_1^6+5ax_1^4+20bx_1^3-5a^2x_1^2-4abx_1-a^3-8b^2}{8y_1^3}$$

と置くことで、同じ曲線上の別の分数点（x_2、y_2）を得ることができる。

さきほど取り上げた曲線$y^2=x^3-2$の場合はこのやり方で無数の分数点が見つかる

が、なかには無数の点を見つけることができない曲線もある。たとえば、

$$y^2 = x^3 - 43x + 166$$

で定義される曲線の場合、この曲線上にはxとyが両方とも整数や分数になっている点が有限個しかないことがわかる。それらの点をすべて挙げると、

$$(x, y) = (0, 0), (3, 8), (3, -8), (-5, 16), (-5, -16), (11, 32), (11, -32)$$

となり、実はすべて整数点で、さらに別の分数点を見つけようと先ほどのような幾何学的操作をいくら繰り返してみても、あるいは計算に訴えても、けっきょくはこの七つの点のどれかにいきつく。

ではここで、この章の一〇〇万ドルの問題を紹介しよう。バーチ・スウィナートン＝ダイヤー予想と呼ばれるこの問題は、楕円曲線に無数の分数点があるかどうかを判別する手段の有無を問うている。

そんなことどうでもいいじゃないか、とおっしゃる方もおいでだろうが、めっそうもない！　なぜなら今や楕円曲線の数学は、携帯電話やスマートカードを使う人々の秘密を守り、航空管制システムの安全を確保するために使われているからだ。この新

たな暗号では、まず巧みな数学を使ってクレジットカード番号やメッセージを楕円曲線上のある点に変換し、そのうえで、先ほど説明したやり方でその点を数学的に別の点に移してメッセージを暗号化する。

この手順の逆を行って暗号を解くにはある種の数学を使う必要があるのだが、今のところそれは不可能だ。ところがこの章の一〇〇万ドル問題が解ければ、これらの暗号が解けるようになるかもしれない。そうなったら、一〇〇万ドルの賞金など目ではない。なにしろあなたは史上最強のハッカーになるのだから。

解答

換字暗号を解くと次のような文章になる。

A mathematician, like a painter or a poet, is a maker of patterns. If his patterns are more permanent than theirs, it is because they are made with ideas. The mathematician's patterns, like the painter's or the poet's, must be beautiful; the ideas like the colours or the words, must fit together in a harmonious way. Beauty is the first test: there is no permanent place in the world for ugly mathematics.

（数学者は、画家や詩人と同じように、パターンを作る。

もしそのパターンが詩人や画家のパターンと違って永久に続くとすれば、それはそのパターンが概念（アイデア）でできているからだ。数学者のパターンは、画家や詩人のパターンのように、美しくなければならない。概念も、色や言葉のように調和を持って組み合わさる必要がある。美こそは最初の試金石である。この世に醜い数学の安住

平文	a	b	c	d	e	f	g	h	i	j	k	l	m
暗号文	B	A	N	T	S	H	U	F	L	K	X	I	O
平文	n	o	p	q	r	s	t	u	v	w	x	y	z
暗号文	C	M	Q	P	V	E	D	G	R	Z	W	J	Y

表4-14

の地はない）

暗号は表4-14を参照のこと。

簡単な問題

出たのは表である。13068221＝3613×3617で、この二つの数はどちらも4で割ったときに1が余る。この数を素早く因数分解するには、フェルマーが発見した方法を使えばよい。3615を2乗すると13068225になるが、この数と13068221の差はこれまた平方の4である。そこでちょっと代数を使うと、$a^2-b^2=(a+b)\times(a-b)$から、

$$13068221 = 3615^2-2^2 = (3615+2)\times(3615-2) = 3613\times3617$$

と素因数分解することができる。

第五章　未来を予測するために

タイムトラベルが可能なら、未来を予測するのは簡単だ。次の年に行って戻ってきて、この先何が起きるのかを話せばすむ。だが残念なことに、時間を旅する方法はまだ見つかっていない。しかも、水晶球にしろホロスコープにしろ、未来を見通せると称する手段の多くはまったく無意味なまじないでしかない。明日、あるいは来年、はたまたこの先一〇〇〇年という長い時間に何が起きるのかがほんとうに知りたいのなら、数学を使うのがいちばんだ。

数学を使うと、問題の小惑星は地球にぶつかるのか、太陽はどれくらい燃え続けるのかを予測することができる。そうはいっても、数学者にも予測しづらいものはある。たとえば天気や人口の伸びや空中を飛ぶサッカーボールの後にできる乱流の様子などを説明する方程式は、すでに見つかってはいるものの、全部が全部解けるわけではない。そしてこの章の一〇〇万ドルの賞金は、乱流の方程式を解いて次に何が起きるかを予見した人のものとなる。

数学を使うと未来が予見できるので、数の言葉を理解できる人々は、昔から絶大な権力を手にしてきた。夜空に光る惑星の動きを予見する古代の天文学者から株価の変動を予見する現代のヘッジファンドのマネージャーまで、さまざまな人物が数学を使って未来をのぞき見てきた。聖アウグスティヌスもこのような数学の力を認めていて、次のような警告を発している。

数学者〔当時でいえば占星家〕と、空虚な予言を行うすべての者に気をつけよ。数学者たちはすでに魂を汚し、悪魔とのあいだに、人間を地獄との関わりに閉じこめる契約を結んでいる恐れがあるのだから。

たしかに、現代の数学のなかには悪魔的といいたくなるくらい難しいものがある。しかしそういった数学に携わる人々は、別に人類を地獄の闇に閉じこめようとしているわけではなく、未来の出来事を解明するための新たなアイデアを追い求めているのだ。

タンタンが数学で命拾いした顚末

ベルギーのコミック作家エルジェの『太陽の神殿』という漫画では、若きレポーター、タンタンが太陽神の神殿に迷いこみ、インカ帝国のある部族に捕まる。インカの人々は、タンタンと友達のハドック船長とビーカー教授を磔にして火あぶりにすることに決めた。太陽の光を拡大鏡で集めて、積み上げた薪に火をつけようというのだ。ただし、刑を執行する日時だけはタンタンが決めてよいという。はたしてタンタンはこの恩恵に乗じて友達や自分を救うことができるのか。

タンタンは、数学を使ってその地方で近々日食が起きることをつきとめ、太陽が隠れるとされている日を刑の執行日に指定した（といっても、タンタンが実際に数学を使ってこの事実を突きとめたわけではなく、新聞の切り抜きに予報が載っているのに気づいただけなのだが……）。そして日食がはじまる寸前に「太陽神はおまえたちの祈りをお聞きとどけにならない！　おお偉大なる太陽よ、もしもぼくたちを生かしておこうというおつもりがあるのなら、今すぐお印をお与えください！」と叫んだ。そのとき数学の予言通りに太陽が消えはじめ、恐れおののいたインカの人々はタンタンと友達を解き放ったのだった。

数学を知る者が未来を見通せるのは、数学がパターンを探す科学だからだ。大昔、夜空を眺めていた天文学者たちは、じきに月や太陽や惑星が一定の動きをくり返すことに気づいた。そしてさまざまな文化で、これらの天体のパターンを利用して過ぎゆく時の経過を記録するようになった。太陽や月は奇妙に強弱のついたリズムを刻みながら空を進むのでさまざまな暦を作ることができたが、どの暦でも太陽や月のサイクルを解明する際には数学が使われた。さらにおもしろいことに、毎年のイースターなどの移動祝祭日を決めるときには、19という数が決定的な役割を果たす。

これらの暦はすべて一日——つまり二四時間を基本的な時間の単位としていた。そうはいっても地球が一回転するのに二四時間かかるわけではなく、軸のまわりを一周するのに必要な時間は、実はこれよりほんの少し短い二三時間五六分四秒である。ところがこのほんの少し短い周期を一日にすると、余った三分五六秒が積み重なって時計と地球の回転がどんどんずれてゆき、最後には真夜中に時計が真昼を指すことになる。そのため時間を記録するうえでは、地球上の同じ位置で観察した太陽が再び空の同じ位置にくるまでの時間を一日（正確にいうと一太陽日）と定めている。地球は完全に一回転した時点で太陽のまわりの軌道を三六五分の一だけ進んでいるので、太陽は約三六五分の一回転——すなわち三六五分の一日後に空の同じ位置に戻ってくることになる。

これをもう少し厳密にいうと、地球は太陽のまわりを三六五・二四二二太陽日かけて一周する。ちなみに、今やほとんどの国で使われているグレゴリオ暦は、この周期をかなりじょうずに近似している。〇・二四二二はほぼ四分の一なので、四年ごとに一日を加えて、太陽のまわりを回る地球の動きと暦があまりずれないようにしているのだ。ところが〇・二四二二は厳密には〇・二五と等しくないのでさらに微調整が必要になり、そのため閏年（うるうどし）を一〇〇年ごとに一回減らし、さらに四〇〇年ごとに閏年を減らすのをやめる。

これに対して、イスラム教の暦は月の周期に基づいている。ここでの基本単位は太陰月で、太陰月が12集まって太陰年になる。太陰月はメッカでの新月の日にはじまり、一ヶ月は約二九・五三日である。そのため太陰年は太陽年より一一日短い。三六五日を一一日で割ると約33になるので、ラマダーン〔イスラム暦の九月のこと。この月は日の出から日没まで断食を行う〕が太陽年をぐるりと巡って元に戻るまでに三三年かかる。このためグレゴリオ暦でいうと、ラマダーンの日程は年ごとに変る。

ユダヤや中国の暦では、太陽のまわりを回る地球の周期と地球のまわりを回る月の周期をつき混ぜ、さらにすりあわせている。これらの暦では、ざっと三年ごとに閏月を入れて帳尻（ちょうじり）を合わせるが、このときに計算の鍵となるのが19という数なのだ。中国の暦では、一九太陽年（＝一九×三六五・二四二二日）が二三五太陰月（＝二三五×二九・五三日）とほぼ一致することから、一九年間に七回の閏年を作って太陰暦と太陽暦のずれを補正している。

太陽と月のあいだで起きる一連の食は一九年ごとにくり返されるから、かりにタンタンが日食の起きる日時を自分で計算していたとすると、やはり19という数が鍵になったはずだ。『太陽の神殿』の日食のエピソードの元になったのは、探検家クリストファー・コロンブスが一五〇三年にジャマイカで座礁（ざしょう）したときに、月食を利用して乗組員を救った、という逸話である。現地の人々ははじめのうちこそコロンブスに対して友好的だったが、やがて敵対するようになり、おまえたちには食料を提供しないといった。このままでは乗組員が飢えてしまうと考えたコロンブスは、ある巧妙な計画を思いついた。暦書（アルマナック）（水兵たちが航海に使う本で、予想される潮の満ち干や月の周期や星の位置が載っている）を調べて一五〇四年二月二九日に月食が起きるはずだということを突きとめると、月食の三日前に現地の人々を呼びつけて、食料を出さなければこのわしが月を消してやる、と脅したのだ。

現地の人々はコロンブスに月が消せるとは思わず、けっきょく食料は届けられなかった。ところが二月二九日の夕方に月が水平線からのぼってきたとき、すでに月は欠けはじめていた。コロンブスの二番目の息子フェルディナンドによると、夜空から月が消えてしまうと、原住民は恐れおののいて「泣きわめきながら、食料などをいっぱい持って四方八方から船に向かって押し寄せてきた。そして提督に、どうか神との間を取りなしてくれと哀願した」という。コロンブスは正確な計算に基づいてうまくタイミングを計り、ちょうど人々を許したところで月が大きくなりはじめるようにした。この話は嘘かもしれないし、かのスペイン人がヨーロッパの賢い征服者と無知な現地人を対比するために潤色した可能性もある。だがいずれにしても、数学の威力を示していることに変わりはない。

数学が繰り返しのあるパターンに注目することで夜空での出来事を予言しているとすると、かつてない新しいことを予見するにはどうすればよいのだろう。数式を使って未来を見通す方法を巡る物語は、サッカーボールのような単純なものの振る舞いを予測することから始まる。

次の食はいつ起きるのか

　食が起きる日をひとつ特定できれば、数式を使って次の食が起きる日時を割り出すことができる。その際に鍵（かぎ）となるのは、次の二つの値である。

　まず、月が地球のまわりをぐるりと回ってふたたび太陽に対して同じ位置にくるのにかかる時間。これは朔望月（さくぼうげつ）（S）と呼ばれ、29.5306日に相当する。

　つぎに交点月（D）と呼ばれる時間で、これは27.2122日に相当する。地球のまわりを回る月の軌道は、太陽のまわりを回る地球の軌道に対して少し傾いており、月の軌道は「昇交点」と「降交点」で地

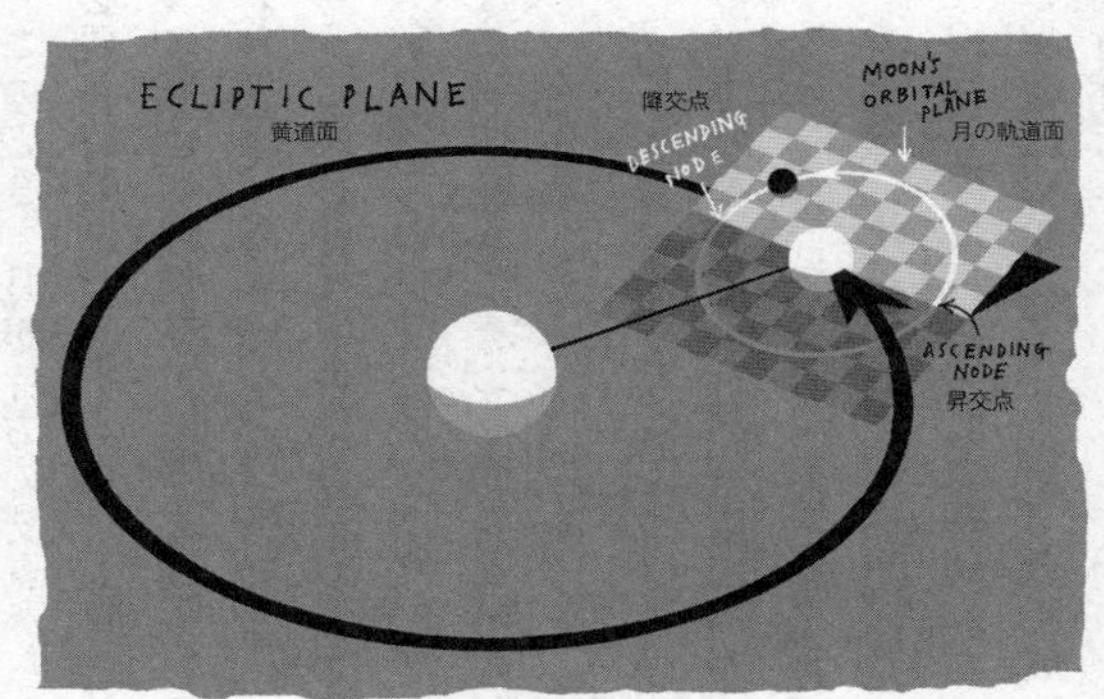

図 5-01　月の軌道は、昇交点および降交点と呼ばれる2点で地球の軌道平面と交わっている。

球の軌道平面と交わっている（図5-01）。このとき、月が片方の交点からもうひとつの交点を通って元の交点に戻るのに必要な時間のことを交点月と呼ぶ。

この二つの値SとDに対して、実はA×SとB×Dがひじょうに近くなるような整数A、Bの組が存在しており、次の食はA×S≒B×D日後に起き、そのA×S≒B×D日後にもまた食が起きる。こうしてしばらく食が続くが、A×SとB×Dは厳密には等しくないので、やがて食はあまり目立たなくなり、けっきょくは太陽と月と地球が一直線に並ばなくなる。こうしてその周期の食が終わるのだ。

ひとつ例を挙げてみよう。

A＝223×朔望月とB＝242×交点月はひじょうに近いので、ひとつの食の223×29.5306日≒242×27.2122日後には、決まってほぼ同じような形の食が起きる。この値を計算すると、周期は約6585と1／3日、年にすれば約18年11日8時間になる。ただしこの半端（はんぱ）な8時間のせいで2回目と3回目の食は地球の別の場所からしか見えず、4回目の食で元の地点に戻る。そのため18年11日8時間×3倍、つまり約19,756日ごとに食がくり返されるのだ。

たとえば、2010年12月21日に北米大陸で観察された皆既月食と1992年12月9日にヨーロッパで観察された月食は同じ周期に属していた。また、アメリカではこの周期の月食が1956年11月18日にも観察されていた。1956年から2010年までの間にはこれ以外にも食が観察されていたが、どれも並行して起きた別の周期に属していた。このように数学を使って計算すると、各周期で次の食がいつ起きるかがわかるのである。

羽とサッカーボールを同時に落としたら、どちらが先に地面につくか

むろんサッカーボールだろう。当代一の数学者でなくても、それくらいの見当はつく。では、まったく同じ大きさのサッカーボールをふたつ用意して、片方に鉛を、もう片方に空気を入れたらどうだろう。たいていの人が反射的に、鉛が入っているほうが先に落ちると答える。史上もっとも偉大な思索家のひとりだったアリストテレスも、そう考えていた。

イタリアの科学者ガリレオ・ガリレイは、この直感的な答えがまちがっていること

を、(真偽のほどは定かでないが)ある実験で証明したといわれている。当時ガリレオはピサで大学教授をしていたのだが、この町には天下に名高い斜塔があった。これではまるで、塔の下に見習いを立たせておいて上からものを落とし、どちらが先に落ちるか確認してください、といわんばかりではないか。というわけでガリレオが重さの異なるボールを使って実験したところ、二つのボールは同時に地面に落ちた。こうしてガリレオは、アリストテレスがまちがっていたことを明らかにしたのだった。

ガリレオは、物の重さと落ちる速さは無関係であることに気がついた。羽がボールよりゆっくり落ちるのは空気の抵抗があるからで、空気がないところでは羽とボールは同じ速さで落ちるはずだ。この理論を確かめたければ、たとえば空気のない月の表面で実験を行うとよい。一九七一年にアポロ一五号の飛行士デイヴィッド・スコットは、月面で地学用のハンマーと鷹(たか)の羽を同時に落としてガリレオの実験を再現した。すると、月は地球よりはるかに重力が小さいので、ハンマーも羽も地球上で落としたときよりはるかにゆっくり落ちたが、ガリレオの予言通り、月面に到達するまでの時間はまったく同じだった。

このミッションの管制官は、後に次のように述べている。「この結果には心底ほっとした。なぜなら、膨大な数の人々がこの実験を見守っていたし、宇宙飛行士の帰還の旅が成功するかどうかも、この実験で検証される理論の信憑性にかかっていたからだ」まさに管制官のいう通り。地球や太陽や月や惑星の重力で押したり引いたりされている宇宙船にエンジンの推進力が加わったときに、宇宙船がどのような動きをするのかを数式で予測できればこそ、宇宙の旅を計画することができるのだ。

落ちていく物体の重さと速さが無関係だということを発見したガリレオは、次にその物体が地上に着くまでの時間を予測できないものかと考えはじめた。ピサの斜塔のてっぺんから物を落としてみても、あっという間に地上に着いてしまって、とてもじゃないが時間は計れない。そこでガリレオは、斜面でボールを転がして、速度がどう変わるかを調べた。そして、ボールが最初の1秒で進んだ距離を1単位とすると、2秒後には4単位分、3秒後には9単位分移動することを発見した。だったら4秒後には計16単位分進むはずだ。いいかえると、物体が落ちる距離は、落ちはじめてからの時間の2乗に比例する。これを数学の記号を使って表すと、

$$d = \frac{1}{2}gt^2$$

となる。ただしdは落ちた距離で、tは時間、gは落ちる物体の垂直方向の速度が一

秒あたりどれだけ変わるかを表す値で、重力加速度と呼ばれている。ピサの斜塔のてっぺんからサッカーボールを落とすと、一秒後の速度は g、二秒後は $2g$ になるのだ。ガリレオのこの式は自然について述べたはじめての数式で、後にいう物理法則のもっとも古い例でもある。

このような形で数学を使うことによって、人々の身の回りの世界に関する理解は飛躍的に深まった。それまでは、自然を日常の言葉で叙述していたためにどうしても曖昧さが残った。なにかが落ちていることは伝えられても、いつ地面に落ちるかまではいえなかったのだ。ところが数学の言葉を使うことによって、自然についてもっと厳密に述べ、さらにはこの先どう振る舞うかまで予測できるようになった。

ガリレオは、落としたボールがどう振る舞うかを突きとめると、今度は蹴飛ばされたボールの動きを予測しようと試みた。

ウェイン・ルーニーはシュートを打つたびに二次方程式を解いている？

「フリーキックはベッカム。ルーニーが完璧なタイミングで蹴りこみます……シュート！」

それにしても、どうやったらあんなシュートが決められるのだろう。意外に思われるかもしれないが、ルーニーが完璧なゴールを決められるのは、とほうもなく数学に長けているからだ。ルーニーはベッカムがフリーキックをするたびに、無意識に今述べたのとは別のガリレオの方程式を解いて、ボールがどう飛んでいくかを予測しているのだ。

方程式はいわばレシピのようなもので、いくつかの材料を集めて方程式どおりに混ぜ合わせると、ほしかった答えが手に入る。ルーニーが解くべき方程式に必要なのは、ボールがベッカムの足を離れるときの水平方向の速度 u と垂直方向の速度 v と重力の影響、この三つの材料だ。重力の影響は g という数にまとめられていて、サッカーボールの垂直方向の速度が一秒ごとにどう変わるかを教えてくれる。g の値はどの惑星でサッカーをするかによって異なり、地球の上であれば、重力の影響によってボールの垂直方向の速度は9.8メートル／秒ずつ増えていく。そこでガリレオの方程式を使うと、フリーキックが行われた地点からの距離に応じて、ボールがどの高さにあるはずなのかがわかる。今、ベッカムの蹴ったボールが出発点から水平方向に x メートルのところにあるとしよう。するとこの地点における地上からのボールの高さ y メートルは、

$$y = \frac{v}{u}x - \frac{g}{2u^2}x^2$$

という式で得られる。つまり方程式というレシピに従って、さまざまな数を処理すれば、軌跡の各点でのボールの高さが算出される。

フリーキックの場所からどれくらい離れたところにいればボールをネットに蹴り込めるのか、あるいはヘディングできるのか。それを知るには、この方程式を解く必要がある。そこでまず、ヘディング・シュートを狙ったとしよう。この場合、ルーニーは身長が約1.80メートルだから、（ジャンプせずに）ヘディングするにはボールが$y=1.80$のところになければならない。ちなみに、本人はu、v、gの値を知っている。そこで今、

$u=20$、　$v=10$、　$g=10$

とする（単位のことが気になる方は、速度u、vをメートル／秒、gをメートル／(秒)^{2}とされたい）。

ルーニーにわかっていないのはただひとつ、ベッカムからどれくらい離れたところ

にいればボールをきちんとインターセプトできるかということだけだ。実はこの方程式にはその情報が含まれているのだが、暗号化されていてすぐにはわからない。先ほどの方程式によると、ルーニーがベッカムからxメートル離れたところに立つ必要があるとすると、そのxは、

$$1.8=\frac{10}{20}x-\frac{10}{2\times400}x^2$$

という式を満たしていなくてはならない。そこでこの式を整理すると、

$$x^2-40x+144=0$$

となる。このような方程式なら皆さんもおなじみだろう。誰もが中学校で解き方を習う二次方程式だ。今この式を、xのほんとうの値を隠す暗号クロスワードと見なす。

驚いたことにこのような方程式をはじめて解いたのは古代バビロニアの人々だった。ただし、バビロニアの二次方程式はサッカーボールの軌跡に関する式ではなく、ユーフラテス川周辺の土地を測量するなかで生まれた式だった。同じ量が二回かけられているとき、その量を突きとめようとすると二次方程式が登場する。ちなみに、同じ数

を二回かけると正方形(スクエア)の面積になるので、この操作は平方(スクエア)と呼ばれている。そもそも二次方程式は、土地の面積を計算するために作られたものなのだ。

ここでひとつ典型的な問題を紹介しよう。長四角の形をした野原があって、面積は55単位面積、片方の辺がもう片方の辺より6単位短いとき、長いほうの辺の長さを求めよ。今、求めたい辺の長さをxとすると、この問題から$x(x-6)=55$であることがわかる。これを整理すると、

$$x^2-6x-55=0$$

となる。では、この数学の暗号を解くにはどうすればよいのだろう。

バビロニアの人々は、二次方程式のじつに整然とした解き方を編み出した。問題の長方形をいくつかに分けて並べ直し、より扱いやすい正方形を作ったのだ。そこでわたしたちも何千年も前のバビロニアの書記たちを真似(まね)て、問題の野原を細かく分けてみる(383ページ図5-02)。

まず、いちばん端の面積$3×(x-6)$の小さな長方形を切り取って、長方形の底につける。こうすると、面積は変わらずに形だけが変わって、できあがった図形は一辺が$x-3$の正方形にかなり近くなる。足りないのは、隅の$3×3$の正方形だけだ。そ

こで問題の図形にこの小さな正方形を加えると、その面積は元の図形より9多くなる。つまりこの大きな正方形の面積は$55+9=64$になるわけだ。そこで64の平方根を取ると、一辺の長さは8だとわかる。ところがこの正方形の一辺の長さは実は$x-3$だったから、$x-3=8$で、$x=11$となる。さて、こうして架空の土地の切れ端をあれこれいじってきたわけだが、実はこれらの手順の裏に、謎（なぞ）めいた二次方程式の一般的な解き方が潜んでいる。

九世紀に現在イラクとなっているあたりで代数が誕生すると、バビロニア人が編み出したこの手順を式で表すことができるようになった。代数を作り出したのは、バグダッドにある「知恵の館（やかた）」の館長ムハンマド・イブン・ムーサー・アル＝フワーリズミーだった。知恵の館は当代一の知の中心で、天文学や医学や化学や動物学や地理学や錬金術や占星術や数学を学ぶべく、世界中から学者が集まっていた。ムスリムの学者たちは古代のさまざまな文書を集めて翻訳し、事実上、これらの文書を後世のために保存する役割を果たした。彼らがいなければ、古代ギリシャやエジプトやバビロニアやインドの文化はいっさい今に伝わっていなかっただろう。しかも知恵の館の学者たちは、他人が作った数学を翻訳するだけではよしとせず、独自のものを作り出して、さらに数学を発展させたいと考えた。

イスラム帝国が成立してから数百年のあいだ、知的な好奇心を持つことは善きこととされてきた。コーランは、人は現世の知識を通して聖なる知識に近づくと説いており、実際にイスラム教徒には数学の力が必要だった。なぜなら敬虔(けいけん)なイスラム教徒たるもの、いつ祈ればよいかを計算し、祈るときに正対すべきメッカがどこにあるのかを承知している必要があったからだ。

フワーリズミーが代数を作ったことで、数学は劇的に変わった。代数は数の振る舞いの背後に潜むパターンを説明する言語で、数が互いにどう作用するかは、その文法によって決まっている。さらにこの言語は、コンピュータ・プログラムを走らせるためのコードのように、どんな数を入れても成り立つ。古代バビロニアの人々は、個々の具体的な二次方程式を解く巧みな方法を編み出した。しかし、どのような二次方程式でも解ける公式が生まれたのは、フワーリズミーが代数学を展開したおかげだった。

a、b、cを数とすると、いかなる二次方程式$ax^2+bx+c=0$に対しても、先ほどのような図形の操作で、片方の辺がxだけでもう片方の辺がa、b、cを組み合わせたレシピになっている式を作ることができる。

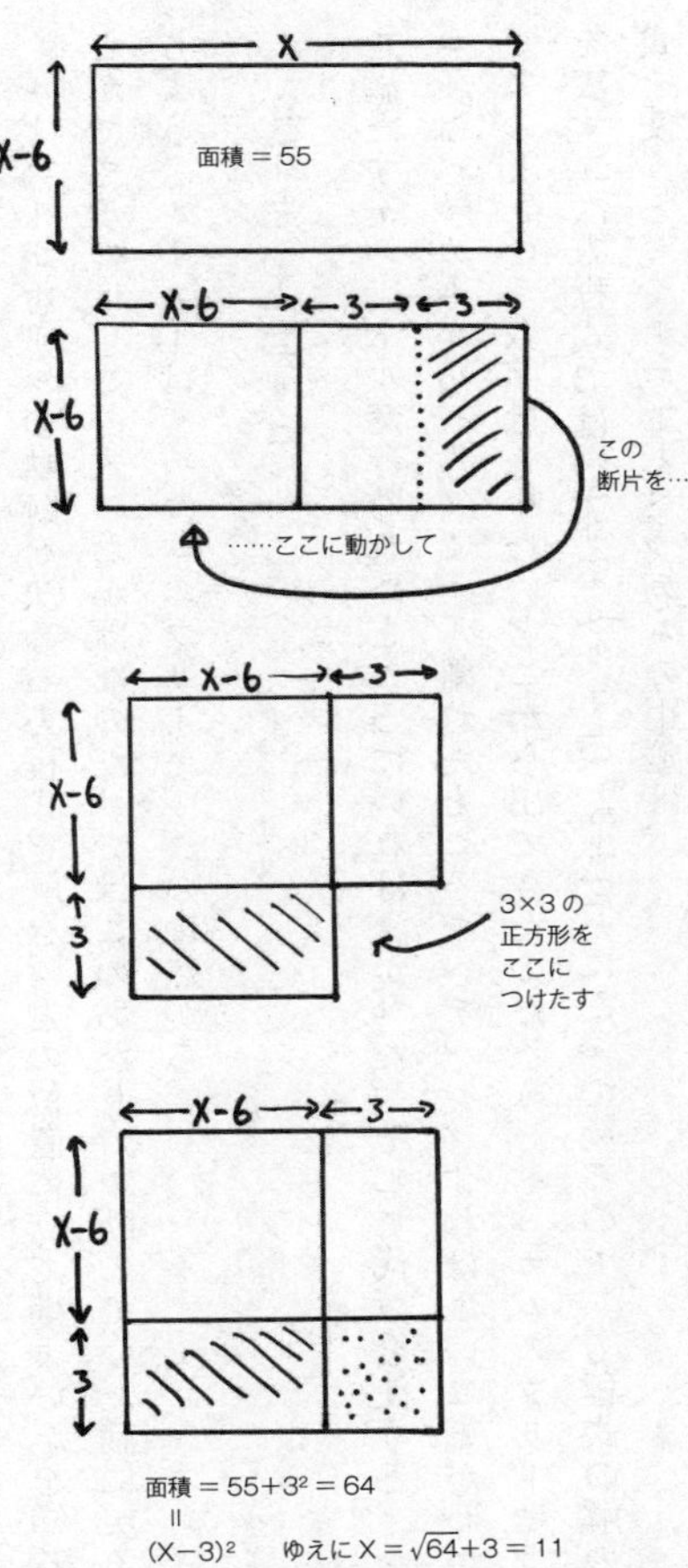

図 5-02　正方形を完成させて 2 次方程式を解く方法。

$$x = \frac{-b+\sqrt{b^2-4ac}}{2a}$$

ルーニーがボールの軌跡を決める方程式を解き、どの位置に立てばよいかを知ることができるのは、この式のおかげなのだ。ではこのあたりで中断していた話に戻るとしよう。ルーニーはベッカムのフリーキックの地点から、

$$x^2-40x+144=0$$

を満たすxメートルだけ離れたところにいればよかった。そこで代数を使うと、ルーニーはベッカムから三六メートル離れたところでヘディングすればよいことがわかる。この36という数字はいったいどこから出てきたのだろう。ベッカムのフリーキックを表す二次方程式では、$a=1$、$b=-40$、$c=144$になっているので、方程式の解の公式を使うと、ルーニーとベッカムの距離は、

$$x = \frac{40+\sqrt{1600-4\times144}}{2} = 20+\frac{\sqrt{1024}}{2} = 20+16 = 36$$

となって、三六メートルという値が得られる。しかし1,024にはもうひとつ、－32という平方根があるから、実はこれとは別に$x=4$メートルという解が得られる。ところがこの地点ではボールがあがっている最中なので、ルーニーはボールが再び落ちはじめるのを待つ必要がある。平方根は常に正と負の二つ一組になっているから、この公式を使うと解がふたつ得られる。そのためこの事実をはっきりさせるために、平方根の前の符号を＋ではなく±にすることがある。

むろんルーニーは実際に九〇分の試合のあいだじゅう暗算をし続けているわけではなく、もっと直感的なやり方で位置取りをしている。しかしこれは、進化によって人間の脳がこういったことをきわめて巧みに予測できるようにプログラムされてきた、という事実を裏付ける証拠と見るべきだろう。

ブーメランはなぜ戻ってくるのか

物体が回転すると奇妙なことが起きる。中心をはずして蹴ったサッカーボールは空中で曲がり、宙に放り投げたテニスラケットは必ず回りはじめる。回転するジャイロスコープは、まるで重力に抗う（あらが）かのように真横に傾く。そして、回転する物体の奇妙な振る舞いのなかでも極めつきといえば、手元に戻ってくるブーメランだろう。

回転する物体の力学はきわめて複雑で、幾多の科学者を翻弄しつづけてきた。しかし今では、ブーメランが戻ってくる要因が二つあることがわかっている。一つ目の要因は、飛行機の翼が浮くことにも関係する現象で、もう一つはジャイロ作用と呼ばれるものだ。いくつかの数式を使うと、飛行機の翼の形を変えただけでなぜ機体を上に押し上げようとする力（＝下に引っ張ろうとする重力に拮抗する力）が生まれるのかを説明できて、しかもどれくらいの力が生まれるのかが予測できる。飛行機の翼は、上側の空気のほうが下側の空気より速く流れるような形に作られている。このため、ちょうどパイプの細い部分のほうが水が速く流れるのと同じ原理で、上の空気はつぶされ、押し出されて速くなる。

さらにベルヌーイの方程式と呼ばれる第二の方程式から、翼の上を抜ける空気が速いと翼の上側の圧力が下がり、同時に翼の下のゆっくり流れる空気が大きな圧力を生み出すことがわかる。このような翼の上下の圧力の差が上向きの力となって飛行機が浮くのである。

伝統的なブーメランをよく見ると、両腕が飛行機の翼のようになっている。ブーメランが回るのは、実はこの形のおかげなのだ。ブーメランが戻ってくるようにしたけ

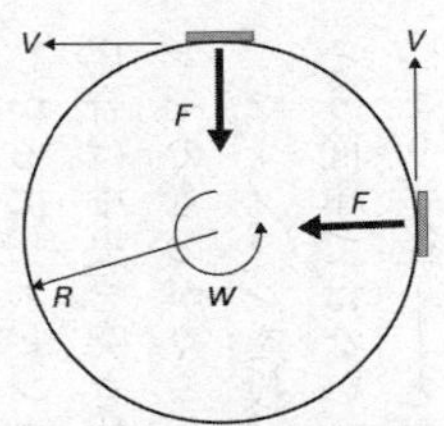

図 5-03　ブーメランに働く力。*F* は浮力、*V* はブーメランの中央が動く速度、*R* はブーメランの経路の半径で、*W* は歳差運動の速さ。

れば、ブーメランを立てた状態で、(飛行機のことを念頭に置いて) 右の翼が上に、左の翼が下になるように投げる必要がある。こうすると飛行機の翼を持ち上げたのと同じ力が働いて、ブーメランは左に曲がる。

しかもそれだけではなく、ここでさらに微妙なことが起きる。ブーメランがただ飛行機のように振る舞うだけなら、力を受けて左に向かいはしても戻ってこない。ブーメランが戻ってくるのは投げるときにスピンをかけるからで、このスピンによるジャイロ作用によって左に押す力の方向が絶えず変わるため、円を描くのだ。

ブーメランを投げると、上の部分は前側に回転し、下側は後ろ向きに回転する。このため上側は、飛行機の翼の上側同様速く空気を切る。水平に飛ぶ飛行機では、空気の流れが速くなると上にあがる。ところがブーメランは縦向きに投げられているから、上側の空気の流れが速くなると、ブーメランそのものを傾ける力が働いて、てっぺんはブーメランの最終的な軌跡である弧に沿うように傾く。

するとここで、ジャイロ作用の出番となる。ジャイロスコープを回転させてスタンドに垂直に立てると、まるでコマのように振る舞う。ところがジャイロスコープの回転軸を傾けると、歳差運動と呼ばれる現象が起きて、回転軸そのものが回りはじめる。しかるに、スピンをかけたブーメランでも、これと同じことが起きる。ブーメランの場合は中央を突き抜ける架空の線が回転軸になるが、この軸が回転するのでブーメランそのものがぐるりと円を描くのだ。

ブーメランを投げたことがある人は皆、ブーメランが戻ってくるように投げるのがそう簡単ではないことを知っている。aをブーメランの中心から先端までの距離——つまり半径——としたときに手を離れるときの速度Vとブーメランの回転速度〔角速度〕Sが、

$$a \times S = \sqrt{2}V$$

になるようにしないと、ブーメランは戻ってこない。この式を満たすには、手首のスナップをきかせてSを大きくすればよい。

ブーメランの傾き具合は、上端の前向きの速度と下端の前向きの速度の差によって決まる。ブーメランが中心軸のまわりをどれくらいの速度で回転しているかを示す角速度をSとすると、上端は$V+aS$で進み、下端は$V-aS$で進む（図5-04）。したがって、速度VとSを変えればブーメランの傾きを変えることができ、その結果、速度Vで円弧を描くブーメランの歳差運動の速度、すなわちねじれる速度が変わる。ブーメランが戻ってこないのは、スナップの利かせ方がまずくて、初速Vと角速度Sの値がうまくあっていないからかもしれない。もしそうであれば、この方程式を参考にして投げ方を調整するとよい。

さて、ブーメランが無事戻ってくるようになったとして、より速く、あるいはより

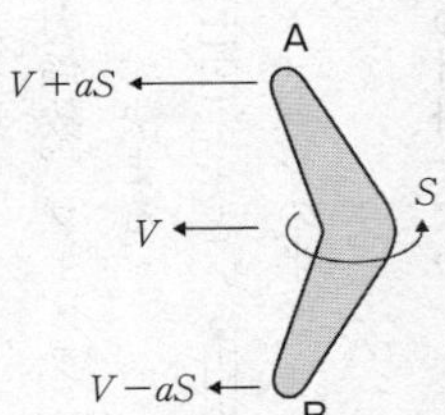

図 5-04　回転がかかっているために、ブーメランの上端Aは、下端のBより速度が大きい。

強く投げれば、ブーメランが描く円弧はより大きくなるのだろうか。さまざまな数学を駆使すると、ブーメランが描く弧の半径を示す式を得ることができる。この方程式はいわばブーメランに関するデータや飛行に関するデータなどのさまざまな材料を混ぜ合わせて半径の値をひねり出すレシピなのだが、ここで、このレシピに必要な材料をあげておこう。


J＝ブーメランの慣性モーメント。ブーメランを回転させるのがどれくらい難しいかを表す量で、ブーメランが重いとJが大きくなる。慣性モーメントJは、ブーメランの形によっても違う。

ρ＝飛んでいくブーメランを囲む空気の密度。

C_L＝揚力係数。ブーメランが受ける浮力の大きさを決める数で、ブーメランの形によって決まる。

π＝3.14159……という円周率。

a＝ブーメランの半径。


これらの材料を次のレシピに従って調理すると、このブーメランが描く円弧の半径

重力に逆らう卵

固ゆで卵をひとつ持ってきて、テーブルに横向きに置いて回転させると、あら不思議、卵は重力の法則を無視するかのように立ち上がる。しかもおもしろいことに、生卵でやっても絶対に立ち上がらない。

この卵の振る舞いが数学的に説明されたのは2002年のことだった。卵の回転エネルギーがテーブルの摩擦を介して位置エネルギーに変わり、そのために卵の重心があがるのだ。テーブルがつるつるだったり、逆にざらざらしすぎていると、卵は立たない。ちなみに生卵の場合は、伝わったエネルギーの一部が内部の液体に吸収されるので、卵を立ち上げるほどのエネルギーが残らない。

Rが得られる。

$$R = \frac{4J}{\rho C_L \pi a^4}$$

この方程式をよく見ると、速度は材料に含まれていないから、ブーメランを速く強く投げても半径は変わらないといえる。では、ブーメランの両腕の先にブルタック〔粘着ラバー〕をつけて重さを増したらどうだろう。この方程式によると、重さが増えると慣性モーメントJが増えて半径Rも増えるから、重たいブーメランのほうが大きな円を描く。狭い場所でブーメランを投げるときには、この事実を知っていたほうがよい。

ブーメランを自作したい人は、www.jba-hp.jp/make.htm などからＰＤＦファイルの説明書をダウンロードするとよい。

振り子の動きは見かけほど単純ではない

振り子が揺れる理由をはじめて解明したのは、数学を使った予想の達人ともいうべきガリレオだった。一七歳のときにピサの大聖堂でミサに参列していたガリレオは、すっかり退屈してぼんやりと天井を見上げていた。そして、建物を通り抜けるそよ風を受けてシャンデリアがゆっくり揺れているのに気づくと、シャンデリアが左から右に揺れるのにどのくらい時間がかかるのかを調べはじめた。腕時計はしていなかった（というよりも、まだ発明されていなかった）から、自分の脈で時間を計った。そしてすばらしい発見をした。シャンデリアが一往復するのに必要な時間は、どうやら揺れ幅とは関係がないらしい。つまり、揺れる角度を増やそうと減らそうと、揺れに必要な時間は本質的には変わらないのである（ここで「本質的に」という但し書きをつけたのは、もう少し掘り下げると、事がいささか複雑になるからだ）。風が強くなるとシャンデリアの揺れは大きくなるが、一往復するのにかかる時間は、風が弱まってほとんど揺れていない時と同じ。

　これは重大な発見で、その結果、時の流れを刻むのに振り子が使われるようになった。時間が経てばいずれにしても揺れの角度は小さくなるのだから、振り子時計を動かすときに、振り子をどこまで持ち上げようかと思い悩む必要はない。それにしても、振り子が一往復するのに必要な時間は、いったい何によって決まるのだろう。振り子の重さを増やしたり腕を長くしたりすると、揺れの様子は変わるのか。様子が変わるとして、どう変わるかを予測することはできるのか。

ガリレオがピサの斜塔で行った実験からもわかるとおり、振り子を重くしても、動きは速くならない。つまり、振り子の揺れは重さとは関係がないのだ。ところが振り子の腕を長くすると、一往復するのに必要な時間がちがってくる。振り子の腕の長さを四倍にすると時間は倍になり、長さを九倍にすると三倍に、一六倍にすれば四倍になる。

これらの事実もまた、方程式で表すことができて、振り子が一揺れするのに必要な時間Tは、長さLの平方に比例し、

$$T \approx 2\pi\sqrt{\frac{L}{g}}$$

となる。この式は、実はピサの斜塔から落としたボールの動きを捉えるためにガリレオが作った方程式を変形したもので、ここでもgは重力加速度である。この式で$=$ではなく$\approx$（ほぼ等しい）が使われ、また、先ほど「本質的に」という但し書きをしておいたのは、これが、振り子が端から端まで揺れるのにかかる時間の上手な近似でしかないからだ。揺れがある範囲に収まっているあいだは、この式で振り子の動きを予測することができる。しかしほぼ垂直なところで振り子を離すなどして揺れの角度が

大きくなると、振り子の数学はがぜん複雑になり、角度が揺れの時間に影響し始める。ガリレオがこのことに気づかなかったのは、大聖堂のシャンデリアがあまり大きく揺れなかったからで、柱時計の振り子も揺れがごく小さいので、角度の影響は見られない。

大きく揺れる振り子の振る舞いを正確に予測する方程式を作るには、大学院レベルの数学が必要になる。その方程式には無限の項があって、そのすべてが振り子の振る舞いに影響を及ぼすが、ここではその冒頭だけを紹介しておく。ちなみにθ_0は、垂直と振り子の最初の位置がなす角度である。

$$T \approx 2\pi\sqrt{\frac{L}{g}}\left(1+\frac{1}{16}\theta_0^2+\frac{11}{3072}\theta_0^4+\cdots\right)$$

ここでさらに少しだけ振り子の形に手を加えると、がぜん振り子の振る舞いを予測しにくくなる。たとえば、固い棒の先に振り子がひとつついていてそれが左右に揺れるのではなく、振り子の下にもうひとつ振り子がついた、ちょうど膝関節（しつかんせつ）がある脚のようなものの場合。このような二重振り子の振る舞いを予測することはきわめて困難だ。といっても方程式自体がひどく複雑になるのではなく、解が予測不可能になるのである。もっというと、振り子の最初の位置をほんの少し変えただけで、その後の振り子の振る舞いが極端に変わる。なぜこのようなことが起きるかというと、二重振り子がカオスと呼ばれる数学現象の一例であるからだ。しかもこの二重振り子は机上のおもしろいゲームとして片付けられる問題ではなく、その裏に潜む数学は、実は人類の未来に影響しかねない問題に深く関わっている。

太陽系はやがてばらばらになってしまうのか

落ちるボールや揺れる振り子の動きについて調べたガリレオを皮切りとして、数学者たちは自然の振る舞いを予測するために何十万もの方程式を作ってきた。これらの方程式は近代科学の基礎となり、やがて自然法則と呼ばれるようになった。わたしたちが暮らすこの複雑な科学技術の世界ができたのも、数学のおかげなのだ。実際に方程式は技術者たちに、橋が決して落ちないこと、飛行機が空から落ちたりはしないことを請け合ってくれる。ここまでの話を聞いて、未来はいつだって簡単に予測できるものなのだな、と思われた方もおいでだろう。しかし、常にそううまくいくとも限らない。そのことに気づいたのは、フランスの数学者アンリ・ポアンカレだった。

図 5-05　天体が 2 つのとき軌道は安定している。

スウェーデンおよびノルウェーの王、オスカル二世は一八八五年に、太陽系がこの先もずっと時計のようにたんたんと回り続けるのか、それとも地球が太陽から離れて宇宙空間に漂い出すことになるのかを数学的にきちんと突きとめた者に二五〇〇クローネを与える、と発表した。ポアンカレは、自分にはこの謎が解けると考えてこの懸賞問題に取り組みはじめた。

複雑な問題を分析するにあたって数学者が取る古典的な常套手段の一つに、条件を単純にしてみて、その問題が解きやすくなるかどうか様子を見るという手がある。ポアンカレの場合も、太陽系のすべての惑星ではなく、天体が二つしかない系からはじめることにした。天体が二つの系に関しては、すでにアイザック・ニュートンが、二つの軌道は安定し、どちらも互いのまわりを回る楕円軌道を進みつづけて一定のパターンをくり返すことを証明していた(図5-05)。

そこでポアンカレはニュートンの結論から出発して、その方程式に惑星がもう一つ加わったときにいったい何が起こるのかを調べた。ところがやっかいなことに、三つ目の天体を加えて、たとえば地球と月と太陽からなる系にしたとたんに、軌道が安定するかどうかという問いがひどく複雑に――それこそあの偉大なるニュートンが途方に暮れるほど複雑になってしまう。問題は、方程式という名のレシピで調合すべき材料が、各天体の各次元における正確な座標が三つとそれらの次元での天体の速度が三つ、かけることの三個分で計一八種類もあることだった。ニュートン自身は、「これらすべての動きの原因を同時に考慮してこれらの動きを簡単な計算を使った正確な法則で定義することは――わたしの考え違いでなければ――人間の頭脳の力を超えている」と述べた。

しかしポアンカレはくじけなかった。軌道を連続的に近似して問題を単純化し、かなり前進することができた。近似をするにあたってポアンカレは、惑星の位置に見られるごく小さな差異を丸めても、最終的な答えにはあまり影響しないだろうと考えた。けっきょくこの問題を完全に解くところまではいかなかったが、それでもオスカル王はポアンカレの洗練された発想に対して賞金を贈呈した。ところが論文を発表するための準備に取りかかったところで、ポアンカレの数学的な議論についてゆけなかった編集担当の数学者が一つ質問をした。惑星の位置を少し動かしても予測される軌道は少ししか変わらない、という理由を説明してみていただけないでしょうか。

自分の考えが正しいことを証明しようとしたポアンカレは、突然自分がまちがっていたことに気づいた。最初の予想とは逆に、三つの天体の出発点や速度といった初期条件をほんの少し変えただけで、軌道は大きく違ってくる。あの単純化はまちがいだったのだ。ポアンカレは編集者に連絡を取り、論文の発表を取りやめるよう頼んだ。すでに印刷されて国王に敬意を表して発表される論文にまちがいがあっては大変だ。すでに印刷されていた論文はほぼすべて回収され、破棄された。

この一件は、なんともきまりの悪い出来事のように思われた。ところが数学ではよくあることなのだが、この場合もうまくいかなかった理由を探るうちに興味深い事実が見つかった。そこでポアンカレは、ひじょうに小さな変化が一見安定した系を吹き飛ばす可能性があるとする、さらに詳しい論文をまとめた。そして、まちがいに端を発したこのポアンカレの発見から、二〇世紀のもっとも重要な数学的概念のひとつであるカオス理論が生まれることとなった。

ポアンカレは、ニュートンが考えた時計仕掛けの宇宙でも、単純な方程式から並外れて複雑な結果が生じる可能性があることを突きとめた。ちなみにこの数学は、でたらめさの数学や確率の数学とはまったくの別物だ。ここで対象となっているのは数学者が決定論的と呼ぶ系で、決定論的な系は厳密な数式で制御されており、どのような初期条件を与えても、同じ手順を経て明確な結果が得られる。ところがやはり決定論的であるはずのカオス的な系では、初期条件をわずかに変えるだけで結果が激しく変わる。

ここで、太陽系のよいモデルにもなる小規模なカオスの例を紹介しよう。黒と灰色と白の三つの磁石を床に置き、その上に磁力のある振り子をセットしてどの方向にも自由に振れるようにしておく。すると振り子は三つの磁石すべてに引っ張られてうろうろと動き回ったあげく、どこかに落ち着く。そこでこの振り子の先にペンキを入れたカートリッジをつけてペンキがぽたぽた垂れるようにしておいて振り子を揺らすと、振り子の経路に沿ってペンキが滴る。この装置は、実は太陽系を猛スピードで通過しようとした小惑星が三つの惑星に引っ張られる様子を模していて、問題の小惑星はやがていずれかの惑星にぶつかる。

ところが驚いたことに、この装置で再現実験を行おうとしても、まったく同じ経路を再現することはほぼ不可能といってよい。振り子を前とまったく同じ位置に据えて、まったく同じ方向に揺らそうと懸命に努力してみても、ペンキの滴は前とは別の線を描き、毎回別の磁石に引き寄せられて止まる。図5-06にあるのは、ほぼ同じ場所からはじまって別々の磁石で終わる三つの経路である。

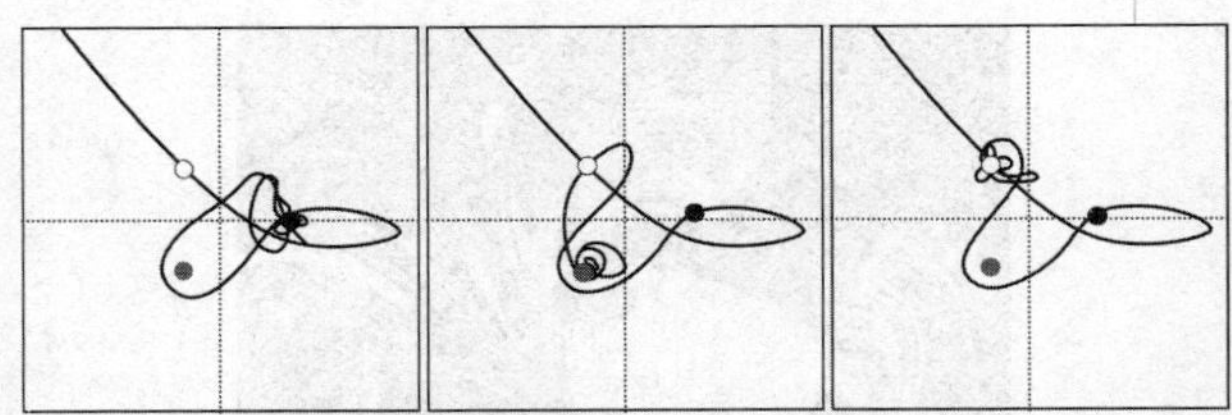

図 5-06　最初の位置がほんのちょっと違うだけで、振り子は 3 つの磁石（白と灰色と黒の小さな丸）の間のまるで異なる経路をたどることになる。

この磁石の経路を決める方程式はカオス的で、最初の位置がほんの少しずれただけで、結果ががらりと変わる。これがカオスの特徴なのだ。

コンピュータを使って、振り子が最終的にどの磁石に引き寄せられるかを示す図を作ると、それぞれの磁石を中心とする三色の大きな壺型の領域が現れる（次ページ図5-07）。黒い領域で振り子を放すと黒の磁石に引きつけられて終わり、灰色の領域からはじめれば灰色の磁石に、白の領域からはじめれば白い磁石に行き着く。この図を見ると、振り子の出発点を少し変えても結果があまり変わらない領域があるのがわかる。たとえば、黒い磁石のそばで振り子を放せば、けっきょくは黒の磁石に吸い寄せられて終わる。ところがその一方で、ほんの少しずらしただけですぐに色が変わるところもある。

図5-07は、自然が贔屓にしているフラクタルと呼

図 5-07　コンピュータで作ったこの図を見ると、磁石の上を動く振り子の振る舞いがよくわかる。

ばれる図形になっている。

フラクタルはカオスにつきものの図形で、この図の一部をぐっと拡大してみると、147ページの図形同様、全体と同じくらい複雑な図形が現れる。方程式そのものはごく単純な形なのに振り子の動きを予測するのがひどく難しいのは、図がこのようにひどく入り組んでいるからなのだ。

それにしても、これがゆれる振り子の行く末ではなく、太陽系の未来に関係しているとしたらどうだろう。ごろつき小惑星が太陽系をちょっと引っかき回しただけでささいな変化が生まれ、けっきょくは太陽系がばらばらになるかもしれない。太陽系の近くにあるアンドロメダ座ウプシロン星を中心とする惑星系では、実際にこのようなことが起きたとされている。天文学者によると、現在この星のまわりを回っている惑星の奇妙な振る舞いから見て、以前は安定していたこの惑星系の軌道がなにかによってかき乱され、その結果、元来この系の惑星だった天体が系を飛び出すという大惨事があったと思われるのだ。はたして地球にもこのようなことが起きるのだろうか。

最近科学者たちは、とにかく安心したい一心で、スーパーコンピュータの力を借りてポアンカレにも解けなかった問題を解決しようと試みた。果たして地球はほんとうに宇宙空間に飛び去る危険があるのか。コンピュータに惑星の実際の軌道を入力して、時間を進めたり巻き戻したりしてみたところ、99パーセントの確率で、太陽系の惑星はこの先五〇億年にわたって順調に軌道を回り続けるという結果が出た(五〇億年後には太陽は赤色巨星となり、太陽系の内寄りの惑星を呑みこんでいるはずだ)。しかしまだ1パーセントの可能性が残っているわけで、少なくとも数学の観点からいうと、そちらのほうが興味深い。

水星、金星、地球、火星、これら四つの太陽系の内寄りに位置する岩石質の惑星は、外側の木星や土星や天王星や海王星といった巨大ガス惑星と比べて、軌道があまり安定していないことがわかっている。四つの巨大惑星は、邪魔さえ入らなければ今後もきわめて安定したままのはずだが、ちっぽけな水星は、軌道を外れて太陽系全体をカオス的な一巻の終わりへと導く可能性があるのだ。

コンピュータを使ったシミュレーションによると、水星と木星は奇妙に共鳴（共振）していて、水星の軌道といちばん近くにある金星の軌道がひょっとすると交わるかもしれないという。そうなると、金星と水星が激しく衝突し、ひいては太陽系がばらばらになる可能性が出てくる。しかし、実際にこのような事が起こるのかとたずねられれば、わからないと答えるほかない。カオスのせいで、未来を予測することはきわめて難しいのである。

蝶(ちょう)のせいで何千人もの人間が命を落とす？

カオス的なのは太陽系だけではない。株式市場の変動にしろ、海における特異な波の形成にしろ、心臓の鼓動にしろ、カオス的な性質を持つ自然現象はたくさんある。

だが人々の生活にもっとも大きな影響を与えるカオス系といえば、なんといっても気象だろう。「一〇億年後も地球はまだ太陽のまわりを回っているか」という問いよりも、来週は天気がよくて暖かいかどうか、二〇年のうちに気候が劇的に変わるかどうかといったことのほうがはるかに切実な問題だ。

昔から、天気予報は曖昧なものだった。天気を巡る言い伝えのなかにも、正しいと証明されているものがあるにはあって、たとえば「夕焼けは羊飼いの喜び」ということわざが正しいのは、羊飼いから見た西側の空が晴れていると、そちら側から届く太陽光線が赤くなるからだ。ヨーロッパの気候は一般に西から変わるので、夕方に空が焼ければ天気はよくなる。

気象学者は今や、海に浮かぶ定点観測船の観測データや衛星から送られてくる画像や情報などの膨大なデータを手に入れることができる。しかもきわめて正確な方程式を使って、大気のなかで空気の塊がぶつかり合って雲ができたり風が起きたり雨が降ったりする様子を説明することができる。気象がなんらかの数式によって決まっているのであれば、その方程式に今日の気象データを入力して、コンピュータで来週の天気がどうなるかを調べるくらいのことは朝飯前だろうに……。

ところが残念なことに、最新のスーパーコンピュータをもってしても、二週間後の天気を正確に予報することはできない。この先どころか、今日の天気すら正確にはわからないのである。もっとも優秀な測候所でも、その精度には限りがある。それに、空気に含まれる粒子一つ一つの正確な速度やありとあらゆる場所における正確な温度や、地表のすべての地点における気圧を知ることなどとうてい不可能だ。ところがこれらの値がほんの少し変わるだけで、天気予報はがらりと変わる。このような状況を「バタフライ効果」という。一匹の蝶々（バタフライ）が羽を打っただけで大気にわずかな変化が起きて、その結果地球の裏側で竜巻やハリケーンが生まれて大混乱が起き、人命が奪われて何百万ポンドもの損害が生じる可能性があるというのだ。

そのため気象学者たちは、世界中の測候所や衛星のネットワークから送られてくるデータを少しずつずらして、それらを出発点とする複数の天気予報を同時に行う。そうやって得られた予報の結果がどれも似たりよったりになることもあり、こうなると、厳密にはカオス的でちょっとしたことでもがらりと変わりかねない天気がこの先一、二週間は安定していると、かなりの自信を持っていうことができる。しかしその一方で、複数の予報結果がてんでんばらばらで、数日先の天気ですら正確に予測できない場合もある。

三つの磁石のあいだを揺れるカオス的な振り子では、振り子の最初の位置が多少変わっても絶対に別の磁石には吸い寄せられない、と断言できる領域があったが、気象にもこのような領域が存在する。たとえば、先ほどの図の大きな黒い領域を砂漠の気象だとすると、一匹の蝶々が砂漠でどんなに激しく羽を動かしたところで、砂漠が涼しくなるはずもない。同じことは極地についてもいえるが、一方ここ英国の天気はといえば、最初の位置が少しずれただけでがらりと色が変わる地点からスタートした振り子のようなものなのだ。

もしも宇宙のあらゆる粒子の位置と速度が正確にわかっていたなら、確信を持って未来を予言することができる。ところがやっかいなことに、これらのデータにほんのわずかな誤差があるだけで、未来はまるで違うものになりかねない。たしかに宇宙は時計仕掛けで動いているのかもしれないが、その時計のすべての歯車の歯の位置を正確に知ることはできない。したがって、決定論的であるはずの宇宙の事象を確信を持って予測することは不可能なのだ。

裏か表か

一九六八年にサッカーのヨーロッパ・チャンピオンズリーグが行われた時点では、

引き分けの試合にＰＫ戦で決着をつけるというやり方はまだ取り入れられていなかった。そのためイタリアとソビエトが準決勝で対戦し、双方ともに一本のシュートも決められずに延長戦が終わると、決勝に進むチームをコイントスで決めることになった。コイントスが揉め事にけりをつける公正な手段であることは、古くはローマ時代から広く知られている。だいたい、空中でくるくる回るコインがどの面を上にして落ちるかなんて、わかるわけがないだろう？――それとも……わかるのかな。

理屈からいうと、コインの位置や、投げあげたときの回転の強さや、下に落ちるまでの時間などが正確にわかっていれば、そのコインがどの面を上にして落ちるかを計算で突きとめることは可能だ。なるほど、かりにそうだとしよう。それでも気象のように、さまざまな要素がほんの少し変っただけで、結果ががらりと変わるんじゃないのか？　カリフォルニアにあるスタンフォード大学の数学者パーシ・ダイアコニスは、コイントスがほんとうに予測不能かどうかを調べることにした。コイントスをする際の条件が常に同じなら、数学的には必ず同じ結果が出るはずだ。でも、ひょっとするとコイントスもカオス的なのかもしれない。投げ上げるときの条件をほんの少し変えただけでその影響がどんどん大きくなって、コインが落ちるころにはどちらの面が出るかわからなくなっているということもありうるのでは？

ダイアコニスは工学系の友人の力を借りて、コイントスの条件を何度でも再現できる機械仕掛けの装置を作った。たとえこの装置を使ったとしても、投げあげの条件には毎回ごくわずかな差が出るはずだ。ではそういった違いがきっかけとなって、三つの磁石の間で揺れる振り子のように極端に違う結果が出るケースが存在するのだろうか。ダイアコニスは、この装置を使ってコイントスを行うと、コインが毎回同じ面を上にして落ちることを確認した。さらにダイアコニス本人も、毎回まったく同じ条件でコインをトスできるように訓練を重ね、その結果、連続して一〇回表を出せるようになった。ダイアコニスのような人物とは、絶対にコイントスで賭けたりすべきでない。

ダイアコニスや機械はさておき、その時々で投げ方が変わるごくふつうの人がコインを投げた場合はどうなのか。それでも裏表の出方には偏りがあるのだろうか。この点を数学的に分析するために、ダイアコニスはまず回転する物体の専門家に教えを請うた。リチャード・モンゴメリーに会った瞬間、ダイアコニスはぴんと来た。探し求めていたのはこの人物だ。モンゴメリーのご自慢は、猫がどんな体勢で落とされても必ず足から先に降り立てる理由を説明した「落ちる猫の定理」を証明したことだった。ふたりは統計学者のスーザン・ホルムズと力を合わせて、コインを親指ではじいて回転させると面の出方が偏ることを証明した。

この理論を具体的な数値で表すには、宙で回転するコインの動きを慎重に分析する必要があった。そこで三人は毎秒一万コマの高速のデジタルカメラを使ってコインの動きを画像に収め、そのデータを理論モデルに入力した。すると意外なことに、コイントスは確かに偏っていた。宙に投げあげられたときに上を向いていた面と同じ面から地面に落ちる確率が51パーセントというのだから、ごくわずかな偏りではあるのだが……。このような偏りが生じる原因は、どうやらブーメランやジャイロスコープの動きを巡る物理学と関係しているようだった。回転するコインはジャイロスコープのような歳差運動をするらしく、最初に上を向いた面のほうがわずかに滞空時間が長くなる。この差は、一回投げ上げただけでは結果に影響しないが、長く投げ続けると顕著になってくる。

同じ作業を延々と続けた結果をなにがなんでも知ろうとする組織といえば、やはりカジノだろう。カジノの実入りは長期的な確率に左右されるし、サイコロやルーレットの結果に関する客の予想が外れないことには、カジノは儲からない。ところがルーレットもコイントスと同じで、ルーレット盤やボールの最初の位置や最初の速度などがすべて正確にわかっていれば、理論上はニュートン力学を用いてボールが落ちる場所を特定できる。毎回ルーレット盤を寸分違わぬ位置からまったく同じスピードで回し、クルピエ〔胴元補佐〕がボールをまったく同じやり方で投げ入れれば、ボールは毎回同じ場所に落ち着くのだ。とはいえここにもポアンカレが発見したのと同じ問題があって、ルーレット盤やボールの最初の位置や速度がほんの少し変わっただけで、ボールの落ち着く場所が大きく変わる可能性がある。これはサイコロでも同じだ。

それでも、数学を使ってボールが落ち着く範囲をある程度まで絞り込むことがまったく不可能なわけではない。実際、ボールが回るのを何回か観察してから賭けるようにすれば、過去のボールの軌跡を分析して、最終到達点を予測できるかもしれない。二〇〇四年三月に三人の東欧人——ハンガリーの「垢抜(あかぬ)けた美人」の女性とふたりの「優美な」セルビア人男性がやってのけたのがまさにそれで、三人はロンドンのホテル・リッツにあるカジノのルーレットで数学を使って大もうけをした。

まず、レーザースキャナを内蔵した携帯をコンピュータにつないで、このスキャナでボールが二回転するあいだのルーレットのホイールとボールの動きを記録した。次にコンピュータがそのデータに基づいて計算を行い、ボールが落ちそうな範囲を六つの数に絞り込む。そしてホイールが三回転目に入ったところで、コンピュータの計算結果を受けて賭けるのだ。勝率を三七分の一から六分の一にあげた三人組は、コンピュータがはじき出した六つの番号すべてに賭けて、初日の晩だけで実質一〇万ポンドを稼いだ。そして二日目には、なんとまあ一二〇万ポンドを手にした。三人は捕まり、儲けも一旦は押収されたが、けっきょくは釈放されて、金は手元に戻された。三人がいっさいホイールをいじっていない、というのが司法の結論だった。

三人組は、ルーレットのホイールにカオス的なところがあるにしても、ボールやホイールの最初の位置を少々変えたからといって必ずしも結果が大きく変わるわけではないということを知っていた。気象学者が天気を予報する場合もこれと同じで、コンピュータでシミュレーションした結果、今日の天気が多少変わっても予報にあまり影響がないケースが出てくると、それを予報の柱にする。三人組のコンピュータも、気象学者と同じように、ボールの動きを巡る何千もの筋書きを追っていって最後にどこに落ちるかを調べたのだ。このやり方ではルーレットのボールが落ちる正確な位置をつきとめることはできないが、的を六つの数に絞り込むだけで、お客の勝率はぐんとあがる。

皆さんはここまでの話を読んで、自然界はピサの斜塔の上から落ちるボールのような単純で予測可能な問題と、天気のようにカオス的で予測が難しい問題に二分されているんだな、と思われたかもしれない。しかし事はそう単純ではなく、容易に予測できたはずのものが、なにかがほんのすこし変わったせいでカオス的になる場合がある。

誰がレミングを全滅させたのか

数年前、環境保護活動家たちはレミングの数が四年ごとに劇的に落ち込んでいるらしいということに気がついた。このような変動が起きるのは、極地に棲むこの齧歯類が数シーズンごとに高い絶壁に突進して崖から身を投げ、下の岩にぶつかって死ぬからだ、と広くいわれていて、一九五八年にウォルト・ディズニー・プロダクションの博物誌チームが作った有名な映画「白い荒野」（この映画は数々の賞を取った）にも、この集団自殺の場面が組みこまれている。この映像にはたいへん説得力があって、やがてレミングという言葉そのものが、「危険な結果になる可能性があるのに、まったく疑うことなく大勢に従う人物」を意味するようになった。そして、崖っぷちを目指す愚かな行進からレミングを救い出すテレビゲームまで作られたのだった。

ところが一九八〇年代になって、「白い荒野」の撮影隊がこのエピソードをでっち上げていたことが明らかになった。カナダのあるテレビ・ドキュメンタリー番組によると、撮影のために特別に連れてきたレミングがうまいぐあいに崖から落ちてくれず、そのため撮影隊の人々が、レミングに「働きかけて」崖から落としたという。それにしても、レミングの数が四年ごとにガクンと減る理由が集団自殺でないとすると、いったい何が原因なのだろう。

ここでも、数学を使えば答えが出る。あるシーズンから次のシーズンにかけてのレミングの数は、ごく単純な方程式で得られる。まず、餌(えさ)の量や捕食者の数などの生息環境の条件によって維持できる数が限られているとしよう。その数をNとしたとき、前のシーズンから生き残っているレミングの数がLで、新しいシーズンに子が生まれた結果その数がKになったとすると、Kのうちの何割かは死ぬ。死ぬレミングの割合は、前のシーズンのレミングの数を維持できる数の上限で割ったL/Nとなり、$K\times L/N$のレミングが死ぬので、このシーズンの終わりには、

$$K-\frac{K\times L}{N}$$

だけが残る。ここでは計算を簡単にするために、維持できる数は多くても$N=100$だとしよう。

すると、簡単そうに見えるこの方程式から驚くべき結果が得られる。まず、毎年春にはレミングの数が二倍になるとする。つまり$K=2L$で、死ぬのはそのうちの$2L\times$

$L/100$となる。最初のシーズンにレミングが30いたとすると、この方程式から、第二シーズンの終わりには、$60-(60\times30/100)=42$のレミングがいるはずだ。こうして数が増えていって、第四シーズンには50になる（次ページ図5-08）。そして、そこからは何シーズンたっても、シーズン末のレミングの数は50で変わらない。意外なことに、第一シーズンのはじめのレミングの数がいくらであろうと、じわじわと増えていって維持できる最大数の半分に達し、その後は頭打ちになるのだ。いったん個体数が50になってしまえば、次のシーズン中に一度は倍の100になるが、シーズンの終わりまでに$100\times50/100=50$が死んで、ふたたび50になる。

では、レミングがもっと多産だったらどうか。シーズン終わりのレミングの数が最初の数の三倍を少しだけ超える場合、レミングの数は一定にならずに二つの値の間を行ったり来たりする。あるシーズンにはシーズン末に生き残る数がひじょうに多くなり、その次のシーズンには生き残る数がガクンと落ち込むのだ（次ページ図5-09）。

レミングがさらに多産になると、その数は奇妙な変動を見せはじめる。一春で三・五倍になる場合、総数は四つの値の間を振動し、四年周期で一定のパターンをくり返す（四つの値が最初に現れるまでのレミングの増え方は、正確には$1+\sqrt{6}$倍、すなわち約3.449倍である）。ところがこうなると、四年周期のうちのある一年に決まっ

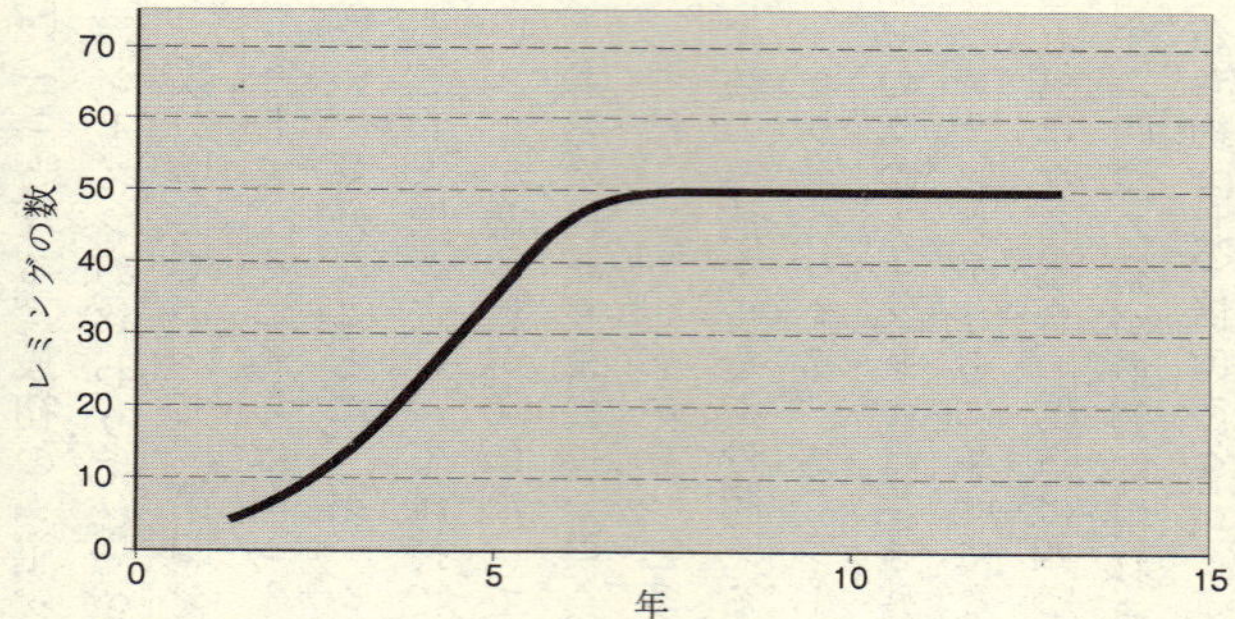

図 5-08　レミングの数が毎春 2 倍になると、最初の数とは関係なく、けっきょくはある決まった数に達して、そこから先は頭打ちになる。

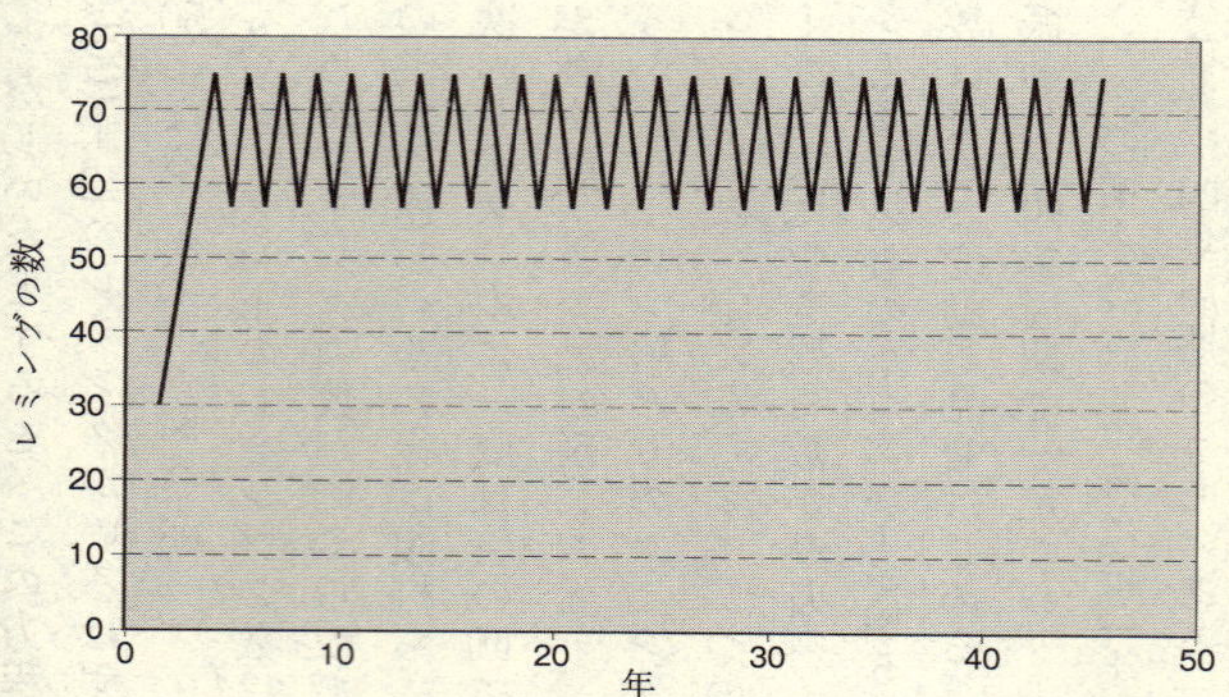

図 5-09　春にレミングの数が 3 倍になる場合は、レミングの数が振動しはじめる。

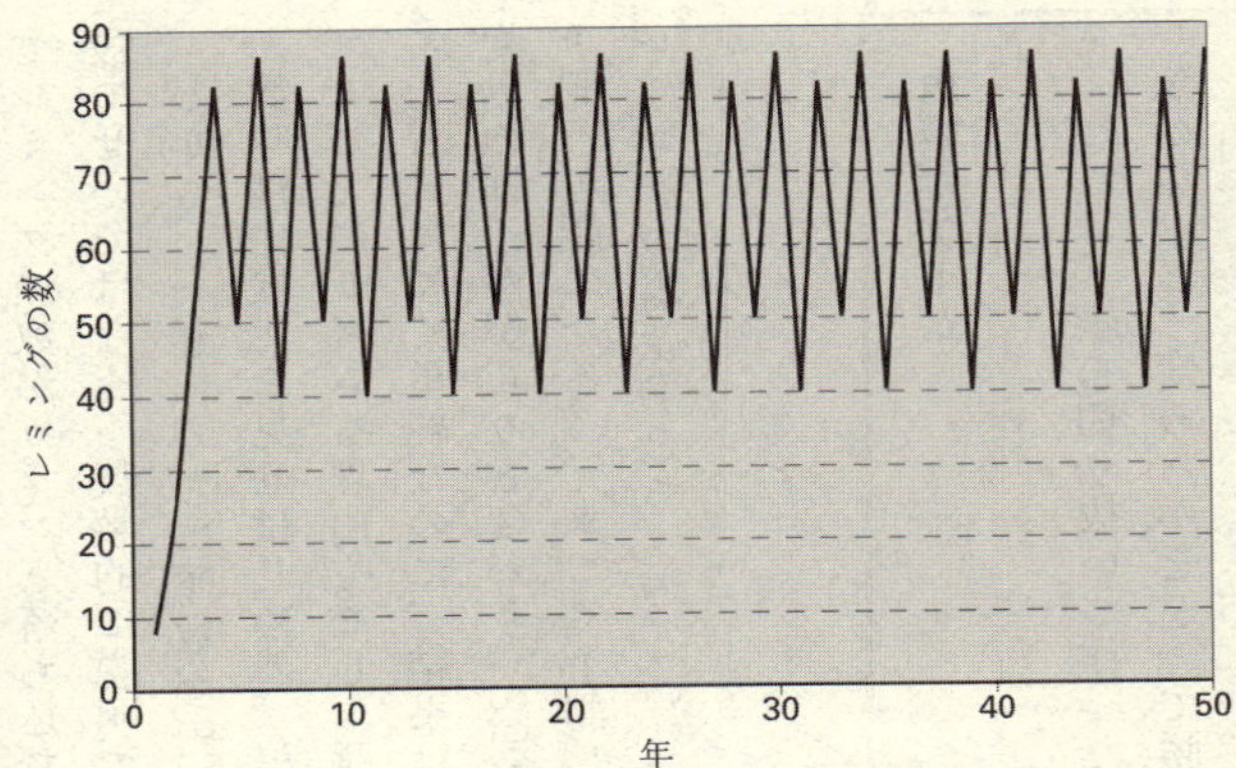

図 5-10　一春でレミングの数が 3.5 倍になる場合、総数は 4 つの値の間で振動する。

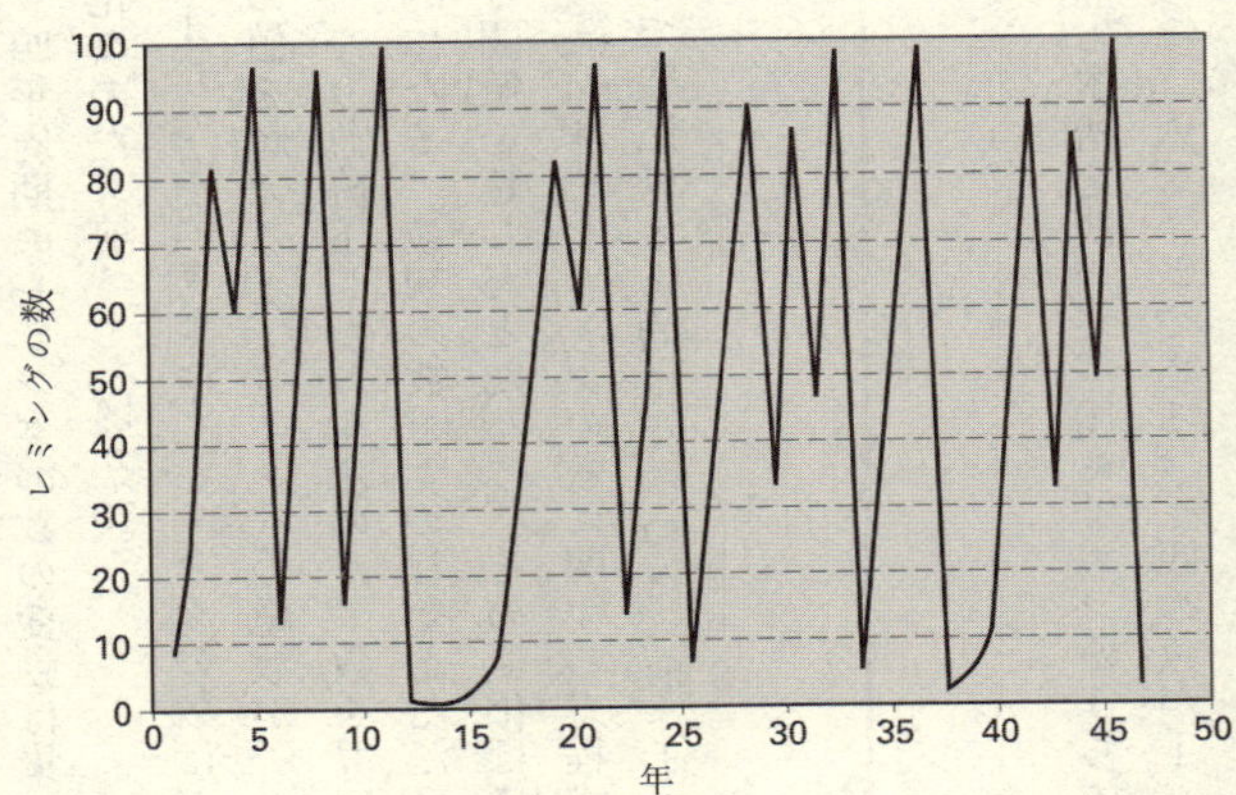

図 5-11　一春でレミングの数が 3.5699 倍以上になる場合、総数はカオス的に変動する。

てレミングの数がガクンと落ち込む。つまり四年周期のレミングの数の変動は集団自殺のせいではなく、数学的に説明できる変化なのだ（前ページ図5-10）。

しかも、一春のうちに頭数が3.5699倍以上になるとすると、レミングの数はがぜん興味深い変化を見せはじめる。倍率がこの値を超えると、レミングの総数が、シーズンごとにリズムも理由もなしに跳ね上がったり急降下したりするのだ。数を算出する方程式はごく単純なのに、結果はカオス的になる。最初の数をすこし変えただけで変動の様子ががらりと変わり、3.5699という閾値（しきいち）を超したとたんに、その変化はほぼ予測不可能になる。元来ごく予測しやすかったはずのレミングの数に関する方程式が、レミングの出産率をちょっといじっただけで突然カオス的になるのだ（前ページ図5-11）。

魚繁殖ゲーム

これは、紙を切り抜いて作った10匹の魚と水槽を使って、10シーズンのうちに魚の数がどう変わるかを追って勝敗を決める二人ゲームである。1匹の魚が1シーズンを表すとして、各シーズンの水槽内の魚の数を切り抜いた魚に書きこんでいく。水槽では最大で12匹の魚を飼うことができ、魚は子孫を何匹か残して1年後に死ぬ。

このゲームでは、まずサイコロを二つ振る。そして、出た目の数から1を引いたものを、最初の魚の数とする（つまり、最初の数は1匹以上11匹以下になる）。その数をN_0としよう。その上で、プレイヤーその1は1から50までのなかから適当な数Kを選ぶ。Kは1年に生まれる子孫の数を決める数で、水槽のなかにはじめはN_0匹の魚がいたとすると、その後の1年で$(K/10)\times N_0$匹の魚が生まれる。つまり、魚の数は1年でK／10倍（K／10は0.1以上5以下のある値）になるのだ。

そうはいっても生まれた魚がすべて生き延びるわけではなく、前の年の最後に水槽にN匹の魚がいたとすると、次の年の最後には、

$$\frac{K}{10}\times N\times\left(1-\frac{N}{12}\right)$$

匹の魚がいることになる。ただし魚の数は整数なので、この値が4.5になったら丸めて5匹というように四捨五入する。

さて、この水槽で10年間魚を飼ったとしよう。このとき、奇数年目の終わりに水槽にいる魚の数がプレイヤーその1の得点となり、偶数年の終わりに水槽にいる魚の数がプレイヤーその2の得点になる。

i年後の魚の数をN_iとすると、

プレイヤー1の得点は、$N_1+N_3+N_5+N_7+N_9$になり、

プレイヤー2の得点は、$N_2+N_4+N_6+N_8+N_{10}$となる。

切り抜いた魚に数を書きこんで毎年の魚の数を追っていくわけだが、どこかの時点で魚がすべて死んだら、得点とは無関係にKという数を選んだプレーヤーその1の負けになる。

たとえば、サイコロをふたつ振って4が出たとすると、$N_0=3$で水槽には最初3匹の魚がいたことになる。そこでプレイヤーその1は、1から50までのなかか

らK＝20を選んだ。すると1年目の終わりには、

$$N_1 = \frac{K}{10}\times N_0\times\left(1-\frac{N_0}{12}\right) = 2\times 3\times\left(1-\frac{3}{12}\right) = 4.5\approx 5$$

匹の魚が残る。2年目には、

$$N_2 = \frac{K}{10}\times N_1\times\left(1-\frac{N_1}{12}\right) = 2\times 5\times\left(1-\frac{5}{12}\right) = 5\frac{5}{6}\approx 6$$

匹になって、3年目には、

$$N_3 = \frac{K}{10}\times N_2\times\left(1-\frac{N_2}{12}\right) = 2\times 6\times\left(1-\frac{6}{12}\right) = 6$$

匹になる。そしてこの先も、魚の数は変わらない。なぜなら、この式に6を入れると、答えはまた6になるからだ。よってプレイヤーその1の得点は、5+6+6+6+6=29匹となり、プレイヤーその2の得点は、6+6+6+6+6=30匹となって、プレイヤーその2が勝つ。N_0を変えずにKの値を変えた場合にどうなるかは、各自試してみていただきたい。

このゲームでは数を四捨五入するから、結果はレミングの数のカオス的モデルよりすこし粗くなる。

このゲームの水槽をシミュレーションしたものが、www.rigb.org/christmas-lectures06/50_20html. にある。このシミュレーションでは魚の数が四捨五入されるが、次の年の魚の数を求める式には分数を入れる。たとえば、K=27、N_0=3とすると、

N_1 =6.075　　を丸めて6匹
N_2 =8.09873 を丸めて8匹
N_3 =7.10895 を丸めて7匹

N_4 ＝7.8233　を丸めて８匹
N_5 ＝7.352　を丸めて７匹
N_6 ＝7.68872を丸めて８匹
N_7 ＝7.45835を丸めて７匹
N_8 ＝7.62147を丸めて８匹
N_9 ＝7.50844を丸めて８匹
N_{10}＝7.58804を丸めて８匹

したがってプレイヤーその１は、６＋７＋７＋７＋８＝35匹で
プレイヤーその２は８＋８＋８＋８＋８＝40匹になる。

フリーキックをベッカムやカルロスのように曲げるには

サッカー選手のデイヴィッド・ベッカムやロベルト・カルロスは、これまでに何度かまるで物理法則を無視するかのような軌道を描く離れ業ともいうべきフリーキック

を蹴っている。なかでも見事だったのが、カルロスが一九九七年にブラジルチームの一員として対フランス戦で放ったフリーキックだ。フリーキックを行った場所はゴールから三〇メートルも離れていたから、ふつうの選手ならチームメイトに向かってボールを蹴ってゲームを再開したはずだが、ロベルト・カルロスは違った。ボールを地面に置くと、シュートを打つために後ろに下がったのだ。

フランスのゴールキーパー、ファビアン・バルテズはディフェンスに壁を作るよう指示したが、正直いって、カルロスがゴールに向けてボールを蹴るとは思っていなかった。カルロスが助走をつけて蹴ったボールは案の定ゴールを大きく外れそうで、ゴールの片側に陣取っていた観衆が飛んでくるボールを避けようと首をすくめたほどだった。ところが最後の瞬間に、ボールは突然大きく左に曲がってフランスのゴールを揺らした。バルテズは、文字通り我が目を疑った。一歩も動けずに、「一体全体どうなってるんだ?」という声が聞こえてきそうな顔をしていた。

カルロスのフリーキックは物理の法則に逆らうどころか、動くサッカーボールの科学を巧みに生かした結果だった。回転する球にはとほうもないことが起きるのだ。まったく回転をかけずに蹴った球は、一枚の平らな紙に沿うようにきれいな放物線を描いて飛んでいく。ところがボールに回転をかけたとたんに動きが立体的になり、上下だけでなく左右にも揺れる。

それにしても、いったいなにが宙を飛ぶボールを左右に揺らしているのだろう。その正体は、マグヌス効果と呼ばれる力である。ハインリッヒ・マグヌスはドイツ人数学者で、一八五二年に回転がボールに及ぼす影響をはじめて解明した（ドイツ人は昔からサッカーが得意だった）。この力は、飛行機の揚力と同じ原理で生まれる。387ページでも説明したように、飛行機の場合には翼の上下を流れる空気の速度が違うので、翼の上では圧力が減り、下では圧力が増して、全体として翼を持ち上げる力が生まれる。

これに対してカルロスは、ボールを左右に振るために、ボールの左側が手前に回るように（ボールの真ん中を垂直に貫く軸を中心にして、上から見ると反時計回りに回転するように）ボールを蹴ったのだ。すると、左側では球の回転に後押しされて空気がさらに速く動き、右側の空気より速く進むので、飛行機の翼の上の空気と同じように圧力が減る。一方右側では、ボールの表面が風に逆らう形になるので空気の速度が下がり、その結果、圧力が増す。こうして増えた圧力がボールを右から左に押す力となって、球をゴールのなかに導いたのだ。

この原理を応用すると、ゴルフボールをガリレオの方程式で得られる値より遠く飛ばすことができる。この場合は、ボールの動きと垂直の水平方向に回転をかける。つまり、ボールをティーから打ち出すときに、クラブのヘッドでボールの下が進行方向に向かってまわるように回転をかけるのだ。するとベルヌーイの原理によってボールの下の気流の速度が下がって圧力が増し、その結果ボールには重力に逆らう上向きの力がかかる。実際、この回転のおかげでほとんど重さを失ったボールは、まるで高速道路を突っ走る車のような勢いで飛んでいく。

さて、ここまで触れてこなかったが、実はもうひとつ考慮に入れるべきものがある。それはボールの抵抗だ。カルロスのフリーキックがかなり経ってから左に曲がったのは、ボールの抵抗のおかげなのだ。レミングの数の変動と同じく、カルロスの見事なシュートでも、カオス的だった振る舞いが突如として規則的な振る舞いに切り替わるという点がポイントになる。サッカーボールの後ろには、整然とした気流かカオス的な気流のどちらかが生じる。ボールがひじょうに速く動くと乱流と呼ばれるカオス的な気流が生じ、速度が遅いと層流と呼ばれる整然とした気流が生じる。また、この二種類の気流がどの段階で入れ替わるかは、ボールのタイプによって決まる。

風の速さが変わると生じる気流のタイプが変わることは、容易に確認できる。たとえば旗（または布きれ）を掲げて直線の上をまっすぐ歩くと、旗は後ろにゆったりと

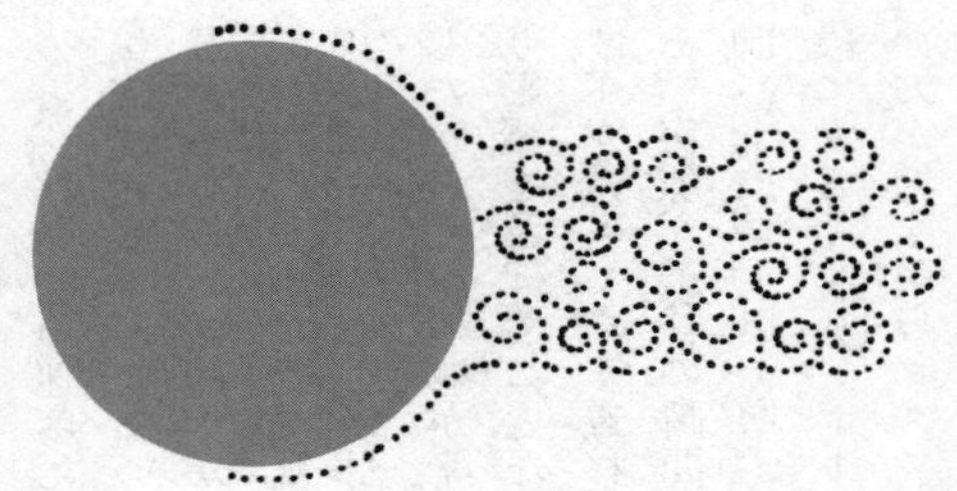

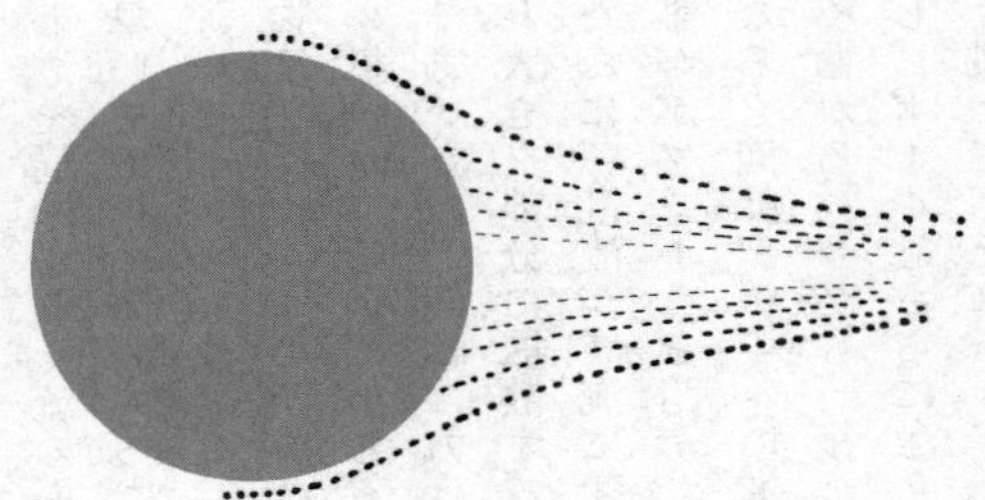

図 5-12　規則正しい層流よりもカオス的乱流のほうが空気抵抗が少ない。

広がるが、走る車の窓から旗を掲げたり、強い風に向かって全速力で走ったりして速度を上げると、狂ったようにバタバタはためく。なぜこのようなことが起きるかというと、移動する速度によって旗のまわりを通過する気流の振る舞いが変わるからで、気流の速度が遅いあいだはその振る舞いを簡単に予測することができるが、スピードが速くなるとひどくカオス的になる。

　では、このような乱流から層流への変化はボールの軌跡にどう影響するのだろう。実は、ある種の乱流のほうがボールの抵抗がはるかに小さくなることがわかっている。したがってボールが素早く動いているあいだは、回転の力は回転が進む方向にはあまり影響を及ぼすことなく、軌跡のより大きな部分に拡散する。ところがボールのスピードが落ちてある遷移点（せんいてん）を過ぎたとたんに、乱流が層流に変わって抵抗がぐんと増える。実際、遷移の瞬間には、まるで誰かがブレーキを踏んだかのように、空気抵抗が150パーセント以上増えるのだ。こうなると回転がボールの進む方向に及ぼす影響が格段に大きくなり、ボールは突然激しく曲がる。しかも、後から加わった抵抗によって浮力が増すからマグヌス効果も増大し、ボールはさらに激しく脇（わき）にそれるのだ。

　カオス的な乱流が起きるくらい強く蹴って、それでもボールがピッチから外れる前にスピードが落ちてぐいっと曲がるようにするには、ゴールからかなり離れたところでフリーキックをしなくてはならない。十分離れた地点で時速一一〇キロくらいでボールを蹴ると後ろに乱流が起き、しかも軌跡の中程にさしかかってボールの速度が落ちるとこの乱流が層流に変わってブレーキがかかり、このためボールの回転が優勢になってバルテズを出し抜くことができるのだ。

このメカニズムは、サッカーとはまったく無縁な場面にも顔を出す。カオスはわたしたちの旅の手段、なかでも空中を旅するときの手段にも影響を及ぼしているのだ。乱流ないし乱気流という言葉を聞くと、たいていの人がシートベルトを締めてくださいというアナウンスや、めちゃくちゃな気流によって激しく揺さぶられるといった経験を想像する。飛行機はサッカーボールよりはるかに速く飛ぶので翼の上にカオス的な空気の流れ、すなわち乱流が生じる。ところが一般に乱流は層流より空気抵抗が大きいので、飛行機の空気抵抗が増えて燃料が余分に必要となり、経費がかかる。

ある研究によると、空気抵抗を10パーセント減らせれば航空会社の利益は40パーセント増えるという。そこで航空工学者たちは絶えず、翼の表面にどのような加工を施せば空気抵抗を減らせるのかを研究している。ひょっとして、翼に沿って小さな溝を平行に並べたらうまくいくのではないか。レコード盤のように隙間(すきま)なく溝を刻んだらどうだろう。あるいは、翼の表面をひじょうに小さな歯状突起と呼ばれる歯のようなものでは覆ってみたら？　おもしろいことに、サメは生まれつき肌に歯状突起がある。自然は、工学者が登場するずっと前に流体の抵抗を克服する術を発見していたのだ。

熱心な研究が続いてきたにもかかわらず、サッカーボールや飛行機の翼の後に生じる乱流はあいかわらず数学における大きな謎であり続けている。しかし明るいニュースがまったくないわけでもなく、実は空気や流体の振る舞いを説明する方程式そのものはすでに得られている。ところがまずいことに、誰ひとりとしてその方程式を解くことができない！　問題の方程式は、ベッカムやカルロスのような運動選手だけでなく、さまざまな人にとって大きな意味を持っている。気象予報士が大気の気流を予測するにはこの方程式を解かねばならず、医師が人体の血流を理解するにもこの方程式を解く必要がある。そして宇宙物理学者も、銀河の星の動きを解明したいのなら、この方程式を解かなくては。つまり、これらすべての現象の裏に同じメカニズムが潜んでいるのだ。今のところ、気象予報士や飛行機の設計士は近似で満足するしかない。ところがこれらの方程式の後にはカオスが潜んでいて、わずかな誤差によって結果が大きく変わるため、まるで見当違いな予測を立ててしまう可能性があるのだ。

問題の方程式は、一九世紀の数学者ナヴィエとストークスにちなんで、ナヴィエ・ストークス方程式と呼ばれている。この二人がまとめた方程式は見るからに複雑で、

ふつうは、

$$\frac{\partial}{\partial t}u_i+\sum_{j=1}^{n}u_j\frac{\partial u_i}{\partial x_j}=v\Delta u_i-\frac{\partial p}{\partial x_i}+f_i(x,t)$$

$$\operatorname{div} u=\sum_{i=1}^{n}\frac{\partial u_i}{\partial x_i}=0$$

というふうに表される。なんの事やらちんぷんかんぷんだ、という方もどうぞご心配なく。この方程式を理解できる人はそう多くないのだから。けれども数学の言葉を知っている人にとっては、これらの方程式が未来を予言する鍵（かぎ）になる。だからこそ、このきわめて重要な式を最初に解いた人物に一〇〇万ドルが贈呈されることになっているのである。

量子物理学を作ったドイツの偉大な物理学者ヴェルナー・ハイゼンベルクは、かつて次のように述べた。

わたしがもし神に会ったなら、ふたつ質問をしたい。なぜ相対性なのか、そしてなぜ乱流なのか。最初の質問になら神も答えられると、わたしは本気で信じている。

ロベルト・カルロスは、ボールをこんなに激しく曲げるコツをどうやって見つけたのかとたずねられて、次のように答えている。

小さいころから、正確なフリーキックをするように練習を重ねてきた。トレーニングが終わった後も、少なくとも一時間は残って、フリーキックがより正確になるように練習したんだ。なんだってそうだろ。汗をかいて苦労をすればするほど、得るものは多くなる。

数学でも同じことがいえるのだろう。問題が難しければ難しいほど、解けたときの達成感は大きい。だから数学の世界を前進するのがたいへんだと感じたら、ロベルト・カルロスのこの言葉を思い出そう。「汗をかいて苦労をすればするほど、得るものは多くなる」そしてついにみなさんが古今東西の偉大な数学の謎をひとつでも解いた暁には、ほかの人たちはまちがいなく、カルロスのボールがネットを揺らすのをぽかんと見ていたバルテズと同じことを考えるにちがいない。

「一体全体どうやったんだ？」と。

謝辞

なによりもまず、この本を育ててくれた皆さんにお礼を申し上げたい。出版社でわたしを担当してくれた編集者のロビン・ハーヴィー。ハーヴィーのウルトラマラソンへの愛情がとても役に立ったと思う。次に、グリーン&ヒートン社でわたしの代理人をしてくれているアントニー・トッピング。トッピングは個人トレーナーとして、わたしにこの文学的なマラソンをやり抜かせなくては、と感じているようだった。そして、わたしの原稿を整理してくれたジョン・ウッドラフ。ウッドラフは引退するのをやめて、この本を形にする手伝いをしてくれた。そしてわが二人の挿絵家、ジョー・マクラレンとレイモンド・ターヴィー。マクラレンがタイムズ紙のわたしのコラムのためのイラストを描いてくれたおかげで、水曜の朝が楽しいものとなった。またターヴィーは、わたしが書き送ったきわめて複雑な形を完璧（かんぺき）に把握してくれた。

この本の元になったのはいくつかのプロジェクトだった。

わたしは、二〇〇六年に王立研究所(ロイヤル・インスティテューション)でクリスマス・レクチャーをすることになった。これは、科学と一般聴衆とをつなぎ、特に若い聴衆に向けて実際に科学に手を染めることの楽しさを伝えることを目的とした講演で、一八二五年にはじまり、一九六六年からはテレビでも放映されている。一九七八年に、当時一三歳だったわたしは運良くクリストファー・ジーマンがはじめて行った初の数学の講演に参加することができた。ジーマンが語るさまざまなテーマにすっかり興奮したわたしは、その会場を立ち去るときには、将来何になるかをはっきり心に決めていた。ぼくもジーマンのような数学者になるんだ! 二〇〇六年に講演依頼が舞いこんできたおかげで、わたしは、自分に夢を抱かせてくれた王立研究所への願ってもない恩返しのチャンスを手に入れた。新たな世代の数学者たちをわくわくさせる機会を頂けるとは、じつに名誉なことだ。

王立研究所からの手紙によると、一一歳から一四歳の子どもに向けて五回講演を行うことになっていた。クリスマス・レクチャーでは、爆発があり、ドライアイスが登場し、会場からデモンストレーションの助手役を募る。ものを吹っ飛ばすための口実を探したり、数学について説明するためのおもしろいゲームを考え出すといった課題に取り組むのは、じつに楽しかった。そしてけっきょくは、数学をめぐる一人芝居のパントマイムを五本も演じることとなった。これらのレクチャーをまとめる際には、王立研究所とチャンネルファイブとこのレクチャーのテレビ放映を担当したプロダクション、ウィンドフォール・フィルムのメンバーからなるすばらしいチームが手を貸してくれた。とくにマーティン・ゴースト、ティム・エドワーズ、アリス・ジョーンズには感謝したい。彼らのおかげで、数学を生き生きとしたものにするじつに想像力豊かな手法を見つけることができた。また、レクチャーの作成に手を貸してくれたアンディー・マーメリー、キャサリーン・ド・ランジュ、デイヴィッド・ダガンとデイヴィッド・コールマンにも感謝する。

わたしたちは、さまざまな学校でこのレクチャーで扱う予定の素材を使った講演を行った。これらの学校の中でもユダヤ・フリースクールにはとくに感謝したい。この学校のスタッフは、子どもたちをさまざまなアイデアにさらすことを快く許してくれた。クリスマスとユダヤ教というのはあまり見慣れない組み合わせだが、あの学校の子どもたちには、数学が普遍的な言語であることをわかってもらえたと思う。講演を行う側にすれば、実際の子どもたちの反応を見てはじめて、何がうまくいき、何がだめなのかが判断できる。この本で取り上げた素材は、これらのレクチャーのために行ったあらゆる調査を参考にして決めたものである。

数学に関するテレビ番組を作るなかで、わたしが専門とする分野のどの部分が広く聴衆にアピールするのかがわかってきた。ここでアロム・シャハに感謝したい。シャハとわたしは、ティーチャーズTVの「数を使ったお絵かき」と題する四つの番組をはじめとするいくつかの番組を作り、わがサンデー・リーグのサッカーチーム、レクレアティーボ・ハックニーが登場する素数が無限であるというエウクレイデスの証明に関する番組を作った。これらの番組を作ったときに調べたことは、クリスマス・レクチャーを作る上でもひじょうに役に立った。

さらに、この本のさまざまな物語を歴史面で支えているのが、BBC4とともに作った「数学の歴史」という全四回のシリーズ番組〔日本語版DVDは「数学の軌跡」全四巻（丸善出版）〕だ。BBCの専属プロデューサーのデイヴィッド・オクエフナに感謝したい。この番組ができたのも、ひとえにオクエフナの数学への愛があったからだ。この番組を実際に作るにあたって、オープン・ユニヴァーシティーには学問面でも財政面でも大いに助けられた。実際に映像を作りはじめると、文字通りチームでの作業となったが、なかでもカレン・マクガン、クリッシア・デレッキ、ロビン・ダッシュウッド、クリスティーナ・ローリー、デイヴィッド・ベリーとケミ・マジェコダンミに感謝したい。

数学を生き生きと伝えるような本をまとめ、テレビ番組を作り、レクチャーを行うにはひどく時間がかかる。ここで、その時間を与えてくれた人々に感謝したい。チャールズ・シモニーは誰よりも早く、公衆の科学理解を専門とする講座を作れば、その教授は余裕を持って一般聴衆をわくわくさせる科学の話をまとめることができるはずだということに気づいた。オクスフォード大学は、数学を大衆へというわたしの努力を一貫して強力に支援してくれた。また、工学・自然科学研究会議からは、シニア・メディア・フェローシップ計画という形でたいへん貴重なご支援を頂いた。これらの支援なしには、ここまでのことはできなかったと思う。

また、わたしがさまざまな形で数学の楽しさを広めるのに力を貸してくれたオクスフォード大学の学生グループ「マスマジシャン」にも感謝したい。グループの多くの学生がこの本の草稿を読み、この本のためのアプリケーションソフトについて、心躍るアイデアを出してくれた。なかでもトーマス・ウーリーは、この本に登場する複雑なフラクタル図形を作るのを手伝ってくれた。

この本を読んだ方は、たぶんわたしがたいへんなサッカー好きであることにお気づきだろう。我がサンデー・リーグチーム、レクレアティーボ・ハックニーで毎週プレイすることは、わたしにとってかけがえのないガス抜きだった（とはいえ、サッカーをしていて右手の第五中手骨を折ったり、左手首を多発骨折して手術したりしたせいで、この本の刊行が遅れたのだが……)。ちなみにわたしはアーセナルのファンである。最近はとんと優勝カップに縁がないが、アーセナルのゲームを見ていると、まるで目の前で複雑なチェスの試合が展開しているように思えてくる。彼らのベンチに数学者が加わっていないなんて、信じられないくらいだ。何冊かの本をまとめたおかげで、わたしはサッカーに絡む意外な褒美(ほうび)をもらうことができた。英国文筆家サッカーチームからお声がかかったのだ。

文筆家チームのメンバー全員が賛成してくれるはずだが、物書きがもっとも多くを負うている人々といえば、なんといっても本を書くという試練のあいだじゅう自分たちを支えてくれる家族だろう。我が妻シャニと三人の子ども、トーマーとマガリーとイーナ、ほんとうにありがとう。残念ながら猫のフレディー・ユングベリは、文筆業につきもののプレッシャーに耐えられずに家を出たらしく、ウェスト・ハムの近くで目撃されたのを最後に消息が途絶えている。

図版提供

図 1-01, 1-02, 1-05, 1-06, 1-07, 1-08, 1-11, 1-12, 1-13, 1-14, 1-20, 1-21, 1-22, 1-23, 1-24, 2-01, 2-03, 2-04, 2-09, 2-10, 2-11, 2-12, 2-13, 2-14, 2-21, 2-34, 2-37, 2-44, 3-01, 3-09, 3-10, 3-12, 3-15, 3-16, 3-22, 4-01, 4-02, 4-03, 4-04, 4-06, 4-07, 4-08, 5-01, 5-07, 5-12 © Joe McLaren, 図 1-03 © Editions Durand, Paris. Reproduced by arrangement with G Ricordi & Co（London）Ltd, a division of Universal Music Publishing Group, 図 1-04: Reproduced with the kind permission of NASA, 図 1-09, 1-10, 1-15, 1-16, 1-17, 1-18, 1-19, 2-02, 2-05, 2-06, 2-07, 2-08, 2-15, 2-16, 2-17, 2-19, 2-20, 2-22, 2-23, 2-24, 2-35, 2-39, 2-40, 2-41, 2-42, 2-45, 3-02, 3-03, 3-04, 3-05, 3-06, 3-07, 3-08, 3-11, 3-13, 3-14, 3-17, 3-18, 3-19, 3-20, 3-21, 3-23, 4-05, 4-10, 4-11, 4-12, 4-13, 4-15, 4-16, 4-17, 5-03, 5-04, 5-05, 5-06, 5-08, 5-09, 5-10, 5-11 © Raymond Turvey, 図 2-18 © Arup, 図 2-25, 2-27, 2-28, 2-31, 2-32, 2-33 © Thomas Woolley, 図 2-29, 4-18, 4-19 © Steve Boggs, 図 2-36 © Getty images, 図 4-14, 5-02 © Marcus du Sautoy

訳者あとがき

本書は、数学の専門家でない方々に数学のおもしろさを伝えるべく、マーカス・デュ・ソートイが『素数の音楽』、『シンメトリーの地図帳』に続いてまとめた *The Number Mysteries: A Mathematical Odyssey through Everyday Life* の全訳である。『素数の音楽』では、さまざまな数学者像や譬え（たと）を通してリーマン予想という未解決の大問題を紹介しようと試み、続く『シンメトリーの地図帳』でも、同様の手法で単純群の全分類を網羅した「アトラス」の完成という数学的な偉業について語ってきた著者は、ここでは一転してミレニアム問題と呼ばれる数学の難問のなかから五つを取り上げて、それらの難問に象徴される分野のさまざまなトピックや歴史を紹介している。

前の二作が一本の縦糸を通して編みあげたタペストリーだとすれば、今回の作品はいくつものモチーフを組み合わせたパッチワークといえよう。さらにいえば、前の二作が専門分野に対する自分自身の情熱を数学門外漢の人々に伝えたい！という熱意に支えられていたのに対して、この作品は、二〇〇年近い歴史を持つ英国王立研究所（ロイヤル・インスティテューション）のクリスマス・レクチャーで一一歳から一四歳の子供に向けた特別講義を行い、BBC4のチームに加わって数学の歴史に関する一般向けのシリーズ番組を作るといった著者自身の啓蒙（けいもう）実践に支えられているといえそうだ。では、そのような成り立ちの違いはこの作品にどのような影響を及ぼしているのだろう。

ひとつには、対象となる数学が著者の専門領域を超えてかなり幅広く取られていることが挙げられよう。実際、各章を締めくくる問題は現代数学の七大難問と呼ばれている「ミレニアム問題」のうちの五つで、数論関係のリーマン予想、幾何学関係のポアンカレ予想、理論計算機科学のNP完全問題、再び数論のバーチ・スウィナートン＝ダイヤー予想、そして非線形偏微分方程式に関するナヴィエ・ストークス方程式ときわめて多彩である。たしかに、一一歳から一四歳の子どもを対象とする特別講義ともなれば、数学の一部の分野だけでなく、数学全体を俯瞰（ふかん）する形で紹介することが望ましく、著者は大人向けのこの著書でもそのような間口の広さを確保している。

次に、数学者列伝や抽象的な比喩ではなく、実際の数学の原理を踏まえたゲームなどを織りこんだ懇切丁寧な説明によって数学の本質的なおもしろさを伝えようという姿勢が顕著なのも、子どもたちを相手に五夜連続のレクチャーを試みた経験があればこそだ。大人相手の講義であれば（そして語り口が巧みであれば）一方的な語りだけでも成立するだろう。しかし子どもは、ただ座って話を聞くだけだとすぐに退屈してしまう。したがって子ども相手のレクチャーには、子どもたちが能動的に関われる部分が不可欠なのだ。ところが原理に通じるゲームや懇切丁寧な説明は、実は子どもだけでなく大人にも新たな発見をもたらす。

軽快でざっくばらんな語り口のこの作品は、オクスフォード大学の「一般への数学啓蒙を専ら（もっぱ）とするシモニー講座」の教授として、ガーディアン紙、タイムズ紙、ディリー・テレグラフ紙といった新聞やラジオ・フォーで数学啓蒙活動を展開してきた著者にとって、これまでの活動の総決算でもあるのだろう。「日々の生活を通してみた数学探究の旅」という原著の副題からもわかる通り、著者はごく身近な切り口から読者を数学の世界に誘（いざな）い、ゲームなどを通して数学で扱われている内容を紹介し、さらに最先端の数学とのつながりを示して、数学の豊かさを伝えようとしている。イギリスでの一般レビューに、これまでいろいろな啓蒙書で「読んで知っていた」メルセンヌ素数のことがこの本を読んで初めて「納得できた」、という声があるのももっともな話で、丁寧な説明を随所に埋め込みながら、多岐にわたる身近な話題をころころと上手にころがして、実はそれが最先端の話題とつながっていた！という驚きで締めくくる手際の良さは、第一線で活躍しつつ数学の啓蒙に力を注ぐ著者ならではといえる。実際どのページにも、数や式を使って表された数学を、紙の上に書かれた無味乾燥な符号や記号や図としてではなく身の回りの物に引きつけて実感してもらおうという著者の熱意が溢れている。

むろんこの第三作でも数学史のトピックは健在で、前面に出しゃばることなく控えめな形ではあるものの、あちこちにカメオのように嵌めこまれた数学史や数学者の話題が、「広大な数学の世界を魅力的に提示して、日常生活の数学と最先端の数学が無縁でないという実感とともに数学の本質を理解してもらう」という大きな目標を支えている。しかも、それらの話題がなかなか上手に選んであって、ポアンカレが賞金付きの問題を解けなかったのに、転んでもただでは起きずにカオス理論の端緒をつけたとか、大昔に予想された問題がずいぶん後になって解決されたといったエピソードを通して、長い歴史を持つ数学研究の実態や数学者の活動の現実をかいま見ることができるようになっている。

最後になりましたが、東京工業大学の黒川信重先生には、お忙しいなか訳文を丁寧にご覧いただき、いろいろと貴重なご指摘を頂戴いたしました。心からありがたく思っております。広範な話題を扱った作品の訳稿を細かく校閲してくださった新潮社校閲部の田島弘さんに心より感謝いたします。そして最後の最後になりましたが、新潮社出版部の北本壮さん、ほんとうにありがとうございました。

読者のみなさんには、数学の世界に今も残る未解決の難問への旅を、どうか楽しまれますように。

二〇一二年一一月

訳　者

文庫版訳者あとがき

ジャングルを案内してもらうのなら、ジャングルに棲むものを愛してやまない人物に限るし、海の中を案内してもらうのなら、海とそこに生きるものを愛してやまない人物に限る。そういう人物に案内してもらうと、最初から最後までわくわくと、ほんとうに楽しく過ごすことができる。「しかるにマーカス・デュ・ソートイは、自分の研究対象である「数」を愛してやまず、その熱い思いがこの本の一ページ一ページを明るく輝かせている。マーカス・デュ・ソートイは、数の王国のスティーブ・アーウィン（世界でもっとも有名なオーストラリア人とされていた環境保護活動家兼動物園経営者）なのだ！」とは、『利己的な遺伝子』で有名なイギリスの動物行動学者リチャード・ドーキンスの原著への賛辞である。また、イギリスの科学週刊誌「ニュー・サイエンティスト」では、「パズルや逸話が満載で楽しい本。著者はわたしたちに、数学的な慎重さと抜け目のなさが、モノポリーに勝つための計算から実際の名誉と富の追求まで、ありとあらゆることに役立つと教えてくれる。しかもそのような娯楽だけではなく、数学の最大の未解決問題を紹介して、手応(てごた)えのある証明に果敢に突っ込んでいる」と評されている。さらに「タイムアウト」というロンドンのタウン誌に曰(いわ)く、「数学だっておもしろい！　ややこしい考え方がわかりやすく平易なやり方で紹介されていてわくわくする」。これらの評からも、数学とはまったく疎遠(そえん)な人々に自分の愛する数学の魅力を伝えたいという著者の想(おも)いが、この作品を通じて読む側にダイレクトに伝わっていることは明らかだ。

原著には、さらにアラン・デイヴィスとダラ・オブライエンの二人の著名なコメディアンが賛辞を送っているが、このうちのダラ・オブライエンは、実はつい最近まで著者と仕事をしていた。二〇一二年から二〇一四年まで、日本のテレビ番組「たけしのコマ大数学科」のフォーマットを用いた数学のクイズ番組「ダラ・オブライエンの手強(てごわ)い数の学校」の司会を務めていたのである。一方デュ・ソートイは、この番組で出題される問題を作り、「数学者」の役で自ら番組に出演していた。

デュ・ソートイは、日本で作られた『オックスフォード白熱教室』（全四回）という番組でもその生き生きした講義で視聴者を魅了し、多くのファンを獲得しているが、二〇〇六年に王立研究所(ロイヤル・インスティチューション)で中学生以上向けの五夜にわたる（この本が生まれるきっかけともなった）クリスマス・レクチャーを行ってからというもの、本という媒体だけにとどまらず、舞台やテレビといった視覚に訴える媒体を用いた数学の紹介にも力を注ぐようになった。

実際、二〇〇七年に「コンプリシテ」という劇団が「消えゆく数」を上演する際には、六年に渡るその制作にデュ・ソートイも深く関わっていた。ちなみにこの著名なインド人数学者ラマヌジャンを巡る舞台は、数学と数学者を正確に描写しながらもそれらを見事に心躍る存在として舞台に立ち上がらせたと評されている。また、二〇一三年にロンドンのサイエンス・ミュージアムで演じられた二人芝居「ＸとＹ」では、デュ・ソートイ本人が数学的な抽象性に囲まれて幸せに暮らすＸなる人物に扮し、数学の素養を持つプロの俳優演じるところの宇宙の隅々まで探検してきたＹなる人物と宇宙の形について議論している、という役を演じた。そしてこの作品も、ウィットに富んだ会話に溢れ、演劇と数学の隠れた共通点を浮かび上がらせるとともに、数学が規則にこだわりつつも創造力や想像力に負うていることを明らかにしてみせたということで、高い評価を受けている。

テレビでも、半世紀の歴史を持つ「ホライズン」という科学ドキュメンタリー番組で二〇〇九年から二〇一三年にプレゼンターを務めたり、「正確に・すべてを測る」

をはじめとする単発番組でプレゼンターを務めたりしている。ちなみに、この（二〇一五年の）秋にＢＢＣで放映されたアルゴリズムに関するテレビ番組、「現代生活を密かに支配するもの」は、すぐにさまざまな新聞で取り上げられて、大きな議論を呼んだ。

このような舞台やテレビでの活躍はもちろんのこと、著者は今もガーディアンやデイリー・テレグラフといった一般紙にも定期的あるいは不定期的に寄稿しており、紙面での数学紹介に熱心に取り組む姿勢は一貫している。そうかと思えばローレン・チャイルドという有名な児童文学作家――日本ではクラリス・ビーン・シリーズの絵本で知られている――の依頼で、作中作品のスピンオフとして書かれた探偵小説「ルビー・レッドフォード」シリーズのために、作品に登場するすべての暗号を作ったりもしている。

舞台にテレビに新聞にと、きわめて多忙な日々を送っているデュ・ソートイだが、このたび待ち望まれていた新たな著作がついに刊行されることとなった。著者は二〇〇八年からオクスフォード大学の「一般への科学啓蒙をもっぱらとするシモニー講座」の教授となり、よりいっそう啓蒙に力を入れられるようになったわけだが、この講座に資金を提供したチャールズ・シモニー（ハンガリアン記法で有名なプログラマー）はこの講座を立ち上げるにあたって、将来にわたるこの講座の指針を定めた。そのマニフェストによると、この講座の教授は、科学の現場で活躍しつつ、しかも一般の幅広い人々に向かって、科学を単純化しすぎずに、その限界や失敗も含めてきちんと伝え、科学者たちが自然と対峙(たいじ)するときに感じる高揚感、焦燥感をも伝えるよう努めなくてはならない。

テレビの画面に映っているデュ・ソートイは、派手な色のフード付きのジャージを羽織ったりしていかにも軽めの雰囲気を醸(かも)し出しているが、根はとてもまじめな人なのだろう。二〇一〇年に発表された本書に続くこの新たな著作では、シモニー教授の職務に忠実に「科学にもわからないもの」を取り上げているという。本書でミレニアム問題と呼ばれる数学界の未解決問題を紹介した著者が、今度は数学とそのほかの分野がクロスするところまで視野を広げて未知と既知とのせめぎ合いを紹介しているというのだから、わたくしもみなさんとともにその刊行を楽しみに待ちたいと思う。

最後になりましたが、文庫化に当たってお世話になった新潮文庫編集部の菊池亮さん、校閲部の大倉香織さんに、心より感謝いたします。

二〇一五年一二月

冨永 星

この作品は平成二十四年十一月新潮社より刊行された。

T・トウェイツ
村井理子訳

ゼロからトースターを作ってみた結果

トースターくらいなら原材料から自分で作れるんじゃね？ と思いたった著者の、汗と笑いの9ヶ月！（結末は真面目な文明論です）

D・ロックフェラー
楡井浩一訳

ロックフェラー回顧録（上・下）

アメリカ最強の銀行家にしてニューヨークの支配者。いかにしてアメリカを、そして世界を動かしてきたのかが今、明らかに。

B・ブライソン
楡井浩一訳

人類が知っていることすべての短い歴史（上・下）

科学は退屈じゃない！ 科学が大の苦手だったユーモア・コラムニストが徹底して調べて書いた極上サイエンス・エンターテイメント。

D・オシア
糸川洋訳

ポアンカレ予想

「宇宙の形はほぼ球体」!? 百年の難問ポアンカレ予想を解いた天才の閃きを、数学の歴史ドラマで読み解ける入門書、待望の文庫化。

M・デュ・ソートイ
冨永星訳

シンメトリーの地図帳

古代から続く対称性探求の果てに発見された巨大結晶「モンスター」。『素数の音楽』の著者と旅する、美しくも奇妙な数学の世界。

M・デュ・ソートイ
冨永星訳

素数の音楽

神秘的で謎めいた存在であり続ける素数。世紀を越えた難問「リーマン予想」に挑んだ天才数学者たちを描く傑作ノンフィクション。

J・ガイガー
伊豆原弓訳
サードマン
—奇跡の生還へ導く人—
シャクルトン、メスナー、リンドバーグらが体験した、不可思議な「第三者」の実体を最新科学から迫った異色ノンフィクション。

P・J・ベントリー
三枝小夜子訳
家庭の科学
日常生活で遭遇する小さなアクシデントの数々。なんでそうなるの？　どうすれば防げるの？　あなたの「なぜ？」に科学が答えます！

G・G・スピーロ
青木薫訳
ケプラー予想
—四百年の難問が解けるまで—
解決まで実に四百年。「フェルマーの最終定理」と並ぶ超難問を巡る有名数学者達の苦闘を描いた、感動の科学ノンフィクション。

R・ウィルソン
茂木健一郎訳
四色問題
四色あればどんな地図でも塗り分けられるか？　天才達の苦悩のドラマを通じ、世紀の難問の解決までを描く数学ノンフィクション。

S・ナサー
塩川優訳
ビューティフル・マインド
—天才数学者の絶望と奇跡—
全米批評家協会大賞受賞
統合失調症を発症。30年以上の闘病生活の後、奇跡的な回復を遂げてノーベル経済学賞に輝いた天才数学者の人生を描く感動の伝記。

S・シン
E・エルンスト
青木薫訳
代替医療解剖
鍼、カイロ、ホメオパシー等に医学的効果はあるのか？　二〇〇〇年代以降、科学的検証が進む代替医療の真実をドラマチックに描く。

S・シン
青木　薫訳
宇宙創成（上・下）
宇宙はどのように始まったのか？　古代から続く最大の謎への挑戦と世紀の発見までを生き生きと描き出す傑作科学ノンフィクション。

L・アドキンズ
R・アドキンズ
木原武一訳
ロゼッタストーン解読
失われた古代文字はいかにして解読されたのか？　若き天才シャンポリオンが熾烈な競争と強力なライバルに挑む。興奮の歴史ドラマ。

S・シン
青木　薫訳
暗号解読（上・下）
歴史の背後に秘められた暗号作成者と解読者の攻防とは。『フェルマーの最終定理』の著者が描く暗号の進化史、天才たちのドラマ。

S・シン
青木　薫訳
フェルマーの最終定理
数学界最大の超難問はどうやって解かれたのか？　3世紀にわたって苦闘を続けた数学者たちの挫折と栄光、証明に至る感動のドラマ。

M・ブルガーコフ
増本浩子
V・グレチュコ訳
犬の心臓・運命の卵
人間の脳を移植された犬、巨大化したアナコンダの大群――科学的空想世界にソ連体制への痛烈な批判を込めて発禁となった問題作。

スタインベック
伏見威蕃訳
怒りの葡萄（上・下）
天災と大資本によって先祖の土地を奪われた農民ジョード一家。苦境を切り抜けようとする、情愛深い家族の姿を描いた不朽の名作。

J・M・バリー
大久保寛訳
ピーター・パンとウェンディ
ネバーランドへと飛ぶピーターとウェンディ。彼らを待ち受けるのは海賊、人魚、妖精、人食いワニ。切なくも楽しい、永遠の名作。

スティーヴンソン
田口俊樹訳
ジキルとハイド
高名な紳士ジキルと醜悪な小男ハイド。人間の心に潜む善と悪の葛藤を描き、二重人格の代名詞として今なお名高い怪奇小説の傑作。

M・シェリー
芹澤恵訳
フランケンシュタイン
若き科学者フランケンシュタインが創造した、人間の心を持つ醜い〝怪物〟。孤独に苦しみ、復讐を誓って科学者を追いかけてくるが――。

E・ケストナー
池内紀訳
飛ぶ教室
元気いっぱいの少年たちが学び暮らすギムナジウムにも、クリスマス・シーズンがやってきた。その成長を温かな眼差しで描く傑作小説。

マーク・トウェイン
柴田元幸訳
トム・ソーヤーの冒険
海賊ごっこに幽霊屋敷探検、毎日が冒険のトムはある夜墓場で殺人事件を目撃してしまい――少年文学の永遠の名作を名翻訳家が新訳。

マーク・トウェイン
柴田元幸訳
ジム・スマイリーの跳び蛙
―マーク・トウェイン傑作選―
現代アメリカ文学の父であり、ユーモア溢れる冒険児だったマーク・トウェインの短編小説とエッセイを、柴田元幸が厳選して新訳！

バーネット
畔柳和代訳
小公女
最愛の父親が亡くなり、裕福な暮らしから一転、召使いとしてこき使われる身となった少女。永遠の名作を、いきいきとした新訳で。

ジョイス
柳瀬尚紀訳
ダブリナーズ
20世紀を代表する作家がダブリンに住む人々を描いた15編。『フィネガンズ・ウェイク』の訳者による画期的新訳。『ダブリン市民』改題。

ヘミングウェイ
高見浩訳
移動祝祭日
一九二〇年代のパリで創作と交友に明け暮れた日々を晩年の文豪が回想する。痛ましくも麗しい遺作が馥郁たる新訳で満を持して復活。

ナボコフ
若島正訳
ロリータ
中年男の少女への倒錯した恋を描く誤解多き問題作にして世界文学の最高傑作が、滑稽でありながら哀切な新訳で登場。詳細な注釈付。

カポーティ
佐々田雅子訳
冷血
カンザスの片田舎で起きた一家四人惨殺事件。事件発生から犯人の処刑までを綿密に再現した衝撃のノンフィクション・ノヴェル！

カポーティ
村上春樹訳
ティファニーで朝食を
気まぐれで可憐なヒロイン、ホリーが再び世界を魅了する。カポーティ永遠の名作がみずみずしい新訳を得て新世紀に踏み出す。

サン＝テグジュペリ
河野万里子訳

星の王子さま

世界中の言葉に訳され、60年以上にわたって読みつがれてきた宝石のような物語。今まで最も愛らしい王子さまを甦らせた新訳。

E・ブロンテ
鴻巣友季子訳

嵐が丘

狂恋と復讐、天使と悪鬼――寒風吹きすさぶ荒野を舞台に繰り広げられる、恋愛小説の恐るべき極北。新訳による〝新世紀決定版〟。

T・R・スミス
田口俊樹訳

チャイルド44
（上・下）
CWA賞最優秀スリラー賞受賞

連続殺人の存在を認めない国家。ゆえに自由に凶行を重ねる犯人。それに独り立ち向かう男――。世界を震撼させた戦慄のデビュー作。

塩野七生著

ローマ人の物語 1・2
ローマは一日にして成らず
（上・下）

なぜかくも壮大な帝国をローマ人だけが築くことができたのか。一千年にわたる古代ローマ興亡の物語、ついに文庫刊行開始！

塩野七生著

ローマ人の物語 3・4・5
ハンニバル戦記
（上・中・下）

ローマとカルタゴが地中海の覇権を賭けて争ったポエニ戦役を、ハンニバルとスキピオという稀代の名将二人の対決を中心に描く。

塩野七生著

ローマ人の物語 6・7
勝者の混迷
（上・下）

ローマは地中海の覇者となるも、「内なる敵」を抱え混迷していた。秩序を再建すべく、全力を賭して改革断行に挑んだ男たちの苦闘。

塩野七生著

ローマ人の物語 8・9・10
ユリウス・カエサル ルビコン以前（上・中・下）

「ローマが生んだ唯一の創造的天才」は、大改革を断行し壮大なる世界帝国の礎を築く。その生い立ちから、〝ルビコンを渡る〟まで。

塩野七生著

ローマ人の物語 11・12・13
ユリウス・カエサル ルビコン以後（上・中・下）

ルビコンを渡ったカエサルは、わずか五年であらゆる改革を断行。帝国の礎を築き、強大な権力を手にした直後、暗殺の刃に倒れた。

塩野七生著

ローマ人の物語 14・15・16
パクス・ロマーナ（上・中・下）

「共和政」を廃止せずに帝政を築き上げる——それは初代皇帝アウグストゥスの「戦い」であった。いよいよローマは帝政期に。

塩野七生著

ローマ人の物語 17・18・19・20
悪名高き皇帝たち（一・二・三・四）

アウグストゥスの後に続いた四皇帝は、同時代の人々から「悪帝」と断罪される。その一人はネロ。後に暴君の代名詞となったが……。

塩野七生著

ローマ人の物語 21・22・23
危機と克服（上・中・下）

一年に三人もの皇帝が次々と倒れ、帝国内の異民族が反乱を起こす——帝政では初の危機、だがそれがローマの底力をも明らかにする。

塩野七生著

ローマ人の物語 24・25・26
賢帝の世紀（上・中・下）

彼らはなぜ「賢帝」たりえたのか——紀元二世紀、ローマに「黄金の世紀」と呼ばれる絶頂期をもたらした、三皇帝の実像に迫る。

新潮文庫最新刊

山本一力著
千両かんばん
鬱屈した日々を送る看板職人・武市に、大仕事が舞い込んだ。知恵と情熱と腕一本で挑む、起死回生の大一番。痛快無比の長編時代小説。

小川洋子著
いつも彼らはどこかに
競走馬に帯同する馬、そっと撫でられるブロンズ製の犬。動物も人も、自分の役割を生きている。「彼ら」の温もりが包む8つの物語。

綿矢りさ著
大地のゲーム
巨大地震に襲われた近未来のキャンパスで、学生らはカリスマ的リーダーに希望を求めるが……極限状態での絆を描く異色の青春小説。

藤野可織著
爪と目
芥川賞受賞
ずっと見ていたの——三歳児の「わたし」が、父、喪った母、父の再婚相手をとりまく不穏な関係を語り、読み手を戦慄させる恐怖作。

乙川優三郎著
脊梁山脈
大佛次郎賞受賞
故郷へと向かう復員列車で、窮地を救われた木地師を探して深山をめぐるうち、男は生の実感を取り戻していく。著者初の現代長編。

島田雅彦著
ニッチを探して
東京のけものみちに身を潜めて生き延びろ！背任の罪を負わされた銀行員が挑む所持金ゼロの逃亡劇。文学界騒然のサスペンス巨編！

新潮文庫最新刊

西村賢太著 **形影相弔・歪んだ忌日**

僅かに虚名は上がった。内実は伴わない。北町貫多の重い虚無を一掃したものは、やはり師への思いであった。私小説傑作六編収録。

船戸与一著 **炎の回廊**
―満州国演義四―

帝政に移行した満州国を揺さぶる内憂外患。そして、遥かなる帝都では二・二六事件が！　敷島四兄弟と共に激動の近代史を体感せよ。

秋月達郎著 **京奉行 長谷川平蔵**

「鬼」と呼ばれた火付盗賊改方長官の長谷川平蔵。その父親の初代平蔵が京都西町奉行に。四季折々の京を舞台に江戸っ子奉行が大活躍。

河野裕著 **汚れた赤を恋と呼ぶんだ**

なぜ、七草と真辺は「大事なもの」を捨てたのか。現実世界における事件の真相が、いま明かされる。心を穿つ青春ミステリ、第3弾。

安岡章太郎著 **文士の友情**
―吉行淳之介の事など―

「第三の新人」の盟友が次々に逝く。島尾敏雄、吉行淳之介、遠藤周作。若き日の交流から慟哭の追悼まで、珠玉の随想類を収める。

椎名誠著 **ぼくがいま、死について思うこと**

うつ、不眠、大事故。思えば、ずいぶん危ういときもあった――。シーナ69歳、幾多の別れを経て、はじめて真剣に〈死〉と向き合う。

数字(すうじ)の国(くに)のミステリー

新潮文庫　シ－38－3

Published 2016 in Japan
by Shinchosha Company

平成二十八年一月一日発行

訳者　冨永星(とみながほし)

発行者　佐藤隆信

発行所　株式会社新潮社

郵便番号　一六二―八七一一
東京都新宿区矢来町七一
電話 編集部(〇三)三二六六―五四四〇
　　 読者係(〇三)三二六六―五一一一
http://www.shinchosha.co.jp

価格はカバーに表示してあります。

乱丁・落丁本は、ご面倒ですが小社読者係宛ご送付ください。送料小社負担にてお取替えいたします。

印刷・株式会社精興社　製本・憲専堂製本株式会社

ISBN978-4-10-218423-3 C0198